频率捷变雷达信号处理

欧建平　李　骥　张　军　占荣辉　著

科学出版社

北　京

内 容 简 介

频率捷变雷达是脉冲雷达的一种，其发射的相邻脉冲的载频在一定频带内快速变化，具有抗干扰能力强、可增加雷达探测距离、可提高跟踪精度、可抑制海杂波及其他分布杂波的干扰、可提高雷达的目标分辨能力、可消除相同频段邻近雷达之间的干扰、电磁兼容性较好等优点。本书主要介绍频率捷变雷达的原理和实现方法，包括调频步进雷达合成宽带原理、调频步进雷达高分辨一维距离成像算法、基于高重频的频率捷变雷达信号处理方法、频率捷变雷达抑制海杂波技术、频率捷变雷达信号处理的抗干扰方法和基于直接数字频率合成的频率捷变雷达信号生成技术。

本书可供从事雷达研究、设计和实验的工程技术人员参考，也可作为高等院校电子、通信相关专业师生的参考用书。

图书在版编目（CIP）数据

频率捷变雷达信号处理 / 欧建平等著．—北京：科学出版社，2020.6

ISBN 978-7-03-065362-8

Ⅰ. ①频… Ⅱ. ①欧… Ⅲ. ①频率捷变雷达-雷达信号处理
Ⅳ. ①TN958.6

中国版本图书馆 CIP 数据核字（2020）第 094213 号

责任编辑：张艳芬 纪四稳 / 责任校对：王 瑞
责任印制：赵 博 / 封面设计：蓝 正

科学出版社 出版
北京东黄城根北街 16 号
邮政编码：100717
http://www.sciencep.com
三河市骏杰印刷有限公司印刷
科学出版社发行 各地新华书店经销
*
2020 年 6 月第 一 版 开本：720×1000 1/16
2024 年 8 月第五次印刷 印张：12
字数：228 000

定价：109.00 元

（如有印装质量问题，我社负责调换）

前 言

国内目前的制导雷达通常采用毫米波宽带高距离分辨体制或者毫米波脉冲多普勒体制。前者主要用于静止或低速运动目标的检测，通过高距离分辨率减少分辨单元对应的杂波面积、降低分辨单元内的杂波能量、增强目标单元的信杂比、提高目标的检测能力；后者主要用于高速运动目标的检测，通过多普勒效应使得目标跳出主瓣杂波区、降低杂波的影响程度。此外，通过高距离分辨率目标距离像或目标速度像的结构特征还可以实现目标的鉴别、分类与识别。

目前高距离分辨率制导雷达存在以下主要问题：

(1) 不能完全解决复杂背景中的多目标分辨问题，如径向距离上比较接近但侧向距离上有一定间隔的多目标的分辨，由于不能分辨多个目标，因此难以对其中任何一个目标进行稳定跟踪。

(2) 难以鉴别低速运动目标、静止目标、具有不同运动特性的运动目标，如具有特殊的履带式运动调制谱特性的坦克目标的识别问题、低速运动目标与静止目标的鉴别，这一问题对于优先攻击运动目标非常重要。

目前的脉冲多普勒制导雷达同样存在类似的问题：

(1) 难以实现径向速度比较接近但径向距离上有一定间隔的集群或编队目标的分辨。

(2) 难以实现静止目标检测或主瓣杂波区中目标检测。

(3) 难以进行目标的识别与攻击点选择，高分辨一维速度像的特征对姿态角的变化比较敏感，不能离析同一目标在径向速度上比较接近但在径向距离上有一定间隔的多散射中心。

上述问题产生的根源在于：传统的制导雷达只具有一维的高分辨力，宽带雷达的径向距离分辨力比较高，但速度分辨力比较差；脉冲多普勒制导雷达的速度分辨力比较高，但径向距离分辨力比较差。

为提高制导雷达在集群或编队目标环境中的适应性，国内有学者提出基于单脉冲测角与高重复频率或脉冲多普勒相结合的方法，期望通过距离、方位角、俯仰角三个维度实现波束内多目标的分辨。遗憾的是，角误差信息来源于和差通道的高重复频率距离像或脉冲多普勒速度像，当不同横向距离的多个目标折叠在相同的径向距离分辨单元或不同径向距离的多个目标折叠在相同的径向速度分辨单元时，通过和差通道测量到的方位角、俯仰角本身存在严重的角闪烁，即在低重频、有折叠、多目标环境中，仅仅依靠高重复频率或脉冲多普勒进行二维、三维分辨是比较困难的。

从国内外研究现状来看，一种发展趋势是：充分结合宽带高距离分辨体制与脉冲多普勒体制的优点，实现脉冲多普勒与高重复频率的复合制导。应用脉冲多普勒/高重复频率双模分时复合的典型案例为美国最新的“爱国者-3/3”型导弹，其远距离采用脉冲多普勒体制进行高速运动目标的探测，近距离采用高重复频率实现距离成像、自动识别与精确跟踪。但由于不能同时实现距离与速度分辨，复合制导雷达不能从根本上解决集群或编队目标环境中的适应性问题。

另一种发展趋势是：同时利用脉冲多普勒与高重复频率进行二维分辨或合成孔径雷达成像。典型案例是美国雷神公司研制的 8mm 合成孔径导引头，其径向距离分辨力仅为 3m(比一般的宽带高重复频率雷达的 0.3m 或 0.6m 要差得多)，但可以通过多普勒波束锐化及攻击弹道的优化设计(在末制导与中制导的交接阶段，保持较大的波束方位角)得到同样为 3m 的横向距离分辨力，能实现二维分辨，通过降低杂波分辨单元的横向宽度进一步降低分辨单元的杂波面积，提高检测能力，实现多目标的分辨并从多目标中选择要攻击的目标，估计杂波谱中心并根据目标谱与杂波中心的相对位置关系识别运动目标。

本书共 5 章：第 1 章介绍频率捷变雷达的基本概念和特点，以及频率捷变雷达信号处理的基本原理；第 2 章介绍频率步进雷达精密测量技术，包括频率步进雷达一维距离成像、调频步进雷达合成宽带原理、调频步进雷达高分辨一维距离成像算法，以及测速测角技术；第 3 章介绍基于高重频的频率捷变雷达信号处理方法；第 4 章介绍频率捷变雷达抑制海杂波技术；第 5 章介绍频率捷变雷达信号处理的抗干扰方法。

各章撰写分工如下：第 1 章由欧建平撰写，第 2 章和第 4 章由李骥撰写，第 3 章由张军撰写，第 5 章由占荣辉撰写，全书由欧建平审阅、李骥校稿。在撰写书稿过程中，湖南大学何松华，国防科技大学王威、李广柱、刘盛启、周国礼、李宇琼和聂胜猛等都提出了宝贵的意见和建议，在此一并致以衷心的感谢。

目　录

第 1 章　频率捷变雷达及其信号处理

1.1　频率捷变雷达

1.1.1　频率捷变雷达的概念和特征

频率捷变雷达是脉冲雷达的一种，它发射的相邻脉冲的载频在一定频带内快速变化，其捷变方式可以按一定规律变化，也可以是随机的。

一般机械调谐的跳频雷达，虽然其相邻脉冲的载频也有细微差别，但并不能将其看作频率捷变雷达。由于其脉间频差过小，因此不具备频率捷变雷达的特点，仅当脉间频差增大到一定值时，才具备频率跃变的特性，这种特性可以归结为脉间回波的去相关。使脉间回波不相关所需的最小脉间频差称为临界频差，临界频差对不同性质的目标是不相同的，例如，对于均匀分布的云雨、海浪目标，其临界频差约为脉宽的倒数。对于飞机、导弹、卫星等具有较大反射面或形状较规则的目标，其临界频差和目标的径向深度成反比，通常其值远大于脉宽的倒数。从海杂波去相关的角度来看，只要雷达信号的相邻脉间频差大于脉宽的倒数，这样的雷达就可以称为频率捷变雷达。然而，从抗干扰的角度来看，有时只有当相邻脉间频差达到雷达的整个工作频带(如 10%带宽)时，才将其称为频率捷变雷达。

虽然频率分集雷达也能相继发射载频不同的脉冲，但因为频率分集雷达通常由两台(或几台)固定频率的雷达发射接收机组成，所以它通常只能以两个(或几个)固定载频发射脉冲将各个接收机收到的回波组合起来，并且这些不同载频的脉冲是在同一个雷达工作周期内发射的，彼此相隔很小的延时。由于各个不同载频的脉冲由不同的发射机发射，并由不同的接收机接收，其载频数不可能有很多，因此它的抗干扰能力是无法和频率捷变雷达相比的。但是，它在增大雷达的探测距离上和频率捷变雷达有类似之处，而且它通常是双机工作，其工作的可靠性比单机工作的频率捷变雷达要高。

频扫雷达虽然也是一种脉间载频跃变的雷达，但是它的发射载频和波束指向(通常是仰角)之间具有严格的固定关系，因此它的载频并不能任意地捷变，而是按波束指向的要求变化。通常这类频扫雷达的载频线性变化，不能随机跃变，其频率变化的范围也要比频率捷变雷达窄得多。

频率捷变雷达虽然是一种特殊的脉冲雷达体制，但它可与其他脉冲雷达体制兼容，如单脉冲雷达和脉冲压缩雷达等。不过，这些雷达体制在与频率捷变雷达体制结合时会产生一些新问题，例如，在单脉冲雷达中，要考虑频率捷变情况下各路相位的均衡和补偿问题，这是必须要注意的。

若频率捷变雷达与动目标显示雷达和脉冲多普勒雷达兼容，则会遇到难以克服的困难。虽然目前已经提出几种与动目标显示雷达兼容的变通方法，但频率捷变雷达与脉冲多普勒体制兼容要困难得多[1, 2]。

1.1.2 频率捷变雷达的优缺点

频率捷变雷达有很多优点，具体如下：

(1) 抗干扰能力强。抗干扰的方法有很多，可归纳为空间选择法、极化选择法、频率选择法及时间选择法等。其中最主要且最有效的方法是频率选择法，而频率捷变可以认为是频率选择法中最有效的方法。粗略地讲，它使雷达抗干扰能力提高的倍数等于频率捷变范围和雷达接收机带宽之比。这时，要进一步提高其抗干扰能力，就只有增加其频率捷变带宽。

(2) 可增加雷达探测距离。只要频率捷变雷达相邻脉冲的频差大于临界频率，就可以使相邻回波幅度不相关。这就可以消除由目标回波慢速起伏带来的检测损失。这种回波的慢速起伏在固定频率雷达中经常出现。实验结果表明，当需要达到较高的检测概率(80%以上)时，频率捷变雷达可以比具有相同参数的固定频率雷达对慢速起伏目标的探测距离提高 20%～30%，也就相当于发射机功率增大 2～3 倍。

(3) 可提高跟踪精度。采用频率捷变后，可以提高目标在反射中心的闪动(角噪声)频率，即可将角噪声的能谱移至角度伺服系统带宽之外，因此可以大大减小由角噪声引起的角度跟踪误差。这种误差是单脉冲雷达对近距离和中距离目标跟踪误差的主要来源，也是圆锥扫描雷达的一项主要跟踪误差。实验结果表明，对于飞机目标回波，在 2～4Hz 频段的闪动误差显著减小；在 Ku 波频段其跟踪误差可以减小 50%，预计未来目标点的跟踪误差可减小为原来的 1/3。对于船舰等大型目标，采用频率捷变后，可以将跟踪误差减小为原来的 1/4～1/2。频率捷变也可以改善搜索雷达的测角精度。

(4) 可抑制海杂波及其他分布杂波的干扰。当相邻脉冲载频的频差大于脉宽的倒数时，就可以使海浪、云雨、箔条等分布目标的杂波去相关。对这些回波进行视频积累后，目标的等效反射面积接近于其平均值，而杂波的方差则可以减小，这就改善了信杂比。理论计算和实测结果表明，若雷达的波束内脉冲数为 15～20，则采用频率捷变后，可以将信杂比提高 10～20dB。因此，这种体制特别适用于机载或舰载雷达，用以检测海面低空或海上目标。

(5) 可提高雷达的目标分辨能力。频率捷变雷达可以将回波密度函数的幅度变化量减小为原来的$1/\sqrt{N}$，即不需要很多脉冲就可以相当精确地测出目标的平均有效反射面积，从而提高分辨目标性质的能力，这在地貌测绘雷达中特别有用。

(6) 可消除相同频段邻近雷达之间的干扰，因而有较好的电磁兼容性。其原因是明显的，不管友邻雷达工作在相同频段的固定频率，还是工作于捷变频率，其相遇的概率都是很低的，约等于雷达信号的带宽和捷变带宽之比。

(7) 在频率捷变雷达中，可消除二次(或多次)环绕回波。在很多地面雷达中(尤其是海岸警戒雷达中)，由大气折射现象引起的异常传播，会使雷达有极远的探测距离。这就会使远距离的地物杂波或海浪干扰在第二次(或更多次)重复周期内反射回来。轻微杂波干扰会增加背景噪声，严重时甚至会淹没正常目标回波。但在频率捷变雷达中，由于第二次发射脉冲的载频和第一次不同，因此在第二个周期内接收机不会接收到上一个周期的回波，这就自然地消除了二次或多次环绕回波。但是，正是这个原因导致频率捷变体制不能直接应用到具有距离模糊的高重复频率(高重频)雷达中。

(8) 可以消除由地面反射引起的波束分裂的影响。由地面或海面反射引起的波束分裂，其最小点的角度位置是和雷达所用的工作频率有关的，改变工作频率就可以改变最小点的位置。因此，当雷达工作于捷变频率时，就可以使分裂的波瓣相互重叠，从而消除波束分裂的影响。这在采用计算机跟踪录取的雷达中可以大大减小丢失目标的概率。

此外，频率捷变雷达还可以消除雷达天线罩的折射对测角精度的影响，提高距离分辨力，实现目标识别，消除盲速及距离模糊。

尽管频率捷变雷达具有很多优越性，但还是存在以下问题和缺点：

(1) 频率捷变雷达在设备上比一般雷达要复杂得多，既增加了技术上的难度，又使设备成本增加，工作可靠性降低。例如，非相参频率捷变雷达的频率捷变磁控管、自动频率控制系统，全相参雷达中的程控频率捷变相参信号产生器、末级宽带功率放大器，以及这两种雷达都需要的宽带天线馈线系统等，都是比较关键的技术设备，要求有比较先进的技术水平、工艺条件等才能解决，同时增加了整个雷达设备的成本。

(2) 在某些情况下，频率捷变和有些雷达体制相矛盾，因而两者不能同时实现。例如，频率捷变雷达和动目标显示体制相结合具有一定的难度，目前只能采用成组捷变或减少频道数等折中方案。另外，频率捷变雷达和高重频脉冲多普勒体制结合也存在一定的困难。

1.1.3 频率捷变雷达的构成

频率捷变雷达和一般脉冲雷达一样，在构成上也可分为两大类：非相参频率捷变雷达和全相参频率捷变雷达。前者的发射机通常采用频率捷变磁控管，它和压控本振之间没有严格的相位关系。通常这类频率捷变磁控管是由高速发动机驱动的，当发动机转速和触发脉冲重复频率不同步时，即可得到准随机的频率捷变信号。也可利用噪声源对发动机的转速或是触发脉冲的时间位置进行调制而得到随机跳频信号。

非相参频率捷变雷达的一般构成如下：

(1) 频率捷变磁控管。常用的频率捷变磁控管有旋转调谐频率捷变磁控管、抖动调谐频率捷变磁控管、精确调谐频率捷变磁控管、音圈调谐频率捷变磁控管、压电调谐频率捷变磁控管等，在低微波段主要采用旋转调谐频率捷变磁控管，在高微波段主要采用压电调谐频率捷变磁控管。

(2) 压控本振。20 世纪 60 年代采用返波管、70 年代以来主要采用变容管(如微波二极管)调谐微波半导体振荡器，在低微波段常用晶体管振荡器，在高微波段则常用体效应管(如晶体二极管或场效应管)。

(3) 频率跟踪器。频率跟踪器的作用是预测磁控管的发射频率(或直接利用磁控管频率传感器给出的频率读出信号)，使压控本振频率匹配磁控管腔体调谐频率的变化，并在雷达发射时根据准确的发射频率对本振进行微调，使其和发射频率相差一个中频。

非相干频率捷变雷达结构简单，易于实现，造价低廉，但是不易控制发射频率，发射信号的频率稳定度差，无法与动目标显示体制兼容。

全相参频率捷变雷达是由主振放大链构成的频率捷变雷达。全相参频率捷变雷达的核心是捷变频率合成器，它能产生快速捷变的发射信号和本振信号，而且频率稳定度很高。这种频率合成器通常用晶振、倍频链直接合成，或者是用高速锁相环间接合成，所产生的发射信号经过功率放大链放大后发射出去。功率放大链的前级通常采用小功率和中功率行波管，末级则常采用大功率行波管、行波速调管或正交场器件。

全相参频率捷变雷达易于实现频率可控捷变，可以和脉冲压缩、动目标显示等体制相结合；但是造价昂贵，技术相对复杂。

1.2 频率捷变雷达信号处理

为了实现复杂背景中军事目标的自动探测、识别和精确打击，末端制导雷达必须使用成像技术。目前，宽带高距离分辨雷达在制导中的应用已成为制导领域及雷达领域共同的研究热点。改善距离分辨率的措施主要有采用超分辨技术和增加信号带宽两类。超分辨技术可在不改变信号带宽的条件下，通过信号处理方法提高信号分辨率，但改善效果有限，计算量大，不适合弹载平台应用。增加信号带宽又有两种方法：采用瞬时大带宽信号和合成大带宽信号。受限于硬件条件，弹载雷达发射机和接收机不能做到直接产生和接收大带宽信号，因此合成宽带信号将成为未来精确制导雷达的主要信号形式。合成宽带信号包括频率步进信号和调频步进信号，相对而言，后者易于在数据率、总带宽、瞬时带宽、时间带宽积等指标上合理折中，更适合于弹载应用。

1.2.1　脉冲压缩体制雷达

脉冲压缩体制雷达常见的两种技术实现途径包括脉内调频和脉间步进调频两种，两种实现形式各有其优缺点[3]。

脉内调频方案(最典型的形式为脉内线性调频脉冲压缩)是权衡雷达作用距离、峰值功率与距离分辨力(在较小峰值功率情况下实现较大的作用距离，在较宽的脉宽情况下实现较高的距离分辨力)的一种常用选择，在峰值功率受限的情况下通过增加脉冲宽度提高积累时间内的信号总功率，从而提高信噪比、改善目标探测能力，通过脉冲压缩技术将宽脉冲雷达回波压缩成窄脉冲雷达回波，提高距离分辨力和测距精度；当要求的距离分辨力较高，即要求的调频带宽较宽时，调频宽带系统在技术实现上难度较大(如宽带情况下的和差通道幅相一致性与测角精度、数字脉冲压缩时的高数据采样率等)。

脉间步进调频方案采用脉间压缩技术保证足够的测距精度，可以实现瞬时窄带、合成宽带的雷达系统，避开宽带系统的许多技术难点；但是，脉间步进调频方案的数据率低、不模糊测速范围窄、运动补偿复杂(设跳频点数为 J ，脉冲重复周期为 T_p ，总积累脉冲数为 M 。此时，脉间压缩至少需要 J 个脉冲周期才能完成一次距离角度测量，不模糊测速范围为 $c/(2f_0JT_p)$ ；而脉内压缩在一个脉冲周期内就可以实现脉冲压缩并提供一组距离角度测量数据，不模糊测速范围为 $c/(2f_0T_p)$)。

鉴于脉内调频方案与脉间步进调频方案各自的优缺点，在天基雷达目标探测中，多选择脉内线性调频与脉间步进调频相结合的两次脉冲压缩工作体制。这种体制具有如下优点：能在系统的数据率、不模糊测速范围、系统带宽上实现合理的折中。图 1.1 为该体制下信号处理原理图，图中 IDFT 代表离散傅里叶逆变换。

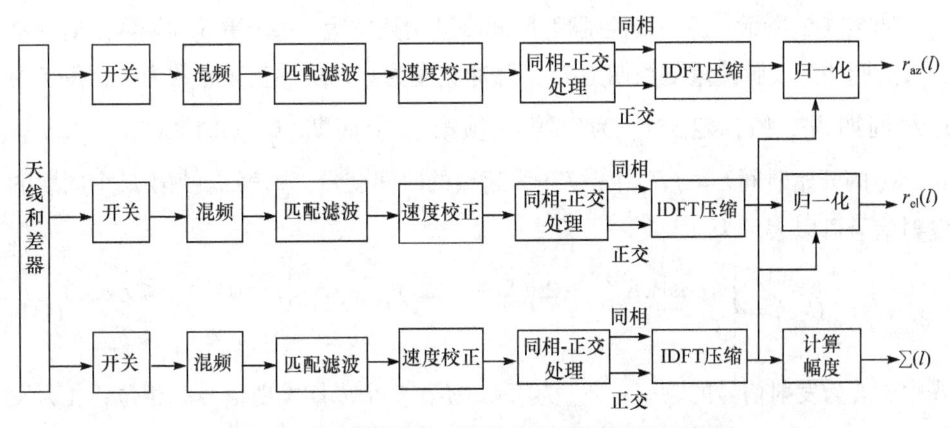

图 1.1　脉内线性调频/脉间步进调频体制原理框图

如图 1.1 所示，该体制下首先通过脉内的匹配滤波实现第一次脉冲压缩，然后通过脉间的相参处理实现第二次脉冲压缩，进一步提高距离分辨率，详细信号处理过程稍后介绍。

1.2.2 频率捷变雷达信号处理原理

脉冲压缩可以通过模拟脉冲压缩和数字脉冲压缩来实现。模拟脉冲压缩主要通过表面声波器件来完成单个脉冲的压缩，然后对脉冲压缩后的包络采样进行目标的检测和跟踪。模拟脉冲压缩速度快，但其脉冲压缩性能受表面声波器件的性能影响较大，而且在出现脉冲遮挡时，其脉冲压缩结果很差。数字脉冲压缩实现灵活，在发生脉冲遮挡时，脉冲压缩结果仍然正确，而且在频域借助快速傅里叶变换能够有效提高处理速度。随着数字信号处理技术和大规模集成电路技术的发展，数字脉冲压缩将越来越受欢迎。图 1.2 为脉内线性调频/脉间步进调频体制发射信号的频率-时间图。

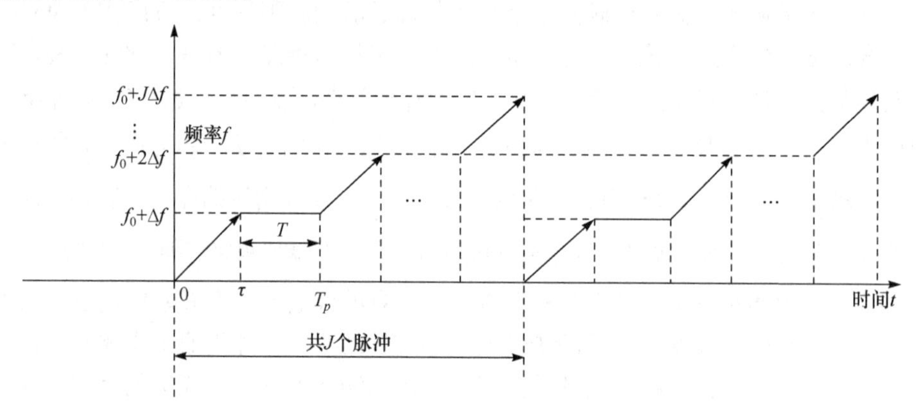

图 1.2 脉内线性调频/脉间步进调频体制发射信号的频率-时间图

如图 1.2 所示，脉内线性调频/脉间步进调频雷达在每个重复周期内发射一个 Chirp 脉冲。设脉冲重复周期为 T_p，脉冲宽度为 τ，阶梯变频点数为 J，每 J 个连续周期为一帧，定义 t_{mj} 为以第 m 帧第 j_T 个周期 ($j_T=0,1,2,\cdots,J-1;m=0,1,\cdots$) 的开始时间 $t=j_T T_p+mJT_p$ 为起点的时间变量，则第 m 帧第 j_T 个周期的发射信号可以表示为

$$e_{mj}(t_{mj})=\begin{cases}A\cos\left[\pi K t_{mj}^2+2\pi(f_0+j_T\Delta f)t_{mj}+\varphi_{mj}\right], & 0\leqslant t_{mj}\leqslant\tau\\ 0, & \tau<t_{mj}\leqslant T_p\end{cases} \tag{1-1}$$

式中，f_0 为发射信号的频率；φ_{mj} 为第 m 帧第 j_T 个周期发射信号的相位；A 为发射信号的幅度；K 为频率调制斜率；Δf 为跳频间隔。显然，每一帧的第 j_T 个发

射脉冲信号的频率

$$\frac{1}{2\pi}\frac{\mathrm{d}[\pi K t_{mj}^2 + 2\pi(f_0 + j_T\Delta f)t_{mj} + \varphi_{mj}]}{\mathrm{d}t_{mj}} = f_0 + j_T\Delta f + Kt_{mj}, \quad 0 \leqslant t_{mj} \leqslant \tau \tag{1-2}$$

的变化范围为$[f_0 + j_T\Delta f, f_0 + j_T\Delta f + K\tau]$，$B = K\tau$为脉内调制带宽，$\lambda = B\tau$为时间带宽积或脉内压缩比；脉冲波形的设计一般取$\Delta f = B$且满足$\lambda \geqslant 1$，$\Omega = JB$称为总带宽。后面将要分析到：经过第一次脉冲压缩处理可以在每个脉冲周期内将宽度为τ的目标回波 Chirp 脉冲压缩为宽度是$1/B = \tau/\lambda$的辛格脉冲，脉冲宽度压缩到原来的$1/\lambda$，称为脉内脉冲压缩；经过第二次脉冲压缩处理可以将宽度为$1/B$的回波脉冲压缩为宽度是$1/\Omega$的脉冲，脉冲宽度压缩到第一次压缩后的$1/J$，即原来的$1/(J\lambda)$，称为脉间脉冲压缩。

雷达发射信号表示为

$$e(t) = \sum_{m=0}^{\infty}\sum_{j=0}^{J-1} e_{mj}(t - j_T T_p - mJT_p) \tag{1-3}$$

对于窄带调频与跳频情况，设$c/(2\Omega) > L$，L为目标尺寸，将目标作为点目标看待。先考虑相对静止目标情况，假设目标距离为R，R小于雷达的最大作用距离$R_{\max} = c(T_p - \tau)/2$(即每个周期的、经过延迟的目标回波仍然全部落在本周期内，不会延迟到下一个周期，保证能对回波进行相参接收处理)；同时假设R大于遮挡距离，即$2R/c \geqslant \tau$，则第m帧第j_T周期的回波信号可以表示为

$$r_{mj}(t_{mj}) = \begin{cases} U\cos\left[\pi K\left(t_{mj} - \dfrac{2R}{c}\right)^2 + 2\pi(f_0 + j_T\Delta f)\left(t_{mj} - \dfrac{2R}{c}\right) + \varphi_{mj}\right], & \dfrac{2R}{c} \leqslant t_{mj} \leqslant \dfrac{2R}{c} + \tau \\ 0, & \text{其他} \end{cases} \tag{1-4}$$

式中，U为回波信号的振幅，与发射信号的功率、目标距离及目标的雷达散射截面(radar crass section, RCS)等因素有关。显然，$r_{mj}(t_{mj})$为频率已知、幅度和相位未知的信号。根据统计检测理论，$r_{mj}(t_{mj})$的最优检测为正交双通道零中频相关积累检测，在实际应用中，为了降低接收电路的复杂性，采用单通道中频信号相关积累检测的次优检测方案(相对于最优检测有 3dB 的损失)。经过相参混频(抵消掉随机初始相位φ_{mj})、放大后，中频回波信号可以表示为

$$s_{mj}(t_{mj}) = \begin{cases} S\cos\left[\pi K\left(t_{mj} - \frac{2R}{c}\right)^2 + 2\pi f_I t_{mj} - 2\pi(f_0 + j_T\Delta f)\frac{2R}{c}\right], & \frac{2R}{c} \leqslant t_{mj} \leqslant \frac{2R}{c} + \tau \\ 0, & \text{其他} \end{cases} \tag{1-5}$$

式中，S 为信号的振幅(不考虑放大器的相位常数项)；f_I 为中频频率，$f_I > B$。由于接收机噪声的存在，实际的中频回波信号可以表示为

$$x_{mj}(t_{mj}) = s_{mj}(t_{mj}) + \varepsilon_{mj}(t_{mj}) \tag{1-6}$$

式中，$\varepsilon_{mj}(t_{mj})$ 为中频噪声，其功率与接收机的噪声系数、带宽、环境温度因素等有关。对于每帧 m 的每个周期 j，对信号 $x_{mj}(t_{mj})$ 进行中频采样，采样间隔为 Δt；根据最优检测原理，采样间隔 $\Delta t = 1/B$ 时已经能达到最优的脉内压缩和积累(积累后回波脉冲峰值处的信噪比达到最大)；为提高距离采样精度、测距精度以及减少脉间压缩的滞后运算量，$\Delta t < 1/B$ 并由所要求的测距精度 δR 等因素决定，一般有 $\Delta t \leqslant 1/\Omega$ (后面将要介绍)。每个周期从 $t_{mj} = \tau$ 开始采样，至 $t_{mj} = T_p$ 结束，实际采样点数为

$$N = \frac{T_p - \tau}{\Delta t} \tag{1-7}$$

记 $x_{mj}(n\Delta t)$ 为 $x_{mj}(n)$，$n_\tau = \tau / \Delta t$，则得到的实际采样信号数据为

$$\{x_{mj}(n) \mid n = n_\tau, n_\tau + 1, \cdots, n_\tau + N - 1; j_T = 0,1,\cdots,J-1; m = 0,1,\cdots\}$$

为便于处理，定义遮挡区的采样信号值为零，即 $\{x_{mj}(n) = 0 \mid n = 0,1,\cdots, n_\tau - 1\}$，此外，采样率在满足前述约束条件的情况下，一般还要满足 $T_p / \Delta t = n_\tau + N$ 等于或向上靠近某个适合快速傅里叶变换的 2 的整数次幂 N_c；设 $N_c = n_\tau + N + N'$，N' 为在每个周期采样数据后面补充的零点数，即 $\{x_{mj}(n) = 0 \mid n = n_\tau + N, \cdots, N_c - 1\}$。

通过补零将输出采样信号延伸到遮挡区，其目的是实现遮挡区内、部分遮挡的目标信号的检测与定位，这是数字脉冲压缩信号处理灵活性的表现。

对于距离 $R \geqslant c\tau / 2$ 的非遮挡目标，回波信号 $s_{mj}(t_{mj})$ 经过采样后占据的采样点数为

$$N_T = \frac{\tau}{\Delta t} \tag{1-8}$$

信号的实际起始点及采样的起始点序号均为

$$n_T = n'_T = \frac{\frac{2R}{c}}{\Delta t}, \quad \frac{\frac{2R}{c}}{\Delta t}\text{为整数} \tag{1-9}$$

目标回波信号对应的采样点集为$\{s_{mj}(n) \mid n \in [n_T, n_T + N_T - 1]\}$。将$2R / c = n_T \Delta t$、$t_{mj} = n\Delta t$代入式(1-5)，采样后的目标回波信号可以表示为

$$s_{mj}(n) = \begin{cases} S\cos\left[\pi K(\Delta t)^2 (n - n_T)^2 + 2\pi f_I n\Delta t - 2\pi(f_0 + j_T \Delta f)\frac{2R}{c}\right], & n_T \leqslant n \leqslant n_T + N_T - 1 \\ 0, & \text{其他} \end{cases} \tag{1-10}$$

对于距离$R < c\tau / 2$的遮挡区内的目标，回波信号$s_{mj}(t_{mj})$经过采样后占据的采样点数为

$$N_{T1} = \frac{2R}{c\Delta t}, \quad N_T = \frac{\tau}{\Delta t} \tag{1-11}$$

起始采样点序号为$n'_T = n_\tau$，实际起始点序号为$n_T = N_{T1} < n_\tau$。采样后的遮挡区目标回波信号可以表示为

$$s_{mj}(n) = \begin{cases} S\cos\left[\pi K(\Delta t)^2 (n - n_T)^2 + 2\pi f_I n\Delta t - 2\pi(f_0 + j_T \Delta f)\frac{2R}{c}\right], & n_\tau \leqslant n \leqslant n_\tau + N_{T1} - 1 \\ 0, & \text{其他} \end{cases}$$

构造一个有效长度为N_T的事先已经存储的复数离散时间信号$h(n)$：

$$h(n) = \begin{cases} \exp\{-\mathrm{j}\pi K(\Delta t)^2 n^2\}, & 0 \leqslant n \leqslant N_T - 1 \\ 0, & N_T \leqslant n \leqslant N_c - 1 \end{cases} \tag{1-12}$$

式中，j为虚数单位。对$h(n)$进行周期延拓后的离散时间序列$h(n-k)$ $(0 \leqslant k \leqslant (T_p - \tau) / \Delta t - 1))$定义为

$$h(n-k) = \begin{cases} \exp\{-\mathrm{j}\pi K(\Delta t)^2 (n-k)^2\}, & k \leqslant n \leqslant N_T + k - 1 \\ 0, & \text{其他} \end{cases} \tag{1-13}$$

即 $h(n-k)$ 为序列 $h(n)$ 向右移 k 位，之后右边去掉 k 个零点、左边补充 k 个零点，有效长度仍为 N_T，总长度为 N_c。

下面分析如何利用序列 $h(n)$ 及采样序列 $x_{mj}(n)$ 对每个周期的目标回波信号进行数字脉冲压缩处理，即脉内压缩处理。

由于目标的距离 R 是未知的，或目标回波信号序列 $s_{mj}(n)$ 的起始时刻 n_T 是未知的，必须在 $0 \leqslant n \leqslant (T_p-\tau)/\Delta t$ 范围内对 n_T 进行搜索，因此根据目标函数最大值处的 n 值对 n_T 进行估计，可得

$$y_{mj}(n)=\sum_{i=0}^{N_c-1} x_{mj}(i)\exp(-\mathrm{j}2\pi f_I i\Delta t)h(i-n), \quad 0 \leqslant n \leqslant (T_p-\tau)/\Delta t-1 \tag{1-14}$$

式中，$x_{mj}(i)\exp(-\mathrm{j}2\pi f_I i\Delta t)$ 相当于数字零中频同相-正交处理。先不考虑噪声序列 $\varepsilon_{mj}(n)$ 的影响，由于求和对于数字同相-正交处理产生的数字高频信号的滤波效应(数字高频正弦信号的和值相对于 $N_TS/2$ 可以作为零值看待)，对于遮挡区外的目标，有

$$y_{mj}(n)=|y_{mj}(n)|\exp\left[-\mathrm{j}\pi K(\Delta t)^2(n^2-n_T^2)-\mathrm{j}2\pi(f_0+j_T\Delta f)\frac{2R}{c}\right] \tag{1-15}$$

$$|y_{mj}(n)|=\begin{cases}\dfrac{N_TS}{2}, & n=n_T\\ \displaystyle\sum_{i=n_T}^{N_T+j_T-1}\frac{S\exp[\mathrm{j}2\pi K(\Delta t)^2(n-n_T)i]}{2}, & n_T-N_T<n<n_T\\ \displaystyle\sum_{i=n}^{n_T+N_T-1}\frac{S\exp[\mathrm{j}2\pi K(\Delta t)^2(n-n_T)i]}{2}, & n_T<n<n_T+N_T\\ 0, & \text{其他}\end{cases} \tag{1-16}$$

$$|y_{mj}(n)|=\frac{S}{2}\left(N_T-\left|n-n_T\right|\right)\left|\frac{\operatorname{sinc}\left[K\Delta t^2\left(n-n_T\right)\left(N_T-\left|n-n_T\right|\right)\right]}{\operatorname{sinc}\left[K\Delta t^2\left(n-n_T\right)\right]}\right|$$

$$n_T-N_T \leqslant n \leqslant n_T+N_T$$

显然，$|y_{mj}(n)|$ 在 $n=n_T$ 时(即匹配滤波器 $h(n)$ 的延时与信号的延时一致时)取得最大值 $N_TS/2$，$|y_{mj}(n)|$ 在 $n=n_T$ 附近的第一对最小值点出现在 $|n-n_T|K(\Delta t)^2N_T=1$ 处(当 N_T 个求和点正好对应正弦信号一个周期的采样序列时，由正弦信号在一个周期内的采样点和值为零可知，其和值绝对值最小)，即

$$|n-n_T|=\frac{1}{K(\Delta t)^2N_T}=\frac{1}{B\Delta t} \tag{1-17}$$

图 1.3 给出了 $\Delta t=1/(3B)$、压缩比 $B\tau=10$ 情况下 $|y_m(n)|$ 的示意图。

$|y_m(n)|$ 可以近似用辛格脉冲函数表示，即

$$|y_m(n)|=\left|\frac{N_T S}{2}\mathrm{Sa}[\pi(n-n_T)B\Delta t]\right| \tag{1-18}$$

由图 1.3 可以看出，时间宽度为 τ、采样点数为 N_T、起始位置为 n_T 的线性调频回波采样信号 $s_{mj}(n)$ 经过式(1-14)所示的相关积累后变成有效点数为 $2N_T-1$、半功率宽度(约为 n_T 左右两个极小值点间隔的一半)约为 $1/(B\Delta t)$ 个采样点，或时间宽度约为 $1/B$ 的类似辛格脉冲，脉冲压缩比为 $\tau/(1/B)=B\tau>1$。

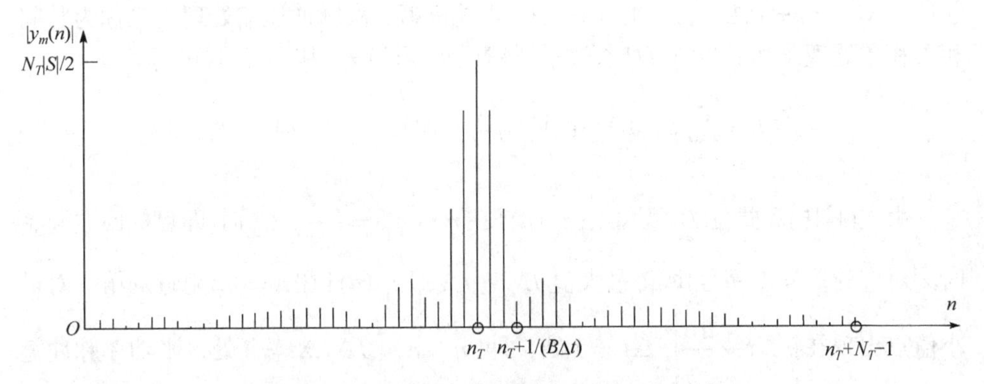

图 1.3 经过数字脉冲压缩处理后的目标回波

需要注意的是，在有些检测系统中，调制带宽 B 较大，为了在保证距离分辨力的情况下同时保证测距精度，取 $\Delta t=1/B$，则每个脉冲经采样后为 λ 点，经脉冲压缩后为 1 个点的宽度。

显然，调频带宽越宽，输出脉冲的宽度越窄，距离分辨力与测距精度就越高。

在噪声背景情况下，压缩脉冲的幅度和相位会受噪声的影响，最大值点的位置也可能在 n_T 附近发生移动，影响测距精度。

对于遮挡区内的目标，脉冲压缩后辛格脉冲的峰值点依然出现在 $n=n_T$ (而不是 $n=n_T'=n_\tau$)，即依然可以通过峰值点的序号估计目标的距离，但辛格脉冲的宽度增加到 $\min[K_z/B,\tau/K_z]$ (τ/K_z 为回波脉冲未被遮挡部分对应的时间宽度，相当于有效带宽下降到 $1/K_z$)，幅度下降到 $N_T|S|/(2K_z)$；近距情况下

$|S|$的增长比例远大于K_z，对信号检测没有影响，也可以通过压缩后的脉冲进行距离与角度测量，带来的问题是雷达信号功率浪费，测量精度会受到一定影响。

根据卷积定理，式(1-14)所示的时域卷积可以通过频域的乘积实现，即

$$y_{mj}(n)=\mathrm{IFFT}\{\mathrm{FFT}[x_{mj}(n)\exp(-\mathrm{j}2\pi f_I n\Delta t)]\mathrm{FFT}[h(n)]\},\quad m=0,1,\cdots;j=0,1,\cdots \tag{1-19}$$

式中，FFT代表快速傅里叶变换运算，其为N_c点的运算，共需2个N_c点FFT运算和1个N_c点IFFT(代表快速傅里叶逆变换)运算；根据IFFT的结果取前$(T_p-\tau)/\Delta t$个点为有效点。

前面讨论了脉内脉冲压缩处理，即在每帧的每个脉冲周期内，对采样信号按式(1-14)或式(1-19)进行匹配滤波相参积累处理。下面讨论和分析脉间脉冲压缩处理，即在每帧内对J个周期的脉内脉冲压缩处理后的输出信号$\{y_{mj}(n)\,|\,n=0,1,\cdots,N-1;j=0,1,\cdots,J-1;m=0,1,\cdots\}$进行第二次脉冲压缩处理，又称为脉间相参积累处理。当$\Delta t\leqslant 1\ \Omega$时(过采样情况)，可以采用以下公式进行处理：

$$z_m(n)=\sum_{j_T=0}^{J-1}y_{mj}(n)\exp(\mathrm{j}2\pi j_T\Delta f n\Delta t),\quad n=0,1,\cdots,N-1 \tag{1-20}$$

由式(1-15)和式(1-16)可知，$|z_m(n)|$在$n=n_T=\dfrac{2R}{c}/\Delta t$时(即目标回波起始时刻对应的采样点序号)取得最大值$JN_TS/2$，$|z_m(n)|$在$n=n_T$附近的第一对最小值点出现在$\left|n\Delta t-\dfrac{2R}{c}\right|J\Delta f=1$处，即$|n-n_T|J\Delta f\Delta t=1$处，半功率脉冲宽度约为$\dfrac{1}{J\Delta f\Delta t}$个采样点，对应的时间宽度为$\dfrac{1}{J\Delta f}=\dfrac{1}{JB}=\dfrac{1}{\Omega}$，即经过第二次脉冲压缩处理可以将宽度为$1/B$的脉冲压缩为宽度是$1/\Omega$的脉冲，脉冲宽度压缩到第一次压缩后的$1/J$，即原来的$1/(J\lambda)$。

需要注意的是，对于$\Delta t=1/B=1/\Delta f$的标准采样率检测系统，设测距精度所要求的距离采样单元间隔为δR(一般小于$c/(2\Omega)$)，令$J'=\dfrac{c}{2B\delta R}$(大于J)，则第二次脉冲压缩处理公式为

$$\begin{cases}z_m(nJ'+i)=\sum\limits_{j_T=0}^{J-1}y_{mj}(n)\exp[\mathrm{j}2\pi j_T\Delta f(n+i/J')\Delta t]=\sum\limits_{j_T=0}^{J-1}y_{mj}(n)\exp[\mathrm{j}2\pi j_T(i/J')]\\ i=-J'/2,-J'/2+1,\cdots,0,1,\cdots,J'/2-1;n=0,1,\cdots,N_c-1\end{cases} \tag{1-21}$$

式(1-20)可以通过补零 IFFT 实现。由于第一次脉冲压缩后，每个回波脉冲的宽度为 1 个采样点的宽度，因此 $\frac{2R}{c}/\Delta t$ 不一定为整数；设 $\frac{2R}{c}/\Delta t$ 最靠近 $n_T + i_T / J'$ (小数部分用 i_T / J' 近似)，n_T、i_T 为整数，则第二次脉冲压缩后的峰值点为 $z_m(n_T J' + i_T)$，在 $n_T J' + i_T$ 附近的最小值点出现在 $n_T J + i_T \pm J' / J$ 处，半功率脉冲宽度约为 J' / J 个距离采样单元宽度，对应的时间宽度同样为 $2\left(\frac{J'\delta R}{J}\right)/ c = \frac{1}{JB} = \frac{1}{\Omega}$。

式(1-20)的处理相当于将第一次脉冲压缩后的每个宽度为 $c/(2B)$ 的距离采样单元 n 拆分成 J 个宽度为 $c/(2\Omega)$ 的距离单元，拆分前后，目标都只占据一个单元(对于点目标情况，$c/(2\Omega)$ 大于目标尺寸)。

式(1-20)所示过采样($\Delta t \leqslant 1/\Omega$)情况下的脉间积累与式(1-21)所示 $\Delta t = 1/B$ 标准采样情况下的脉间积累相比，前者采样间隔降低，采样频率较高，脉内压缩运算量大，但脉间压缩运算量小(不需要作 FFT 处理)，脉内压缩可以通过流水线并行处理实现，信号处理的滞后时间比后者要小；而后者的脉内压缩运算量小，脉间压缩运算量大，主要的运算需要等 J 个周期的数据全部采集完毕以后才能进行，滞后时间长，不利于目标搜索与跟踪。

第 2 章　频率步进雷达精密测量技术

现代雷达朝着高灵敏度、强抗干扰能力、高机动性和良好的低空性能方向发展，其中高距离分辨率是关键技术之一。高距离分辨率要求系统具有大的带宽，而瞬时带宽的增加必将提高系统对硬件的要求。在现有硬件水平约束下，脉间频率步进波形是一种工程上实用、方便灵活的高距离分辨率信号形式，它通过发射载频步进变化的子脉冲串来合成大的等效带宽，显著降低了系统的瞬时带宽和对接收机硬件的要求，避免了某些脉冲压缩波形的实际设计问题。另外，它能够跳过受调频广播和移动通信等外界干扰的频率，具有抗干扰性。

2.1　频率步进雷达一维距离成像

2.1.1　参数设计依据与原则

影响频率步进雷达关键性能的参数主要有发射脉冲宽度 τ 、脉冲重复周期 T_p 、采样间隔 T_s 、跳频间隔 Δf 、频率步进数 N 等[4]。

在设计 τ 、T_p 、T_s 、Δf 、N 时，需要根据实际情况综合考虑，保证雷达具有最优的性能。下面简要介绍频率步进高分辨雷达系统主要参数的设计原则及其对雷达系统信号处理性能的影响。

1. Δf 、N 、T_p 的选取

通常，在设计雷达信号参数时，令以下指标已知：目标可能的最大长度 E 、雷达最大作用距离 R 、雷达距离最小分辨率 Δr 。由此可以设计合理的 Δf 、N 、T_p 。

IFFT 细化处理后的单点不模糊距离(不模糊间隔) r_I 通常选择大于目标可能的最大长度 E ，以免引起距离像的混叠，即

$$\frac{c}{2\Delta f} > E \text{，} \quad \Delta f < \frac{c}{2E} \tag{2-1}$$

根据雷达距离最小分辨率 Δr 确定频率步进数 N ：

$$\frac{c}{2N\Delta f} = \Delta r \text{，} \quad N = \frac{c}{2\Delta r \Delta f} \tag{2-2}$$

为了保证距离不出现模糊，根据雷达的最大作用距离 R 确定 T_p：

$$\frac{cT_p}{2} = R,\quad T_p = \frac{2R}{c} \tag{2-3}$$

上述参数设计没有考虑目标运动的情况，如果目标有速度，那么 T_p 与 N 的选取会有更多的约束条件。步进频率信号回波会引起距离多普勒的耦合效应，导致回波在一个不模糊距离间隔中产生距离移动。如果目标运动引起的距离多普勒耦合量与信号的脉宽之和大于不模糊距离间隔所对应的时间宽度，那么在 IFFT 处理后，信号的周期性会引起回波的循环移位，从而可能出现混叠导致无法恢复目标信号。另外，目标运动时，T_p 与 N 不能取得太大，否则会导致信号的帧周期过长，给运动补偿带来很大难度，因此一般来说目标速度越大，要求 T_p 与 N 越小。Δf 、N 、T_p 确定后，频率步进雷达的最优性能就已经确定了，能否达到这个最优性能取决于发射脉冲宽度 τ 和采样频率 f_s 的设计，以及相应信号处理算法的选取。

2. 发射脉冲宽度 τ 的约束条件

发射脉冲宽度 τ 决定了单脉冲分辨率 $r_\tau = c\tau / 2$ ，Δf 决定了信号的单点不模糊距离 $r_I = c / (2\Delta f)$ ，两者的比值为 $r_\tau / r_I = \tau\Delta f$ ，设回波信号是宽度为 τ 的理想矩形脉冲，这里假设每个脉冲只采样一个点，即 $T_s = \tau$ (假设采样点位于回波脉冲的中间位置)，此时有：

(1) 当 $\tau\Delta f = 1$ 时，表明 IFFT 细化后的距离范围就是单脉冲距离分辨率。在这种情况下，若目标静止，将不同采样点细化后的结果续接起来就是目标实际的距离信息，从而获得所有采样点真实的一维距离像(目标静止时，若采样点位置偏移了回波脉冲的位置，则仍会发生折叠)；若目标与雷达存在相对径向运动，没有进行运动补偿或者补偿不精确，则由于距离多普勒耦合效应，距离像产生循环移位会发生折叠，目标回波后沿会折叠到前沿，此时需要进行去折叠处理才能得到目标的真实距离像；另外，在实际工程实现时，回波并不是理想的矩形脉冲，而是受目标及环境的影响有一定的展宽，此时运动目标回波就会引起目标回波信号的混叠，导致重叠区域受到污染而无法恢复有效信号。

(2) 当 $\tau\Delta f > 1$ 时，$r_I < r_\tau$ ，即 IFFT 细化后的距离范围不足以表示当前回波所代表的距离范围，此时无论目标运动与否都会引起目标的混叠，从而导致无法获得混叠区目标的真实信号。考虑目标静止的情况，设目标位置为 r ，当 $r_I < r < r_\tau$ 时，IFFT 处理后该目标的位置会发生混叠，出现在 $r_I - r$ 的位置。这样，原来的清晰区会被混叠后的目标污染，出现距离模糊。每组采样点细化后模

糊区的长度为$r_{\tau}-r_{I}$。

(3) 当$\tau\Delta f<1$时，表示 IFFT 细化后的距离范围大于当前回波所代表的距离范围，细化后的一维距离像会有$r_{I}-r_{\tau}$的区域无效。在目标与雷达存在相对径向运动或者补偿不准及回波展宽的情况下，运动引起的距离多普勒耦合仍然可能使目标回波产生折叠，此时折叠后回波正好落入此无效区域，因此仍然可以得到目标的完整真实信息，并且此时的细化结果包含了全部目标信息。但是，在这种情况下目标的位置会发生偏移，造成测距不准，必须通过信号处理算法(目标抽取算法)获得目标的真实距离。

综上所述，在选择τ时应考虑到 IFFT 细化后所能表达的距离范围，使得

$$\tau \leqslant \frac{1}{\Delta f} \tag{2-4}$$

这就是τ与Δf的紧约束条件。

在实际雷达系统中，脉冲回波会有一定程度的发散和展宽，其形状类似于高斯脉冲，因此在实际中一般选择$\tau<1/\Delta f$来补偿回波的展宽，防止发生混叠。同时，回波的展宽会导致较大的采样损失，这时需要适当减小采样间隔来减小采样损失。

3. 采样间隔T_s的确定

理论上，T_s只要等于发射信号脉冲宽度，就可以通过目标抽取算法获得全程的一维距离像。在实际系统中，由于回波的展宽和发散，没有采样到回波的最大值，会造成幅度损失。这可以通过提高采样频率来减小回波的采样损失，一般取

$$\frac{\tau}{5}<T_s<\frac{\tau}{3} \tag{2-5}$$

然而，提高T_s会带来另外一个问题，即同一个点目标的回波有可能被采样两次以上，造成同一个点目标多次出现在不同组的细化结果上，这称为过采样冗余；同时，具有多个散射中心的目标回波有可能分布在两个以上的 IFFT 处理结果中，这给目标识别带来了难度。此时，每组 IFFT 处理结果提供的有效距离信息是r_s而不再是r_{τ}，在这种情况下可以采取目标抽取算法进行去冗余处理，从而得到完备且真实的一维距离像。常用的去冗余算法有舍弃法、取大法、平均法(累加法)及周期延拓法等。

4. τ、T_s、Δf 的宽约束条件

由上面的讨论可知，当$\tau\Delta f > 1$时，在 IFFT 处理结果中会出现模糊区域，其代表的距离是$r_\tau - r_I$。当采样率提高时，每组 IFFT 处理结果中有效的距离信息只有r_s，因此只要保证每组 IFFT 处理结果中有长度为r_s的清晰区即可通过适当的目标抽取算法获得完备且真实的一维距离像。此时需满足$r_I - (r_\tau - r_I) \geqslant r_s$，展开可得

$$\tau + T_s \leqslant 2 / \Delta f \tag{2-6}$$

由式(2-6)可以看出，当$\tau = T_s$时就是紧约束条件$\tau \leqslant 1 / \Delta f$。

宽约束条件成立的根本原因在于充分利用了所有采样点的 IFFT 处理结果，并更加精细合理地从中选取需要的信息。它的好处在于：当$\tau > T_s$时，可以使τ与Δf适当增大，从而提高雷达的平均发射功率和距离分辨率。

实际中，一般要求满足紧约束条件，从而保证 IFFT 处理后单点不模糊距离r_I有一定的冗余，便于速度补偿和杂波剔除，同时使得$T_s < \tau / 3$，以减小采样幅度损失。当参数设计合适时，对回波信号进行 IFFT 运算后再运用适当的目标抽取算法即可得到完备的一维距离像信息。

2.1.2　频率步进雷达合成一维距离像原理

频率步进信号可以看成频域等间隔采样的脉冲序列，脉间 IFFT 相参处理针对的是采样点，得到的只是一组子距离像，覆盖范围有限，因为子距离像只能有效表达一个分辨单元的回波信息；且子距离像的时域不模糊范围必须大于脉冲宽度，以免产生距离像折叠，故脉间 IFFT 方法不适合用于径向大尺寸目标成像。

为了解决上述问题，主要采用两类方法实现频率步进雷达高分辨成像：一类是距离像拼接法，该方法通过信号处理算法将片段距离像拼接成高分辨距离像；另一类是带宽合成法，这一思想由 McGraory 于 1991 年提出，他指出带宽合成可在时域实现，也可在频域实现，而后者应用价值更大，因为其不需要上采样。这种算法的基本思想是利用频率步进雷达的载频跳变，对合成宽带的线性调频脉冲(由每组窄带宽的子脉冲合成)进行脉冲压缩，得到目标的完整距离像。与距离像拼接法相比，宽带合成法的优势在于避免了距离像拼接的问题。

1. 频率步进雷达距离像拼接法一维距离成像

频率步进雷达第k个发射脉冲对应的发射脉冲信号可以表示为

$$\begin{cases} e_k(t_k) = \begin{cases} A\exp\left[\mathrm{j}\left(2\pi f_k t_k + \varphi_k\right)\right], & 0 \leqslant t_k < \tau \\ 0, & \tau \leqslant t_k < T_p \end{cases} \\ f_k = f_0 + k\Delta f, \quad k = 0,1,\cdots,K-1 \end{cases} \tag{2-7}$$

式中，t_k 为以第 k 个脉冲的开始时刻为起点的时间变量；K 为每帧的脉冲数；T_p 为脉冲重复周期；τ 为脉冲宽度；f_0 为发射载频的基频；Δf 为步进频率间隔；A 为发射信号的幅度；φ_k 为发射脉冲信号的初始相位(可以是随机的)。对于典型的频率步进雷达，满足 $\tau = 1/\Delta f$ (保证片段距离像的无缝拼接或频带资源的最有效利用)。

发射信号的频率特征如图 2.1 所示。

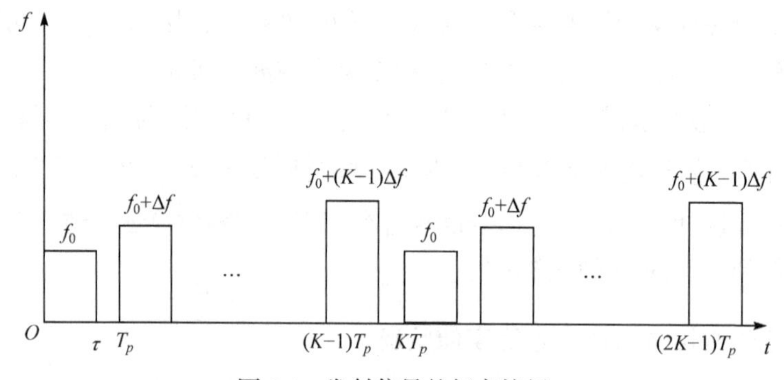

图 2.1 发射信号的频率特征

假设目标沿雷达天线径向有 M 个散射中心，不考虑目标各个强散射中心的相互电磁作用，则第 k 个发射脉冲对应的回波信号为

$$r_k(t_k) = \sum_{m=0}^{M-1} B_{mk} \exp\left[\mathrm{j}2\pi\left(f_0 + k\Delta f\right)\left(t_k - \frac{2R'_m}{c}\right) + \mathrm{j}\varphi_k\right] \tag{2-8}$$

式中，$R'_m = R_m + \upsilon_m(kT_p + t_k)$，表示目标第 m 个散射中心的初始距离(第 0 个周期开始时刻的目标距离)；υ_m 为目标第 m 个散射中心的径向速度(假设在处理时间内保持不变)，远离雷达运动时 υ_m 为正，靠近雷达运动时 υ_m 为负。

为了叙述简便，本节以点目标为例。点目标信号回波是延续目标的特定表达，它的回波信号同样也是对双程延迟时间的傅里叶变换表达形式。则式(2-8)变为

$$r_k(t_k) = B_k \exp\left[\mathrm{j}2\pi\left(f_0 + k\Delta f\right)\left(t_k - \frac{2R'}{c}\right) + \mathrm{j}\varphi_k\right] \tag{2-9}$$

第 k 个周期的接收机本振信号可以表示为

$$h_k(t_k) = H\exp[\mathrm{j}2\pi(f_0 + k\Delta f + f_I)t_k + \mathrm{j}\varphi_k],\quad 0 \leqslant t_k < T_p \tag{2-10}$$

则经过混频后的差拍信号(抵消掉与发射信号同步的、随机的初始相位φ_k)经中频放大后可以表示为

$$r_{Ik}(t_k) = C_k\exp\left[\mathrm{j}2\pi f_I t_k + \mathrm{j}2\pi(f_0 + k\Delta f)\frac{2\upsilon}{c}(KT_p + kT_p + t_k) + \mathrm{j}2\pi(f_0 + k\Delta f)\frac{2R}{c}\right] \tag{2-11}$$

对式(2-11)所示信号进行零中频同相-正交处理，同相通道输出信号为实部、正交通道输出信号为虚部，对输出信号进行双通道同步采样，采样间隔为τ(确保每个回波脉冲能采样到一个点的数据，不管其延时如何)；在脉冲周期内，从$t_k = \tau$时刻开始采集数据，至$t_k = T_p$结束，共采集$N = T_p / \tau$个点数据，设数据采样点的编号为$n = 0,1,\cdots,N-1$，则采样信号可以表示为

$$\begin{cases} x(k,n) = \begin{cases} C_k\exp\left\{\mathrm{j}2\pi(f_0 + k\Delta f)\left[\dfrac{2R}{c} + \dfrac{2\upsilon(kT_p + \tau + n\tau)}{c}\right]\right\}, & n = n_T \\ 0 & \text{其他} \end{cases} \\ k = 0,1,\cdots,K-1; n = 0,1,\cdots,N-1 \end{cases} \tag{2-12}$$

式中，$n_T = \mathrm{INT}[2R_0 / (c\tau)]$；$\mathrm{INT}[\cdot]$表示向下取整。

由于$K\Delta f \ll f_0$、$\upsilon \ll c$，因此$2\pi k^2\Delta f(2\upsilon T_p / c)$、$k\Delta f[2\upsilon(\tau + n\tau)/c]$相对于其他项可以忽略不计，这样可以将式(2-12)简化为

$$\begin{cases} x(k,n) = \begin{cases} C_k\exp\left\{\mathrm{j}2\pi\left[\left(\Delta f\dfrac{2R}{c} + f_0\dfrac{2\upsilon T_p}{c}\right)k\right] + \mathrm{j}\phi\right\}, & n = n_T \\ 0, & \text{其他} \end{cases} \\ k = 0,1,\cdots,K-1; n = 0,1,\cdots,N-1 \end{cases} \tag{2-13}$$

式中，$\phi = 2\pi f_0\left[\dfrac{2R}{c} + \dfrac{2\upsilon}{c}(n+1)\tau\right]$为与$k$无关的常数相位项。

显然，在每个周期内，以k为变量，第m个散射中心的数字频率为

$$F_m = \Delta f\frac{2R_m}{c} + f_0\frac{2\upsilon_m T_p}{c} \tag{2-14}$$

对每一帧的$n = n_T$采样时刻处的K点数据$\{x(k,n_T) \mid k = 0,1,\cdots,K-1\}$进行离散傅里叶变换(discrete Fourier transform, DFT)处理：

$$y(i,n_T)=\frac{1}{K}\sum_{k=0}^{K-1}x(k,n_T)\exp(-\mathrm{j}2\pi\Delta f n_T\tau k)\exp\left(-\frac{\mathrm{j}2\pi ik}{K}\right),\quad i=0,1,\cdots,K-1 \tag{2-15}$$

式中，$\exp(-\mathrm{j}2\pi\Delta f n_T\tau k)$ 项的作用就是使片段距离像以距离 $R_c=cn_T\tau/2$ 为起点。

$\{y(i,n_T)\,|\,i=0,1,\cdots,K-1\}$ 称为第 n_T 个采样单元的片段距离像，共 K 个分辨单元。此时，根据 DFT 谱分析原理，散射中心的谱峰位置出现在

$$i=\mathrm{INT1}\left\{K\left[\Delta f\frac{2(R-R_c)}{c}+f_0\frac{2\upsilon T_p}{c}\right]\right\} \tag{2-16}$$

式中，$\mathrm{INT1}[\cdot]$ 为四舍五入取整；$R_c=\dfrac{1}{2}cn_T\tau$ 。

令 $\Delta i=K\Delta f\dfrac{2\Delta R}{c}=1$ ，得到频率步进雷达每个距离分辨单元 i 的宽度或距离分辨力为

$$\Delta R=\frac{c}{2K\Delta f} \tag{2-17}$$

式(2-17)即为频率步进雷达的极限距离分辨力。

显然，根据谱峰位置 i 测量到的目标散射中心的距离值为

$$R=R_c+i\frac{c}{2K\Delta f} \tag{2-18}$$

当 $\upsilon=0$ (静止目标)时，$R\approx R_c$；当 $\upsilon\neq 0$ 时，则有

$$R\approx R_c+f_0\frac{\upsilon T_p}{\Delta f} \tag{2-19}$$

称 $\delta R=f_0\upsilon T_p\,/\,\Delta f$ 为距离-多普勒耦合带来的距离测量误差(非随机的、系统误差)。

需要说明的是：

(1) 对于 $\tau\Delta f=1$ 的情况，片段距离像的总的距离宽度为 $K\dfrac{c}{2K\Delta f}=\dfrac{1}{2}c\tau$ ，正好为一个脉冲宽度或一个采样间隔 τ 对应的距离宽度。因此，将不同采样时刻 n 得到的片段距离像按 n 从小到大、n 相同时按 i 从小到大的顺序进行拼接，就可以得到雷达作用距离范围内的全景距离像。

(2) 对于 $\tau\Delta f<1$ 的情况，3 组相邻采样点 IFFT 细化后结果如图 2.2 所示，空白区代表有效信息区，虚线框代表折叠区。由于式(2-15)中 $\exp(-\mathrm{j}2\pi\Delta f n_T\tau k)$

项使得片段距离像以距离 $R_c = cn_T\tau / 2$ 为起点，故每个片段距离像中有效信息区所处位置相同。

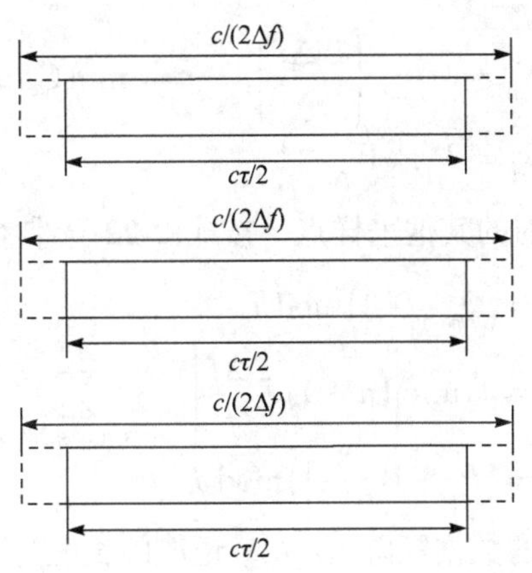

图 2.2　相邻采样点 IFFT 后结果

因此，从每个片段距离像的 K 个结果中取出 $[c\tau / (2\Delta R), c\tau / \Delta R]$ 个有效信息点，然后将所有片段距离像的有效信息点按 n 从小到大的顺序进行拼接，就可以得到雷达作用距离范围内的全景距离像。

(3) 对于 $\tau\Delta f < 1$ 这种过采样的情况，式(2-15)可以按下式处理：

$$X(i, n_T) = \frac{1}{K}\sum_{k=0}^{K-1} x(k, n_T)\exp(\frac{-\mathrm{j}2\pi ik}{K}) \tag{2-20}$$

此时，距离像会产生距离失配冗余和过采样冗余，且各片段距离像中有效信息区起始点是不同的。若直接将各片段距离像拼接，则距离像是杂乱的，并且会出现虚假目标。要得到真实的高分辨距离像，需从各片段距离像中抽取正确的信息后再依次拼接。一般地，得到片段距离像后要将其拼接成完备的高分辨距离像，还有两个工作要做：

(1) 解模糊，即将由 $\Delta f / B < 1$ 引起的距离像折叠去除，恢复成目标真实距离。

(2) 目标抽取，即将过采样带来的同一目标在多个采样单元中的重复信息去掉，只将每个采样点的新信息抽取出来。

目前常用的解模糊算法有直接解模糊法、顺序移动法和相位补偿法等。直接解模糊法是在有折叠的距离像上，根据采样点在粗分辨单元中的相对位置和脉宽关系判断折叠方向及折叠单元数；顺序移动法和相位补偿法是通过先对回波数据在时域或者频域乘以补偿因子，再进行两次脉冲压缩，从而消除成像后的距离折叠。

典型的目标抽取算法有四种：舍弃法、取大法、求平均法和累加法。

舍弃法步骤如下：

(1) 对于第一个采样点，即 $n=\min \mathrm{Gate}_s$ ，按式(2-21)选取参数 P_n 、W_n 、Q_n ：

$$\begin{cases} P_n = 0 \\ W_n = \mathrm{trunc}\left(J\dfrac{\Delta f}{f_s}\right), \quad n=\min \mathrm{Gate}_s \\ Q_n = P_n + W_n - 1 \end{cases} \tag{2-21}$$

(2) 对于跟踪波门内的其他采样点，按式(2-22)选取参数 P_n 、W_n 、Q_n ：

$$\begin{cases} P_n = \left(Q_{n-1}+1\right)\bmod J \\ W_n = \mathrm{trunc}\left[\left(n+1\right)J\dfrac{\Delta f}{f_s}\right] - \displaystyle\sum_{n'<n,n'\in \mathrm{Gate}_s} W_{n'} \\ Q_n = \left(P_n + W_n - 1\right)\bmod J \end{cases} \tag{2-22}$$

对于二次压缩得到的数据矩阵 $z(n,k)$ ，记波门长度为 N_g ，则可知形成的一维距离像长度 N_{hrr} 满足：

$$N_{\mathrm{hrr}} = N_g J \frac{\Delta f}{f_s} \tag{2-23}$$

对于第 n 个采样点，二次脉冲压缩后得到 J 个数据，取出第 P_n 点到第 Q_n 点之间的 W_n 个数据，作为当前采样点的提取点迹，综合波门内所有 n 的数据便形成了一维距离像。

同取大法，求平均法和累加法对于相邻采样点的重复信息不是直接舍弃，而是先按采样频率决定的每个采样点所代表的距离为长度逐个取出，再根据不同原则在重复信息中选取一个。同取大法在重复信息中选取幅度最大的作为输出一样，求平均法对重复信息幅度取平均，累加法是将距离幅度累加。

高分辨距离像合成算法基本原理示意图如图 2.3 所示。

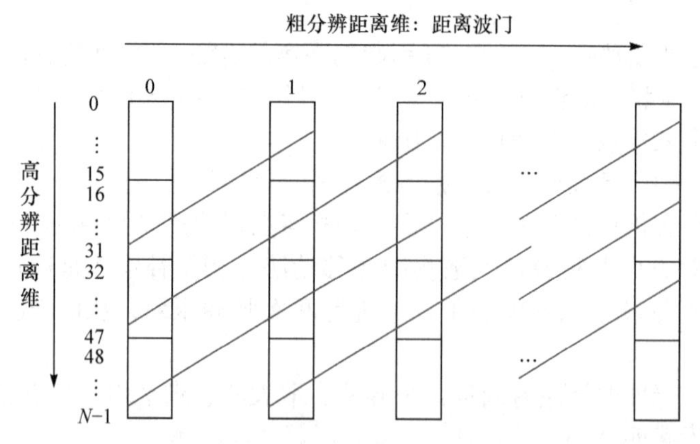

图 2.3　高分辨距离像合成算法基本原理示意图

取数据的步骤如下：

设有 N 个采样点，对于每个采样点 n ，取出 P_n 到 Q_n 之间的 W_n 个数据，存在一个矩阵中，其中 P_n 、Q_n 、W_n 的计算公式为

$$\begin{cases} P_n = \mathrm{mod}\left[\mathrm{trunc}\left(\dfrac{nN\Delta f}{f_s}\right), N\right] \\ Q_n = \mathrm{mod}\left\{\mathrm{trunc}\left[\left(\dfrac{nM\Delta f}{f_s} + \dfrac{N\Delta f}{B}\right)\right], N\right\} \\ W_n = \mathrm{trunc}\left(\dfrac{nN\Delta f}{f_s} + \dfrac{N\Delta f}{B}\right) - \mathrm{mod}\left[\mathrm{trunc}\left(\dfrac{nN\Delta f}{f_s}\right), N\right] \end{cases} \tag{2-24}$$

取出数据后，根据式(2-23)的方法进行处理。

2. 频率步进雷达频域合成法一维距离成像

频域合成法是带宽合成思想的一种实现方式，带宽合成的方法主要是指将信号变换到频域，在频域进行拼接得到回波信号的大带宽频谱。频域带宽合成的基本原理如图 2.4 所示。

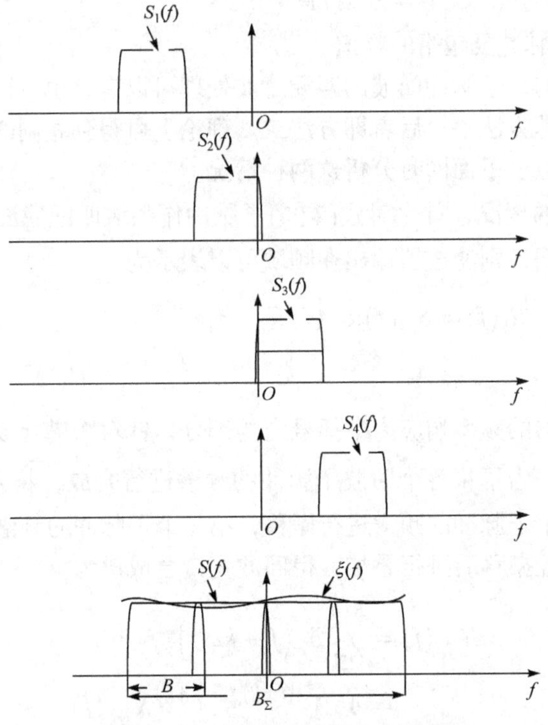

图 2.4　频域带宽合成的基本原理

通过频域合成法得到频率步进雷达距离像有两种方式，如图 2.5 所示。

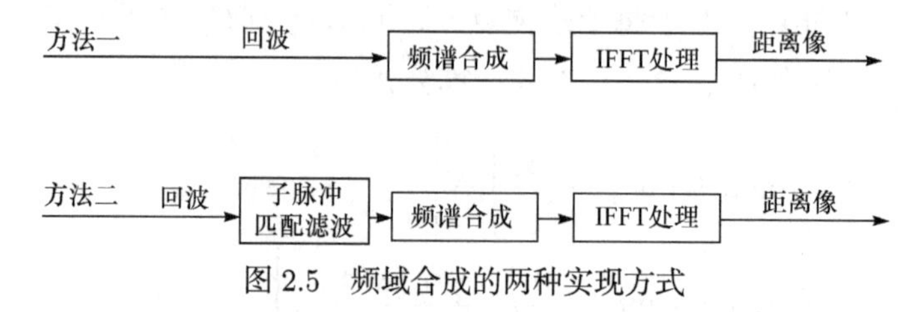

图 2.5　频域合成的两种实现方式

对于接收到的一串相参信号，用与发射脉冲载频相同的相参本振信号进行混频，并假设目标相对静止或已作精确补偿，得到基带回波为

$$s_{rk}(t) = AU(t-\tau_0)\mathrm{e}^{-\mathrm{j}2\pi f_k \tau_0} \tag{2-25}$$

对基带回波 $s_{rk}(t)$ 补偿波门起始时间 t_{s0} 引入的相位，并在快时间维进行 FFT 处理，得到回波子脉冲的频谱为

$$\begin{aligned} S_{rk}(f) &= \mathrm{FFT}\left[s_{rk}(t)\mathrm{e}^{-\mathrm{j}2\pi f_k t_{s0}}\right] \\ &= \mathrm{FFT}\left[AU(t-\tau_0)\mathrm{e}^{-\mathrm{j}2\pi f_k(\tau_0 - t_{s0})}\right] \\ &= AU(f)\mathrm{e}^{-\mathrm{j}2\pi(f+f_k)(\tau_0-t_{s0})} \end{aligned} \tag{2-26}$$

式中，$U(f)$ 为子脉冲复包络的频谱。

频谱合成之前，子脉冲回波的匹配滤波处理可以有，也可以没有，理论上都是可行的。前者即方法一，后者即方法二。理论上可得到相同的距离像，前提是合成谱不存在零点。下面同时分析这两种情况。

按照方法二的情况，首先对式(2-25)子脉冲作频域匹配滤波。假设 t_d 为所用滤波器的延迟时间，则滤波器输出在频域可以表示为

$$\begin{aligned} R_k(f) &= S_{rk}(f)\left[U^*(f)\mathrm{e}^{-\mathrm{j}2\pi f t_d}\right]\mathrm{e}^{-\mathrm{j}2\pi k\Delta f t_d} \\ &= A\mathrm{e}^{-\mathrm{j}2\pi f_0(\tau_0-t_{s0})}\mathrm{e}^{-\mathrm{j}2\pi(f+f_k)(\tau_0-t_{s0}+t_d)}\left|U(f)\right|^2 \end{aligned} \tag{2-27}$$

式中，匹配滤波器的频率响应为中括号内的部分，针对频谱合成添加的特殊相位因子为 $\mathrm{e}^{-\mathrm{j}2\pi k\Delta f t_d}$。为了将各个回波子脉冲的频谱进行合成，将 $R_k(f)$ 的零频置于频谱中心，对各个子脉冲的频谱进行搬移，第 n 个子脉冲的频谱搬移量为 $k\Delta f$。回波子脉冲频谱经搬移后进行叠加，得回波宽带合成谱为

$$\begin{aligned} R_{\mathrm{sy}k}(f) &= \sum_{k=0}^{K-1} R_k\left(f-k\Delta f\right) \\ &= A\mathrm{e}^{-\mathrm{j}2\pi(f+f_k)(\tau_0-t_{s0}+t_d)}X_{\mathrm{sy}k}(f) \end{aligned} \tag{2-28}$$

式中，$X_{\mathrm{sy}k}(f)$ 为回波子脉冲复包络的合成谱：

$$X_{\mathrm{sy}k}(f)=\sum_{k=0}^{K-1}\left|U\left(f-k\Delta f\right)\right|^{2} \tag{2-29}$$

不做匹配滤波时，可以直接做频谱合成。将 $S_k(f)$ 零频置于频谱中心，对各个子脉冲的频谱进行搬移，第 k 个子脉冲的频谱搬移量为 $k\Delta f$ 。回波子脉冲频谱经搬移后进行叠加，得回波宽带合成频谱为

$$\begin{aligned}S_{\mathrm{sy}k}(f)&=\sum_{k=0}^{K-1}S_k\left(f-k\Delta f\right)\\&=A\mathrm{e}^{-\mathrm{j}2\pi\left(f+f_k\right)\left(\tau_0-t_{s0}+t_d\right)}U_{\mathrm{sy}k}(f)\end{aligned} \tag{2-30}$$

式中，$U_{\mathrm{sy}k}(f)$ 为回波子脉冲复包络的合成频谱，且

$$U_{\mathrm{sy}k}(f)=\sum_{k=0}^{K-1}U\left(f-k\Delta f\right) \tag{2-31}$$

对带内信号进行 IFFT 处理就可得到目标的距离像。

2.2　调频步进雷达合成宽带原理

调频步进信号作为重要的合成宽带信号[5-8]，用线性调频信号代替频率步进信号中每个周期的简单子脉冲，能够以更少数目的脉冲合成较宽的带宽，解决了合成宽带和数据率之间的矛盾。调频步进信号兼具线性调频信号与频率步进信号的特点，其高分辨成像要先进行线性调频子脉冲的脉内压缩，然后作与频率步进信号类似的信号，因此调频步进信号与频率步进信号高分辨成像的方法类似，但也略有不同，下面进行介绍。

2.2.1　调频步进雷达距离像拼接法一维距离成像

设雷达发射的调频步进信号为

$$\begin{cases}e_k(t_k)=A\exp\left\{\mathrm{j}2\pi f_k t+\mathrm{j}\pi K t_k^2\right\}, & 0\leqslant t_k\leqslant\tau\\0, & \tau<t_k\leqslant T_p\end{cases} \tag{2-32}$$

式中，A 为发射信号幅度；$k=0,1,2,\cdots,M-1$ ，M 为跳频个数；t_k 为快时间(即以第 $Y_k(f)$ 个脉冲的开始时刻为起点的时间变量)。设 t 为慢时间，以第 0 个脉冲信号开始时刻为起点，$t=kT_p+t_k$ ，f_0 为发射信号的基准频率，Δf 为跳频间隔，

$f_k = f_0 + k\Delta f$ ，τ 和 T_p 分别为脉冲宽度和脉冲重复周期，K 为调频率，记调频步进信号子脉冲带宽为 $B = K\tau$ 。

设目标相对于雷达静止，与雷达天线的相对距离为 R_0，则雷达目标回波可以表示为

$$\begin{cases} r_k(t_k) = D\exp\left\{ \mathrm{j}2\pi f_k \left(t - \dfrac{2R_0}{c} \right) + \mathrm{j}\pi K \left(t_k - \dfrac{2R_0}{c} \right)^2 \right\}, & \dfrac{2R_0}{c} \leqslant t_k \leqslant \tau + \dfrac{2R_0}{c} \\ 0, & \text{其他} \end{cases} \tag{2-33}$$

式中，c 为真空中光速；D 为接收信号幅度。

雷达目标回波信号与接收机的参考信号混频后的差频输出信号为

$$\begin{cases} x_k(t_k) = D\exp\left\{ -\mathrm{j}2\pi f_k \dfrac{2R_0}{c} + \mathrm{j}\pi K \left(t_k - \dfrac{2R_0}{c} \right)^2 \right\}, & \dfrac{2R_0}{c} \leqslant t_k \leqslant \tau + \dfrac{2R_0}{c} \\ 0 & \text{其他} \end{cases} \tag{2-34}$$

构造以下冲激响应匹配滤波器：

$$h(t_k) = \exp\left\{ -\mathrm{j}\pi K {t_k}^2 \right\}, \quad 0 \leqslant t_k \leqslant \tau \tag{2-35}$$

容易证明，采用式(2-34)所示滤波器进行滤波处理(脉内脉冲压缩)后的回波信号为

$$\begin{aligned} y_k\left(t_k\right) &= x_k\left(t_k\right) \otimes h(t_k) \\ &= D\tau \mathrm{Sa}\left\{ B\left(t_k - \frac{2R_0}{c} \right) \right\} \exp\left\{ \mathrm{j}\pi K \left(t_k - \frac{2R_0}{c} \right)^2 \right\} \exp\left\{ -\mathrm{j}4\pi f_k \frac{R_0}{c} \right\} \end{aligned} \tag{2-36}$$

这就是脉内压缩得到的粗分辨距离像，为辛格函数的形式，$\mathrm{Sa}(x) = \sin(x)/x$ ，在 $t_k = 2R_0 / c$ 处，辛格函数取得最大值，即距离像峰值位置与目标距离相对应，辛格脉冲的宽度为 $1/B$ 。显然，经过匹配滤波处理后，宽度为 τ 的回波脉冲被压缩成宽度为 $1/B$ 的辛格脉冲，压缩比为 τB (时间带宽积，远大于 1)。

对于目标回波脉内压缩后的结果，若忽略辛格函数的加权作用，其输出与步进频率信号一致，则脉冲压缩处理后的输出信号没有影响步进频率信号对目标的频域采样特性，各散射点依然保持严格的线性相位关系。

得到 K 个子脉冲压缩的粗分辨距离像后，先对脉内压缩结果进行采样，设采样频率为 f_s，再对 K 个粗分辨距离像的采样值进行脉间压缩，该压缩是对频率步进指标 k 进行的，得到采样点 l_0 处高分辨的片段距离像为

$$z(n_0,k)=\frac{\tau}{K}\mathrm{e}^{-\mathrm{j}2\pi\left[f_0\frac{2R_0}{c}+\left(\Delta f\frac{2R_0}{c}-\frac{1}{K}\right)\frac{K-1}{2}\right]}\frac{\sin\left[K\pi\left(\Delta f\frac{2R_0}{c}-\frac{k}{K}\right)\right]}{\sin\left[\pi\left(\Delta f\frac{2R_0}{c}-\frac{k}{K}\right)\right]},\quad k=0,1,\cdots,K-1 \tag{2-37}$$

式中，$n_0=\mathrm{INT}[2f_sR_0/c]$。由式(2-37)可知，脉间压缩后的距离分辨率为

$$\Delta r=\frac{c}{2M\Delta f} \tag{2-38}$$

显然，脉间压缩前粗分辨距离像的距离分辨率为$c/(2B)$，由于$K\Delta f\gg B$，因此经二次脉冲压缩后，距离分辨率进一步提高。Δr仅与跳频点数和跳频间隔有关，与子脉冲的带宽无关，在一定的跳频间隔下，跳频点数M越大，距离分辨率越高。在参数设计$f_s=B=\Delta f$时可以将各采样点l的片段距离像直接拼接成高分辨距离像，一般的采样都是过采样和满足紧约束条件的，这种情况下各采样点的片段距离像发生重叠，需要采用 2.1.2 节方法将片段距离像拼接成高分辨距离像。

2.2.2　调频步进雷达频域合成法一维距离成像

对于调频步进雷达，频域合成法一维距离成像需要先对子脉冲进行匹配滤波，其处理步骤如图 2.5 方法二所示，处理过程如下。

(1) 脉内匹配滤波一般在频域完成，即

$$Y_k(f)=\mathrm{FFT}\left[r_k\left(t_k\right)\right]\mathrm{FFT}\left[h(t_k)\right] \tag{2-39}$$

式中，$Y_k(f)$为式(2-36)中$y_k(t_k)$的频域形式。

(2) 对$Y_k(f)$采样得到其离散形式$Y_k(n)$，$n=0,1,\cdots,N-1$；设定一个长度为KN点的向量$Y(n)$，按式(2-40)对其进行赋值：

$$\begin{cases}Y(n)=Y_0(n), & 0\leqslant n<\dfrac{N+N_{\Delta f}}{2}\\ Y\left[n+\dfrac{N+N_{\Delta f}}{2}\right]=Y_1\left[k+\dfrac{N-N_{\Delta f}}{2}\right], & 0\leqslant n<N_{\Delta f}\\ Y\left[n+N_{\Delta f}+\dfrac{N+N_{\Delta f}}{2}\right]=Y_2\left[n+\dfrac{N-N_{\Delta f}}{2}\right], & 0\leqslant n<N_{\Delta f}\\ Y\left[n+N_{\Delta f}+N_{\Delta f}+\dfrac{N+N_{\Delta f}}{2}\right]=Y_3\left[n+\dfrac{N-N_{\Delta f}}{2}\right], & 0\leqslant n<\dfrac{N+N_{\Delta f}}{2}\end{cases} \tag{2-40}$$

式中，$N_{\Delta f} = N\Delta f / f_s$；$Y(n)$为调频步进信号合成频谱。

(3) 对合成得到的距离频域像做KN点的 IFFT 处理，得到距离域高分辨一维距离像：

$$z(m) = \sum_{n=0}^{NK-1} Y\left(n\right) w\left(n\right) \mathrm{e}^{\mathrm{j}2\pi mn/(MN)} \tag{2-41}$$

为了降低高分辨一维距离像的副瓣，可以在 IFFT 处理过程中进行加窗，式(2-41)中的$w(n)$即为窗函数，这里可以选择汉明窗或汉宁窗。

2.2.3 调频步进雷达时域合成法一维距离成像

时域合成法是带宽合成思想的另一种实现方式，是基于波形的宽带合成。通过频移、时移、相位补偿等步骤，使多路信号在频率和时间上完全拼接，合成为一路信号，得到超宽带信号[9-11]。

设点径向距离为R_t目标的雷达回波为

$$\begin{cases} r_x(t,k) = \operatorname{rect}\left(\dfrac{t - \dfrac{2R_t}{c}}{T_p}\right) \exp\left[\mathrm{j}2\pi f_{0k}\left(t - \dfrac{2R_t}{c}\right)\right] \exp\left[\mathrm{j}\pi\gamma\left(t - \dfrac{2R_t}{c}\right)^2\right] \\ f_{0k} = f_0 + \left(k + \dfrac{1}{2} - \dfrac{N}{2}\right)\Delta f, \quad k = 0,1,\cdots,N-1 \end{cases} \tag{2-42}$$

相参混频信号为

$$r_f(t,k) = \exp\left[\mathrm{j}2\pi f_{0k}\left(t - \frac{2R_s}{c}\right)\right] \tag{2-43}$$

式中，R_s为参考距离。

式(2-41)经式(2-42)混频后输出为

$$r(t,k) = \operatorname{rect}\left(\frac{t - \dfrac{2R_t}{c}}{T_p}\right) \exp\left[\mathrm{j}4\pi f_{0k}\left(\frac{R_s - R_t}{c}\right)\right] \exp\left[\mathrm{j}\pi\gamma\left(t - \frac{2R_t}{c}\right)^2\right] \tag{2-44}$$

对相参混频信号进行以下处理：

(1) 上采样，即$x_N^{\mathrm{up}}(k) = x_n(k)\Big|_{N>n}$。

(2) 频谱搬移，即将每个周期的基带回波信号乘以式(2-44)所示的相位因子，可实现频移。

$$\phi_1\left(t,k\right)=\exp\left\{\mathrm{j}2\pi\left[\left(k+\frac{1}{2}-\frac{N}{2}\right)\Delta f\right]\left(t-\frac{2R_s}{c}\right)\right\} \tag{2-45}$$

(3) 相位校正，经过频移后，多路信号的频率是连续的，但相位不连续，因此需要进行相位校正，校正因子为

$$\phi_2(t,k)=\exp\left[\pi\gamma {T_p}^2\left(\frac{1}{4}-\frac{k+\frac{1}{2}}{N}+\frac{k^2+k+\frac{1}{4}}{N^2}\right)\right] \tag{2-46}$$

步骤(2)和(3)都是通过相位补偿的形式实现的，可同时进行。步骤(3)也可在步骤(1)之前完成。

(4) 时域移位，要合成等效大带宽线性调频信号，时域必须能连接起来，时域移位为

$$\Delta t(k)=\left(k-\frac{n}{2}+\frac{1}{2}\right)\frac{T_p}{N} \tag{2-47}$$

一般地，通过调整 T_p 或采样率，可以保证 $\Delta t\left(k\right)$ 为采样间隔的整数倍。

(5) 成像：

$$z(m)=\mathrm{IFFT}\left\{\mathrm{FFT}[y(m)]H_{\mathrm{All}}(m)\right\} \tag{2-48}$$

式中，H_{All} 为大 Chirp 信号的匹配滤波器，且

$$\begin{cases}H_{\mathrm{All}}=\mathrm{FFT}\{h_{\mathrm{All}}(m)\}\\ h_{\mathrm{All}}(m)=\exp\{-\mathrm{j}\pi K(m\Delta t)^2\}, \quad 0\leqslant m<\tau f_s K-1\end{cases} \tag{2-49}$$

2.3　调频步进雷达高分辨一维距离成像算法

2.3.1　高分辨一维距离成像的算法实现

目前的雷达信号处理器多采用数字处理的方式，鉴于此，本章从离散域对一维距离成像处理过程进行推导。

若记某散射点相对雷达的距离为 R_0，可知第 m 个跳频的回波经混频、采样及正交抽取之后，得到调频步进信号回波基带复信号的表达式为[12]

$$x_m(n)=\begin{cases}A\exp\left\{\mathrm{j}\left[\pi K\left(n\Delta t-\dfrac{2R_0}{c}\right)^2-\dfrac{4\pi f_m R_0}{c}\right]\right\}, & 0\leqslant n\Delta t-2R_0/c<\tau\\ 0, & 其他\end{cases}\tag{2-50}$$

式中，Δt 为采样间隔；A 为视频回波幅度。设波门范围为 $[N_0,N_1]$，记为 $[N_0,N_0+N-1]$，其中 N_0、N 分别为波门起始和波门长度。一般而言，为方便计算取 N 为 2 的整数次幂。

对于调频步进信号的脉内脉冲压缩处理，采用如式(2-35)所示的失配滤波器，其离散形式为

$$h(m,n)=\exp\left[-\mathrm{j}\pi K\left(n\Delta t+\frac{2V'mT_p}{c}\right)^2\right]\tag{2-51}$$

根据时域卷积与频域乘积的等效性，式(2-51)匹配滤波可在频域实现。

式(2-46)的相位校正函数写成离散形式为

$$C_m(n)\approx\exp\left(\mathrm{j}2\pi f_m\frac{2V'}{c}n\Delta t\right)\exp\left(\mathrm{j}2\pi f_m\frac{2mV'T_p}{c}\right)\tag{2-52}$$

运动补偿及失配滤波处理后的粗分辨距离像为

$$\begin{aligned}y_m(n)&=\mathrm{IFFT}\left\{\mathrm{FFT}[x_m(n)C_m(n)]\mathrm{FFT}\left\{h(m,n)\right\}\right\}\\&\approx A'\exp(\mathrm{j}\phi)\exp\left[-\mathrm{j}2\pi\left(f_0\frac{2V_c mT_p}{c}+m\Delta f\frac{2R_0}{c}\right)\right]\\&\quad\cdot\exp\left[\mathrm{j}\Psi(n)\right]\mathrm{Sa}\left[\pi B\Delta t\left(n-\frac{2R_0}{c\Delta t}-\frac{2f_0V_c}{cK\Delta t}\right)\right]\end{aligned}\tag{2-53}$$

式中，ϕ 为与 n、m 无关的相位项；$\Psi(n)$ 为与 m 无关、只与 n 有关的相位项；$V_c=V-V'$，为运动补偿后的剩余速度；$\mathrm{Sa}[\cdot]$ 为中心位置在 $\dfrac{2R_0}{c\Delta t}+\dfrac{2f_0V_c}{cK\Delta t}$、主瓣宽度为 $1/(B\Delta t)$ 个采样点的辛格脉冲。经过脉内压缩处理后，初始距离为 R_0 的目标出现在粗分辨距离像上的位置为

$$n_0=\mathrm{INT}\left(\frac{2R_0}{c\Delta t}+\frac{2f_0V_c}{cK\Delta t}\right)\tag{2-54}$$

根据 n_0 可以求得目标距离的估计值为

$$R_0' = \frac{cn_0\Delta t}{2} \tag{2-55}$$

R_0' 与目标真实距离之间的误差包括两个部分，即取整运算带来的误差及运动补偿不彻底或运动补偿剩余速度 V_c 带来的误差。在运动补偿足够精确的情况下，$V_c \to 0$，此误差项可以忽略；取整误差最大可达到 $c\Delta t / 4$，对于频率步进雷达，一般取 $\Delta t \approx 1/B$，取整误差可达到 $c/(4B)$，这是比较大的，需要通过带宽合成及二次脉冲压缩进一步降低误差，提高分辨力。

对于脉内压缩后的信号 $y_m(n)$，在粗分辨距离单元 n 进行如下脉间脉冲压缩处理：

$$z(n,i) = \sum_{m=0}^{M-1} y_m(n)\exp\left[\mathrm{j}2\pi m\Delta f\left(n\Delta t - \frac{1}{2\Delta f}\right)\right]\exp\left[\mathrm{j}2\pi mi/M\right], \quad i = 0,1,\cdots,M-1 \tag{2-56}$$

式中，$\{z(n,i)|i = 0,1,\cdots,M-1\}$ 为第 n 个采样单元的片段距离像。相位补偿项 $\exp\{\mathrm{j}2\pi m\Delta f[n\Delta t - 1/(2\Delta f)]\}$ 的作用是将距离位置 $cn\Delta t/2$ 对应到片段距离像的中心位置 $i = M/2$，避免对片段像进行解模糊处理。由于 $\Delta f < B$，根据 2.2 节的分析，片段距离像之间存在重叠，在拼接时可以采用取大法对重叠部分进行合成处理。根据 DFT 原理，用 R_d 替代 $m\Delta f 2R_0/c$ 项中的 R_0，并令 $\Delta f 2R_d/c = 1$，得到每个片段距离像的不模糊测距范围为

$$R_d = \frac{c}{2\Delta f} \tag{2-57}$$

用 R_d 替代 $m\Delta f 2R_0/c$ 项中的 R_0，并令 $m = M$，且 $2M\Delta f\Delta R / c = 1$，根据 DFT 原理可得片段距离像的距离分辨力为

$$\Delta R = \frac{c}{2M\Delta f} \tag{2-58}$$

每个采样单元的距离宽度为 $c\Delta t / 2$，则相邻片段距离像重叠的高分辨距离单元数为

$$i_d = \frac{\dfrac{c}{2\Delta f} - \dfrac{c\Delta t}{2}}{\Delta R} = M - M\Delta f\Delta t \tag{2-59}$$

则拼接后的全景距离像可以表示为

$$Z(i) = \sum_{n=N_0}^{N_0+N-1} z[n, i - n(M - i_d)], \quad i = 0,1,\cdots,M\left[\left(N-1\right)\Delta f\Delta t + 1\right] - 1 \tag{2-60}$$

式中，$M[(N-1)\Delta f\Delta t+1]-1$为全景距离像的距离分辨单元数。若$i-n(M-i_d)$的值小于0或者大于$M$，则定义$z\left[n,i-n(M-i_d)\right]=0$。

若点目标的距离为R_0，则容易证明，目标在全景距离像中的位置为

$$i_0=\mathrm{INT}\left[\frac{R_0}{\Delta R}+\frac{f_0V_cT_p/\Delta f}{\Delta R}+\frac{f_0V_c}{K\Delta R}\right]-N_0 \tag{2-61}$$

根据i_0可得目标距离的估计值为

$$R_0'=\left(i_0+N_0\right)\Delta R \tag{2-62}$$

R_0'与真实距离R_0之间的误差包含三部分：取整运算带来的误差；第一次脉冲压缩(脉内压缩)带来的误差项为f_0V_c/K；第二次脉冲压缩(脉间压缩)带来的误差项为$f_0V_cT_p/\Delta f$。当运动补偿足够精确时，后面两项趋于零。取整运算带来的误差最大值为$\Delta R/2=c/(4M\Delta f)$，其中$M\Delta f\gg B$，与粗分辨取整误差$c/(4B)$相比，测距误差将显著降低。

2.3.2 非匀直情况下的高分辨成像算法

2.3.1节的算法在运动补偿及失配滤波器构造时，假设雷达平台的运动是匀速直线运动，即不同脉冲周期内平台的运动速度保持不变。对于实际应用，尤其是弹载应用，由于弹道的非直线性及燃料燃烧不均匀、空气扰动等，径向速度存在较大的扰动，此时若仍然采用匀速直线运动假设，则难以实现精确的运动补偿。

针对上述问题，本书提出一种非匀速直线(非匀直)运动情况下的运动补偿及失配滤波处理算法，其基本过程如下。

对于每一帧的第m个跳频周期，构造如下失配滤波器：

$$h\left(m,n\right)=\exp\left[-\mathrm{j}\pi K\left(n\Delta t+\frac{2T_p}{c}\sum_{k=0}^{m}V_k'\right)^2\right],\quad k=0,1,\cdots,m \tag{2-63}$$

式中，V_k'为通过惯性导航平台及波束控制系统获得的目标方向在第k个脉冲周期内的相对径向速度。

构造如下相位补偿函数：

$$C_m(n)=\exp\left(-\mathrm{j}2\pi f_m\frac{2V_m'}{c}n\Delta t\right)\exp\left(\mathrm{j}2\pi f_m\frac{2T_p}{c}\sum_{k=0}^{m}V_k'\right) \tag{2-64}$$

根据式(2-54)及式(2-64)对采样信号序列$\{x_m(n)\}$进行运动补偿及失配滤波处

理，得到粗分辨距离像$\{y_m(n)\}$。

利用式(2-56)及式(2-60)对粗分辨距离像进行脉间压缩处理及拼接处理，得到高分辨距离像$\{Z(i)\}$。

2.3.3　高分辨距离成像仿真

下面利用 MATLAB 软件进行仿真，对本节的理论研究加以验证。

1) 静止目标

仿真参数：子脉冲带宽$B = 15\text{MHz}$，调频率$K = 1.5\text{MHz}/\mu\text{s}$，采样频率$f_s = 16\text{MHz}$，跳频间隔$\Delta f = 12.5\text{MHz}$，跳频数$M = 4$，脉冲重复周期$T_p = 40\mu\text{s}$，脉冲宽度$\tau = 10\mu\text{s}$。

(1) 单点目标。目标与雷达的径向距离$R = 26.1\text{km}$，距离像如图 2.6 所示。

(2) 扩展目标。目标上有 3 个较强的散射点，其与雷达的径向距离分别为 26.1km、26.0925km、26.085km，距离像如图 2.7 所示。

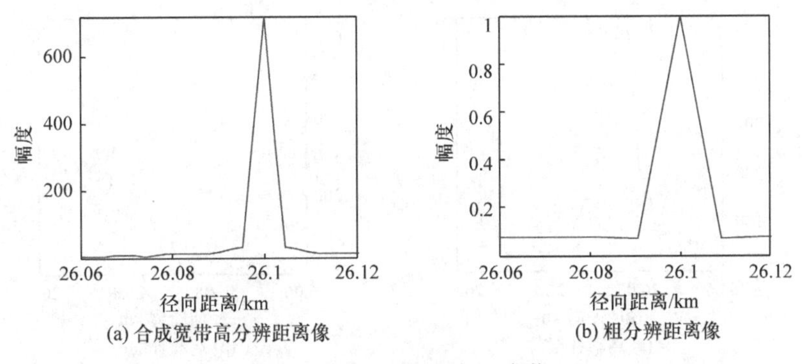

(a) 合成宽带高分辨距离像　(b) 粗分辨距离像

图 2.6　静止单点目标距离像

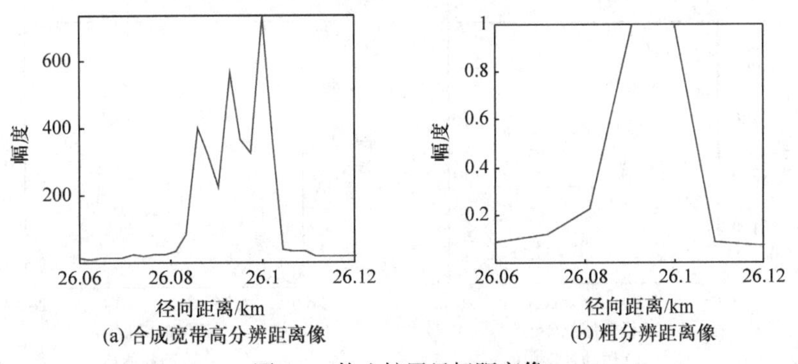

(a) 合成宽带高分辨距离像　(b) 粗分辨距离像

图 2.7　静止扩展目标距离像

2) 运动目标

为了验证本书提出的高分辨成像算法对非匀速直线运动目标的有效成像，这里仿真了不同速度下补偿前后的距离像。

仿真参数：设单个静止点目标与雷达的径向距离 $R = 26.1\text{km}$ ，子脉冲带宽 $B = 15\text{MHz}$ ，调频率 $K = 1.5\text{MHz} / \mu\text{s}$ ，采样频率 $f_s = 16\text{MHz}$ ，跳频间隔 $\Delta f = 12.5\text{MHz}$ ，跳频数 $M = 4$ ，脉冲重复周期 $T_p = 40\mu\text{s}$ ，脉冲宽度 $\tau = 10\mu\text{s}$ 。

(1) 单点运动目标。目标方向的相对径向速度的均值设为 693m/s、865m/s 两种情况，目标方向的真实径向速度每个周期都不同，在均值附近随机扰动，扰动值在[−15m/s, 15m/s]范围内均匀分布；由于惯性导航平台及波束控制系统测量误差的存在，径向速度估计值在真实值附近扰动，扰动范围为[−3m/s, 3m/s]。不同速度下补偿前后距离像仿真结果如图 2.8 和图 2.9 所示。

由仿真结果可以看出，运动补偿前，高分辨距离像距离走动明显，$V = 865\text{m/s}$ 时高分辨像还出现了伪峰，运动补偿后能够正确成像，从而验证了成像算法和补偿算法的有效性。

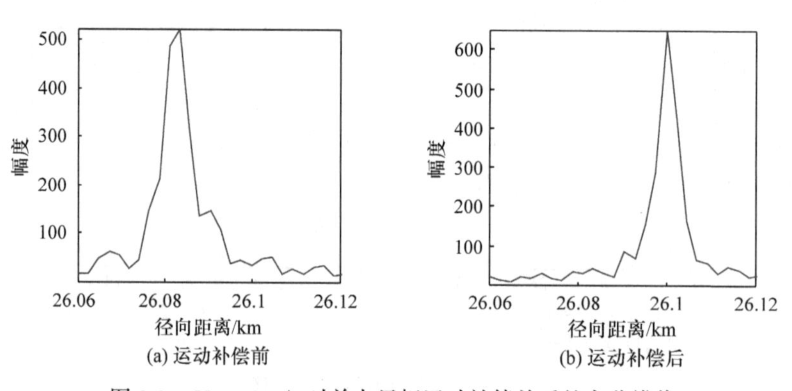

(a) 运动补偿前　　(b) 运动补偿后

图 2.8　V=693m/s 时单点目标运动补偿前后的高分辨像

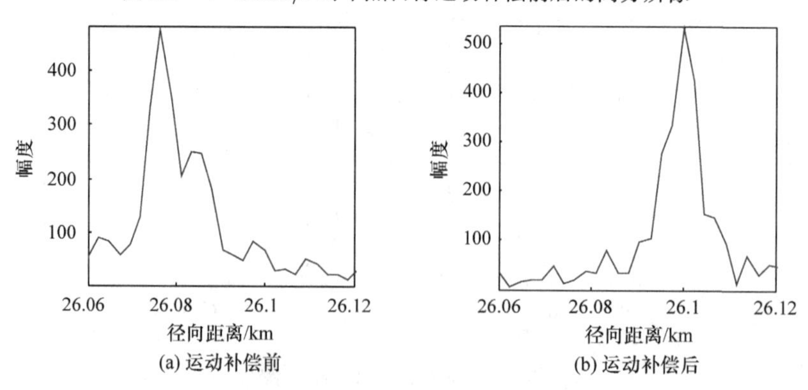

(a) 运动补偿前　　(b) 运动补偿后

图 2.9　V=865m/s 时单点目标运动补偿前后的高分辨像

(2) 运动扩展目标。目标上有 3 个较强的散射点，其与雷达的径向距离分别为 26.0850km、26.0925km、26.1000km，目标方向的径向速度与单点运动相同，成像结果如图 2.10 和图 2.11 所示。

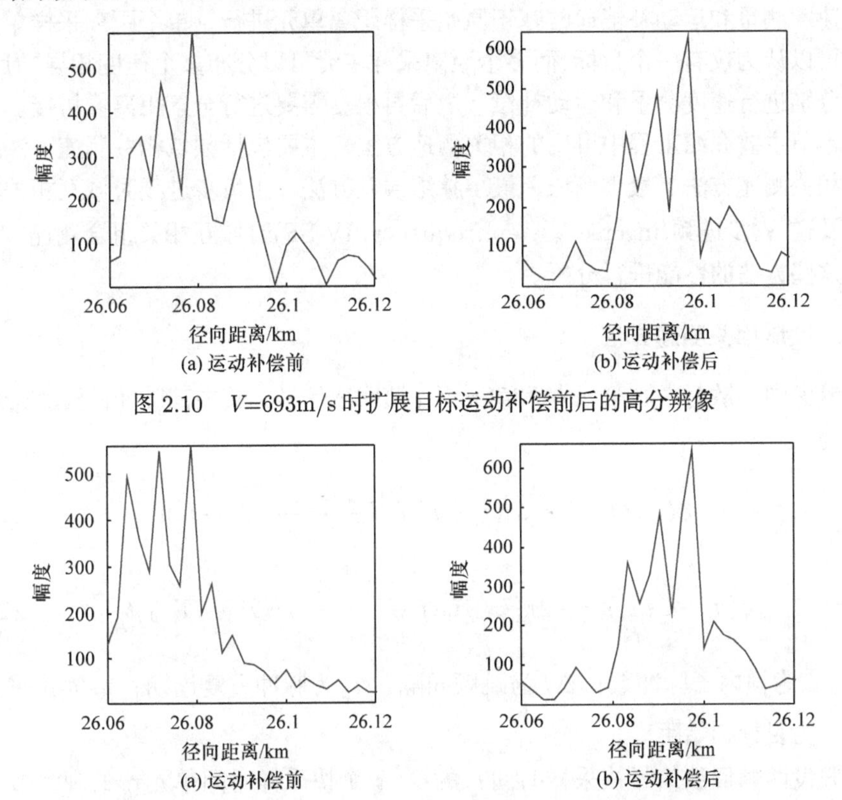

(a) 运动补偿前　(b) 运动补偿后

图 2.10　V=693m/s 时扩展目标运动补偿前后的高分辨像

(a) 运动补偿前　(b) 运动补偿后

图 2.11　V=865m/s 时扩展目标运动补偿前后的高分辨像

图 2.10 中 $V = 693\text{m/s}$ 时，运动补偿前距离像中 3 个散射点的位置分别为 26.067km、26.072km 、26.079km，与散射点真实距离相比出现较大误差，而经运动补偿后为 26.083km 、26.090km 、26.097km，与散射点真实距离基本一致。图 2.11 中 $V = 865\text{m/s}$ 时，运动补偿前伪峰严重，3 个散射点无法正确区分，运动补偿后得到清晰的几乎没有距离误差的目标像。

2.4 频率步进雷达速度精测技术

在实际工程应用中，精确补偿距离像走动是没有必要的，只需补偿距离像散焦。首先，从雷达系统本身来看，上述两种体制下，回波相位中不仅包含目标多普勒相位信息，还包含由载频脉间变化引入的距离相关相位，即存在严重的距离-

多普勒耦合，使得多普勒频率成分无法精确测量；其次，从成像与识别角度来看，只要距离像散焦得到补偿，即可保证高分辨距离像的质量。

速度测量和运动补偿通常基于原始采样距离单元进行，单个距离采样单元内通常可以认为仅有一个目标，而多个距离采样单元可以分布多个速度相异的目标，可以分别进行速度测量和运动补偿，之后再根据需要进行全景距离像拼接。

本节主要介绍工程中可用的相关测速方法，主要包括频域相关测速方法、时域互相关测速方法、最小熵法、最小脉组误差方法、正负步进频时域互相关测速方法及逆 V 步进频(inverse V-step frequency, IV-SF)时域互相关组合测速方法，并对这些方法的性能进行分析。

2.4.1 频域相关测速方法

考虑同一散射中心第 m 帧和第 $m+1$ 帧回波信号，其内部脉冲回波基带相位分别为

$$\phi(m,i,t_f) = -2\pi(f_0 + i\Delta f)\left[\frac{2R}{c} + \frac{2v}{c}(iT_r + t_f)\right] \tag{2-65}$$

$$\phi(m+1,i,t_f) = -2\pi(f_0 + i\Delta f)\left[\frac{2R}{c} + \frac{2v}{c}(NT_r + iT_r + t_f)\right] \tag{2-66}$$

式中，i 为帧内子脉冲数；Δf 为跳频间隔；T_r 为脉冲重复周期；t_f 为快采样时间；R 为目标初始距离。

假设两帧回波信号快采样时间 t_f 的第 k 个快采样时间单元 t_k 的观测数据为 $x(m,i,t_k)$ 与 $x(m+1,i,t_k)$，这里只考虑采样点相位的影响，即利用 $\phi(m,i,t_k)$ 和 $\phi(m+1,i,t_k)$ 估计目标速度。

设定互相关测度 $\mathcal{R}(0,t_k)$ 的表达式为

$$\begin{aligned}\mathcal{R}(0,t_k) &= \sum_{i=0}^{N-1}\exp[\phi(m,i,t_k)]\operatorname{conj}(\exp[\phi(m+1,i,t_k)])\\&= \sum_{i=0}^{N-1}\exp\left(\mathrm{j}4\pi(f_0+i\Delta f)\frac{vNT_r}{c}\right)\\&= \exp\left(\mathrm{j}2\pi\frac{vNT}{c}\left[2f_0+(N-1)\Delta f\right]\right)\frac{\sin\left(4\pi vN^2T_r\dfrac{\Delta f}{c}\right)}{\sin\left(2\pi vNT_r\dfrac{\Delta f}{c}\right)}\end{aligned} \tag{2-67}$$

上述求和公式中，先提取 $\exp(\mathrm{j}4\pi f_0 vNT_r/c)$，余下部分为几何级数(如幂级数、

傅里叶级数)，具有 $\sum_{n=0}^{N-1}\exp(\mathrm{j}nq)$ 形式，是等比序列，$r=\exp(\mathrm{j}4\pi f_0 \upsilon NT_r\Delta f/c)$，求和公式为 $(a_1-a_n r)/(1-r)$，求和结果为

$$\sum_{i=0}^{N-1}\exp\left(\frac{\mathrm{j}4\pi i\Delta f\upsilon NT_r}{c}\right)=\exp\left(\mathrm{j}q\frac{N-1}{2}\right)\frac{\sin(qK/2)}{\sin(q/2)},\quad q=4\pi f_0\upsilon NT_r\Delta f/c \tag{2-68}$$

由此可见，$\mathcal{R}(0,t_k)$ 的相位(rad)中包含速度信息：

$$\arg[\mathcal{R}(0,t_k)]=2\pi\frac{\upsilon NT_r}{c}\left[2f_0+(N-1)\Delta f\right] \tag{2-69}$$

因此目标速度的估计结果可表示为

$$\hat{\upsilon}=\frac{\arg\left[\mathcal{R}(0,t_k)\right]c}{2\pi NT_r\left[2f_0+(N-1)\Delta f\right]} \tag{2-70}$$

综上，频域相关测速方法流程如图 2.12 所示。

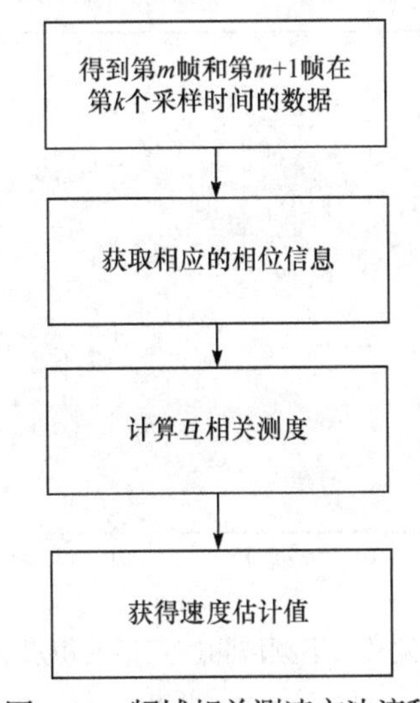

图 2.12　频域相关测速方法流程

然而，这种方法受相位周期性的限制，其多普勒速度估计的无模糊范围满足 $\arg[\mathcal{R}(0,t_k)]\in[-\pi,\pi]$，即有

$$\hat{\upsilon}\in\left[-\frac{c}{2NT_r\left[2f_0+(N-1)\Delta f\right]},\frac{c}{2NT_r\left[2f_0+(N-1)\Delta f\right]}\right] \tag{2-71}$$

若信号相对带宽较小，则近似有

$$\hat{\upsilon} \in \left[-\frac{\lambda \Delta \nu_{\text{res}}}{4}, \frac{\lambda \Delta \nu_{\text{res}}}{4} \right]$$

式中，$\Delta \nu_{\text{res}} = \dfrac{1}{NT_r}$ 为波形多普勒分辨率。

由式(2-71)易知，频域相关测速方法的测速范围与合成帧周期多普勒分辨率相当，数量级很小，但精度高。

式(2-67)中还存在幅度项，幅度项越大，则受噪声的影响越小，估计结果越可靠。对于求和中的幅度项，将不同波形模式下各个参数 υ、N、T_r、Δf 的可能取值代入，分析可知，分子 $\sin(4\pi \upsilon N^2 T_r \Delta f / c)$ 与分母 $\sin(2\pi \upsilon N T_r \Delta f / c)$ 的比值随速度的变化趋势并非单调递减，因此互相关运算的积累效果不可靠，而测速精度依赖信噪比。三种步进频模式下频域测速互相关积累增益与速度关系仿真结果如图 2.13 所示，频域相关测速方法测速性能指标如表 2.1 所示。

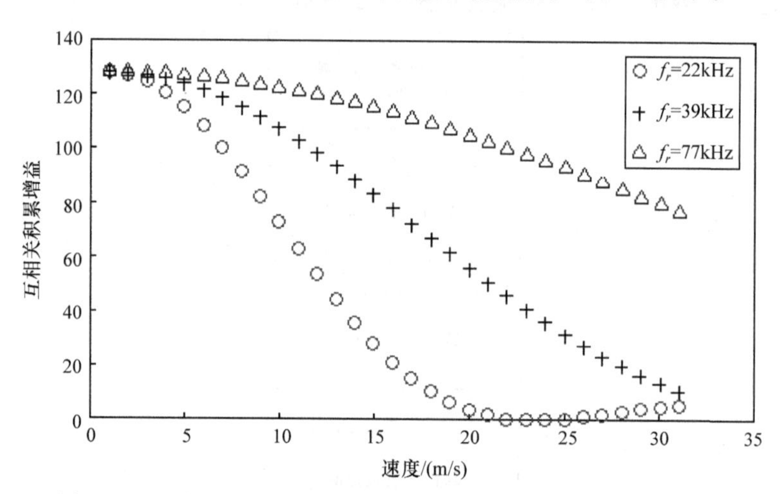

图 2.13　三种步进频模式下频域测速互相关积累增益与速度的关系

表 2.1　频域相关测速方法测速性能指标

波形	测速范围/(m/s)	分辨率/(m/s)
超宽带步进频, T=0.00625μs, $f_r = 77$kHz	[−0.480, 0.480]	0.959
线性调频步进频 3, T=1.5μs, $B_1 = 18$MHz, $f_r = 39$kHz	[−0.243, 0.243]	0.486
线性调频步进频 2, T=5μs, $B_1 = 18$MHz, $f_r = 39$kHz	[−0.243, 0.243]	0.486
线性调频步进频 1, T=12μs, $B_1 = 18$MHz, $f_r = 22$kHz	[−0.137, 0.137]	0.274

下面对本小节内容进行总结：

(1) 在确定波形参数条件下，前后帧互相关运算的信噪比增益取决于目标的速度。在可能的目标速度范围内，近距波形积累增益维持在较高水平，而另外两种脉冲重复频率波形的增益出现明显恶化，不利于互相关相位及速度的精确估计，因此认为频域相关测速方法仅适用于近距波形。

(2) 频域相关测速方法测速范围极小，这是该方法的致命缺陷。

2.4.2 时域互相关测速方法

一维时域互相关本质上是脉组乘积最大法的 FFT 实现，即利用相邻帧回波(或距离像)的相似性测度实现速度估计。其物理含义是：当用于补偿的速度估计值等于目标径向速度真实值时，其互相关函数最大。

由频域相关测速方法的推导过程可知

$$\begin{aligned} x_{\text{mix}}(i) &= x(m,i,t_k)x^*(m+1,i,t_k) \\ &= A(i)\exp\left(\text{j}2\pi\frac{2\upsilon NT_r}{c}i\Delta f\right)\exp\left(\text{j}4\pi\frac{\upsilon NT_r}{c}f_0\right) \end{aligned} \tag{2-72}$$

第 m 帧和第 $m+1$ 帧对应脉冲的相位差为

$$\Delta\phi(i,t_k) = -4\pi(f_0+i\Delta f)\frac{\upsilon NT_r}{c}$$

距离差为

$$\Delta R(i,t_k) = \upsilon NT_r$$

延时差为

$$\Delta\tau(i,t_k) = \frac{2\upsilon NT_r}{c}$$

距离差对应的高分辨距离单元数为

$$\Delta l(i,t_k) = \frac{\Delta R(i,t_k)}{\Delta R_{\text{bin}}} = \frac{\upsilon NT_r}{(c/2\Delta f)\,/\,M} = \frac{2\upsilon MNT_r\Delta f}{c}$$

式中，$A(i)$ 为第 i 个子脉冲的幅度相关信息；M 为 FFT 点数；N 为一帧内的子脉冲数。

由此，利用移位单元数可估计得到目标速度为

$$\hat{\upsilon} = \frac{c\Delta\tau}{2NT_r} = \frac{c\Delta l}{2MNT_r\Delta f} \tag{2-73}$$

综上，时域互相关测速方法的步骤可总结如下：

(1) 将相邻帧回波混频(共轭相乘)，即目标回波在频域相乘，则共轭相位相减：

$$\begin{aligned} x_{\text{mix}}(i) &= x(m,i,t_k)x^*(m+1,i,t_k) \\ &= \exp\left(\text{j}2\pi\frac{2\upsilon NT_r}{c}i\Delta f\right)\exp\left(\text{j}4\pi\frac{\upsilon NT_r}{c}f_0\right) \end{aligned} \tag{2-74}$$

(2) 对混频后的信号进行 IFFT 处理(从频域逆变换到时域)，有

$$\begin{aligned} Y(l) &= \left|\sum_{i=0}^{N-1}x_{\text{mix}}(i,t_k)\exp\left(\text{j}2\pi i\frac{l}{N}\right)\right| \\ &= \left|\frac{\sin\left[N\pi(\frac{l}{N}-2\upsilon N\Delta f\frac{T_r}{c})\right]}{\sin\left[\pi(\frac{l}{N}-2\upsilon N\Delta f\frac{T_r}{c})\right]}\right| \end{aligned} \tag{2-75}$$

(3) IFFT 处理结果为狄利克雷核函数的幅度形式，当 $\Delta l/N = 2\upsilon N\Delta fT_r/c$ 时，式(2-75)取到最大值 N，从变换结果中寻找最大值获得 Δl，即 $\hat{\upsilon}=c\Delta l/(2MNT_r\Delta f)$。

(4) 需要注意的是，在混频时，习惯对后帧回波序列求共轭，根据信号模型，混频后相位符号与速度符号一致，IFFT 处理滞后，运动目标相关峰值偏离中心方向，与速度符号相反，因此应有

$$\hat{\upsilon} = -\frac{c\Delta l}{2MNT_r\Delta f} \tag{2-76}$$

前帧与后帧频域共轭相乘再进行 IFFT 处理，实际运算过程相当于前后帧 IFFT 处理结果的卷积，即对合成高分辨距离像进行卷积，获取峰值偏移量：

$$\text{IFFT}(x_1\cdot x_2)=\text{conv}(\text{IFFT}(x_1),\text{IFFT}(x_2)) \tag{2-77}$$

时域互相关测速方法流程如图 2.14 所示。

由 $\Delta l\in[-0.5M, 0.5M]$ 可得速度估计的无模糊范围为

$$\hat{\upsilon}\in\left[-\frac{c}{4N\Delta fT_r},\frac{c}{4N\Delta fT_r}\right]=\left[-\frac{\Delta r_{\text{res}}}{2T_r},\frac{\Delta r_{\text{res}}}{2T_r}\right] \tag{2-78}$$

从而速度估计不模糊范围与混频信号的傅里叶变换点数 M 无关。

另外，为保证能估计到目标的速度，两距离像间隔至少不小于半个距离单元的长度，即 $|\Delta l|\geqslant 1/2$，因此利用相邻两距离像所能估计的目标最小速度为

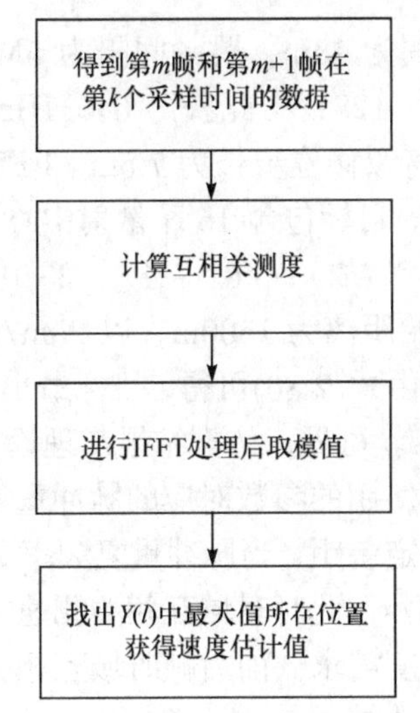

图 2.14　时域互相关测速方法流程

$$\hat{v}_{\min} = \frac{c}{2MNT_r\Delta f} = \frac{\Delta r_{\text{res}}}{MT_r} \tag{2-79}$$

由以上分析可知，若扩大两距离像间的帧间隔 K ，而不是仅利用相邻帧，则可以降低最小速度估计值 $\hat{v}_{\min} = \Delta r_{\text{res}} / (2KNT_r)$，提高测速精度，但同时会减小无模糊估计速度，即

$$\hat{v} \in \left[-\frac{c}{4KN\Delta fT_r}, \frac{c}{4KN\Delta fT_r}\right] = \left[-\frac{\Delta r_{\text{res}}}{2KT_r}, \frac{\Delta r_{\text{res}}}{2KT_r}\right] \tag{2-80}$$

为解决上述矛盾，可以利用三帧距离像进行速度估计(其中第一幅距离像和第二幅距离像间隔小，但与第三幅距离像间隔较大)，利用第一幅距离像和第二幅距离像可以扩大测速范围，而利用第一幅距离像和第三幅或第二幅距离像和第三幅距离像可以提高测速精度。时域互相关测速方法测速范围如表 2.2 所示。

表 2.2　时域互相关测速方法测速范围

波形	测速范围/(m/s)	分辨率/(m/s)	备注
超宽带步进频，$f_r = 77\text{kHz}$	[−10026, 10026]	优于 78.328	FFT 点数尽可能多
线性调频步进频 1，$f_r = 22\text{kHz}$	[−2865, 2865]	优于 22.379	
线性调频步进频 2，$f_r = 39\text{kHz}$	[−5078, 5078]	优于 39.672	
线性调频步进频 3，$f_r = 39\text{kHz}$	[−5078, 5078]	优于 39.672	

假设雷达发射步进频信号，载频为 94GHz，脉冲重复周期为 156μs，脉冲宽

度为 0.1μs，对应的成像范围为 15m，跳频间隔为 5MHz，对应的不模糊成像范围为 30m，频率步进点数为 128，由此获得 640MHz 带宽的雷达数据。采样率为 20MHz，对应的片段距离像移位步长为 7.5m。FFT 的点数为 512，由此获得的距离单元长度为 0.0586m。目标包含 15 个散射中心，它们在本体坐标系中的位置为[−11　−10.5　10　9.2　−7　−5.6　−4　−3　0　3　6.5　7.2　7　8.8　9] (单位：m)。目标与雷达初始距离为 1500m，以 25m/s 的速度向雷达方向移动。雷达距离门的长度为 60m。由式(2-80)可得，目标最小估计精度为 1.45m/s。仿真计算得到的结果为 24.43m/s。可见，仿真结果与理论分析一致。

需要指出的是，仿真中使用的参数对应的脉冲重复频率为 12.8kHz，与实际项目中使用信号参数存在一定差距，当脉冲重复频率更改为 22kHz 时，在不补零的情况下分辨率为 22.379m/s，此时时域互相关测速方法的测速范围大，但测速精度很低，难以满足补偿精度需求。前后帧时域互相关测速结果如图 2.15 所示。

下面对本小节内容进行总结：

(1) 在信噪比方面，IFFT 处理相当于对信号积累，总是存在最大值点，可以获得最大信噪比，这一点优于频域相关测速方法。

(2) 影响测速分辨率的可变因素主要为帧间隔数量和 IFFT 点数，采取多帧间隔测速，目标相关性会降低，分辨率改善效果也不明显。增加 IFFT 点数需要付出高的计算代价，但会获得改善的分辨率，当计算代价不允许时，可以采取插值方法进行估计。

(3) 信噪比是限制测速精度的因素，但不应该受计算代价的限制。

(4) 目标散射中心越多，测速精度越高。

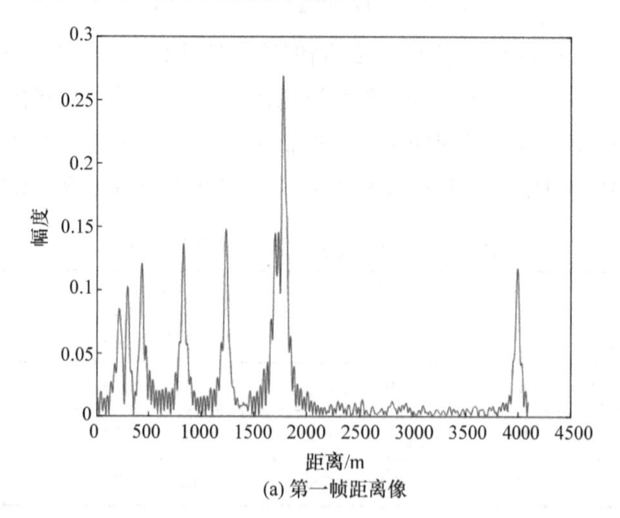

(a) 第一帧距离像

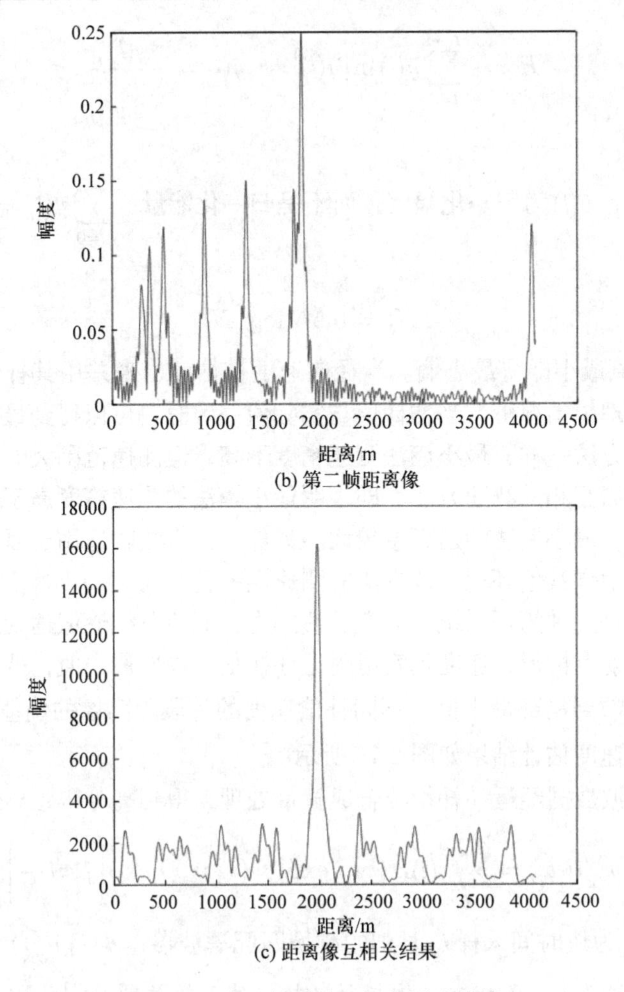

(b) 第二帧距离像

(c) 距离像互相关结果

图 2.15　前后帧时域互相关测速结果

2.4.3　最小熵法

熵是统计学中衡量随机变量不确定性的度量，此处被用来衡量信号波形的锐化度，即波形熵。借用统计学中概率的含义，把高分辨一维距离像中每个点组成的集合看成一个样本空间，p_l则表示距离像中每一点出现的概率，由此可定义波形熵。

此方法基于以下原理：当成像被最好聚焦时，其熵值最小。熵是混乱度的量度，熵值越大，像越无序(聚焦性越差)。高速运动会使一维距离像产生峰值分裂和展宽，波形钝化，其熵相应变大；进行速度补偿后应锐化波形，使高分辨距离像特征点更加突出，起伏更加剧烈，其熵相应变小。最小熵法将距离像 $y(l)$ 的各点幅度归一化为$\overline{y}(l)$，定义熵值为

$$H = -\sum_{l=0}^{N-1} \overline{y}(l) \ln\left[\overline{y}(l)\right], \quad \overline{y}(l) = \frac{|\, y(l)\,|}{\sum_{l=0}^{N-1} y(l)} \tag{2-81}$$

需要注意的是，$\overline{y}(l)$ 为归一化幅度，而不是归一化能量，$\sum_{l=0}^{N-1} \overline{y}(l) = 1$。熵计算的运算量为

$$N_n = 0.5N \log_2 N \tag{2-82}$$

使式(2-82)取值最小即得最小熵。当径向速度被估计出来并用其补偿相位时，熵值开始变小，理想情况下，当估计值与实际值一致时，可以得到最小熵值。与时域互相关测速方法一样，最小熵法测速精度不高，但测速范围大。最小熵法补偿的效果好于时域互相关测速方法，即表明最小熵法的测速精度高于时域互相关测速方法。但是，最小熵法的运算量较大。另外，该方法较适用于目标散射点相对集中的环境，换作其他环境，该方法的测速误差会变大。

最小熵法是一种闭环系统，具有反馈能力，能使系统熵值达到最小。

对于单散射点情形，速度真实值附近存在很多局部最小值，搜索算法很容易陷入并最终收敛到局部最小值。不同补偿速度的片段距离像的熵值如图 2.16 所示，最小熵法速度估计结果如图 2.17 所示。

步进频回波数据经运动补偿与合成宽带处理，得到高分辨距离像，表达式为

$$y_{\text{cps}}(l, t_k) = \sum_{i=0}^{N-1} x(i) H(i, t_k) \exp[\mathrm{j}\varPhi(i \mid v_{\text{cps}})] \exp\left(\mathrm{j}2\pi i \frac{l}{N}\right) \tag{2-83}$$

式中，$H(i, t_k)$ 为快时间采样 t_k 时刻的频域匹配滤波器；$\varPhi(i \mid v_{\text{cps}})$ 为补偿信号的相位，是补偿速度 v_{cps} 的函数，也是回波相位速度相关项的相反数，其表达式为

$$\varPhi(i \mid v_{\text{cps}}) = \frac{4\pi f_c T_r}{c} v_{\text{cps}} i + \frac{4\pi \Delta f T_r}{c} v_{\text{cps}} i^2 + \frac{8\pi f_c R_0}{c^2} i + \frac{8\pi \Delta f R_0}{c^2} v_{\text{cps}} i \tag{2-84}$$

最小熵法速度补偿表达式为

$$\varPhi(i \mid \hat{v}_{\text{cps}}) = \left\{ \varPhi(i \mid v_{\text{cps}}) \middle| \min_{\varPhi(i \mid v_{\text{cps}})} \left\{ H[y_{\text{cps}}(l, t_k)] \right\} \right\}, \quad v_{\text{cps}} \in [-v_{\max}, v_{\max}] \tag{2-85}$$

在平台速度基本已知的情况下，弹速径向分量可以作为基本补偿速度，在算法分析中暂且忽略。实际考察的补偿速度来自目标本身，假设完全未知，则其分布范围为 $[-v_{\max}, v_{\max}]$。

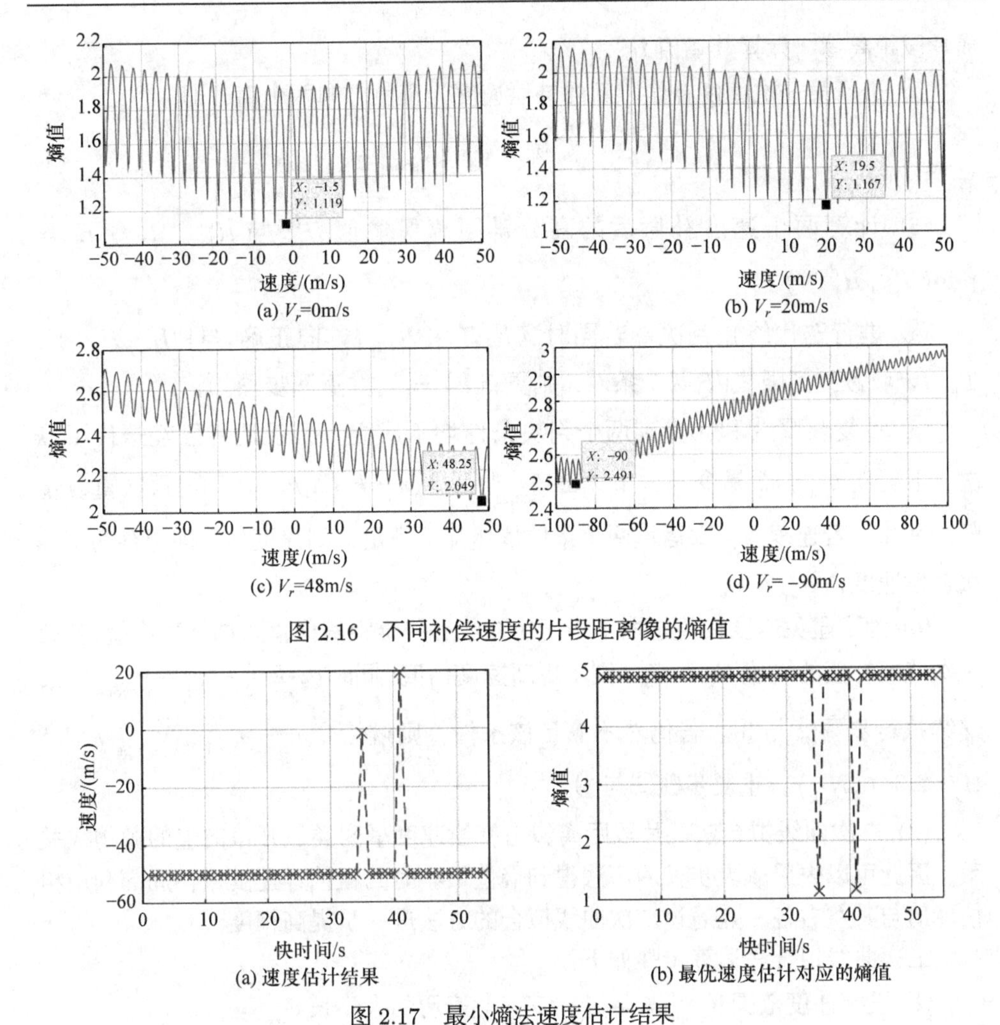

图 2.16　不同补偿速度的片段距离像的熵值

图 2.17　最小熵法速度估计结果

对式(2-83)进行求解，采用一维搜索方法，寻找最优补偿速度，使得补偿后高分辨距离像的熵值(即目标函数)最小。搜索最优补偿速度时推荐三种方法：遍历法、快速搜索法和二次曲线拟合法。

(1) 遍历法。遍历法需要设定搜索速度范围$[V_{\min}, V_{\max}]$和搜索步长V_{step}，但存在搜索步长与“计算量搜索步长越小、计算量越大”的矛盾。

(2) 快速搜索法。快速搜索法步骤如下：

① 定义搜索速度初值V_0、搜索幅度V_{scope}、迭代成功次数阈值N_{ok}、迭代终止差分门限T_{diff}(T=Threshold)。

首先取速度估计初值为V_0，V_0可取为弹速径向分量，接着进行运动补偿，合成片段距离像，计算其熵值 H_0。

② 进行第一次速度补偿。新的补偿速度为正负方向两个值，即

$$v_1 = v_0 \pm V_{\text{scope}}$$

③ 计算两个速度补偿后的高分辨距离像熵值 H_i^{up} 与 H_i^{down}，令 $H_i = \min(H_i^{\text{up}}, H_i^{\text{down}})$。

④ 进行迭代终止判决。若同时满足 $H_i \leqslant H_{i-1}$ (方向正确)与 $|H_i - H_{i-1}| > T_{\text{diff}}$ (未收敛到门限之内)两个条件，则更新 $v_{\text{est}} = v_i$ 并返回步骤③。

⑤ 重复步骤③和④直到两个判决条件均不成立，假设此时已经迭代了 k 次，不更新 v_{est}，而是令 $v_i = v_{i-1} \pm V_{\text{scope}} / 2^{i-1}$ $(i = k+1, k+2, \cdots)$。再次重复步骤③和④，若连续 N_{ok} 次运算两个条件依然都不满足，则速度估值即保存的第 k 次补偿速度，$v_{\text{est}} = v_k$。

⑥ 为了避免速度初值选取不当而使补偿后一维距离像落入局部最小值，若第一次速度补偿的熵值 $H_1 > H_0$，则不更新速度估值，同时选择 $v_2 = v_1 \pm V_{\text{scope}} / 2$，继续执行步骤②与③。若仍然不满足该条件，则继续令 $v_i = v_{i-1} \pm V_{\text{scope}} / 2^{i-1}$ $(i = 2, 3, \cdots, N_{\text{ok}})$，重复步骤②与③。

(3) 二次曲线拟合法。片段距离像与补偿速度呈现类似开口向上的抛物线关系，因此可以先采取大步长遍历法得到熵值最小时的粗估计速度，再局部利用粗估计值与其左右各一点通过二次曲线拟合的方法进一步提高精度。

二次曲线拟合法运算步骤如下：

① 设定速度范围 $V_{\text{range}} = [-V_{\max}, V_{\max}]$、遍历的大步长 V_{step}。

② 以步长 V_{step} 遍历 V_{range}，$v_i = -V_{\max} + iV_{\text{step}}$，$i = [0, \text{ceil}(2V_{\max} / V_{\text{step}})]$，计算相应补偿后片段距离像的熵值 H_i。

③ 寻找集合 $\{H_i\}$ 的最小值，即 $H_{i^*} = \min\{H_i\}$，并取出对应的补偿速度 v_{est}^*，取 H_{i^*} 的左侧点 H_{i^*-1} 和右侧点 H_{i^*+1}，三点做二次曲线拟合，得到最小熵的精确补偿速度位置 $i^\#$ 及补偿速度 $v_{i^\#}^{\text{est}}$，即

$$i^\# = i^* - \frac{H_{i^*+1} - H_{i^*-1}}{2(H_{i^*+1} + H_{i^*-1} - 2H_{i^*})} \tag{2-86}$$

$$v_{i^{\#}}^{\mathrm{est}} = -V_{\max} + (i^{\#} - 1) \tag{2-87}$$

综上，最小熵法测速流程如图 2.18 所示。

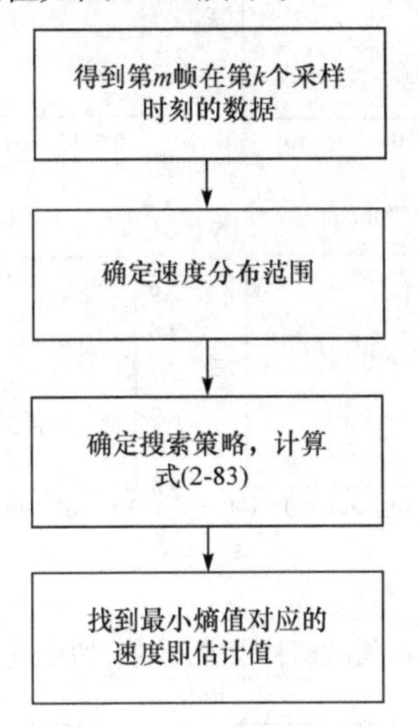

图 2.18　最小熵法测速流程

根据遍历法采用小步长对速度进行估计，图 2.19 给出了径向速度分别为 0m/s、20m/s、48m/s、-90m/s 时，遍历试探补偿速度给出的熵值，由最小熵值估计的速度基本正确，同时注意到多个散射中心情形的速度估计精度高于 1 个散射中心，1 个散射中心熵值随试探速度变化而起伏较大，6 个散射中心起伏较小。在测试条件下，最小熵法在给定工作波形参数下的速度估计范围可以达到 90m/s，因此认为该方法没有测速范围的限制，其精度较高。

最小熵法速度估计结果如图 2.20 所示，无噪声条件下最小熵法速度估计与补偿过程如图 2.21 所示，噪声条件下最小熵法速度估计性能如图 2.22 所示。

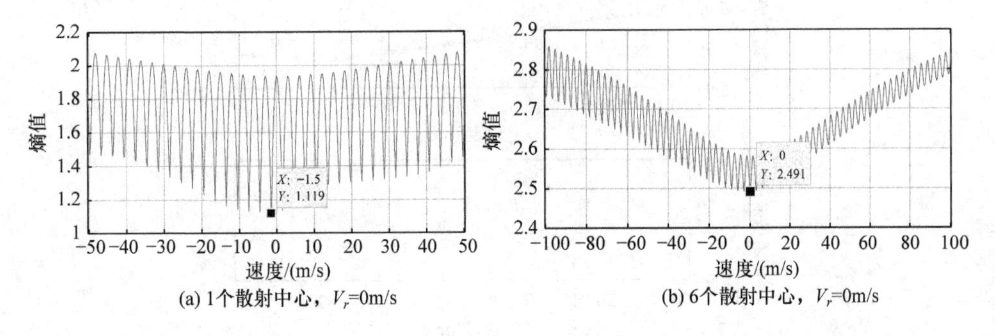

(a) 1个散射中心，V_r=0m/s　　(b) 6个散射中心，V_r=0m/s

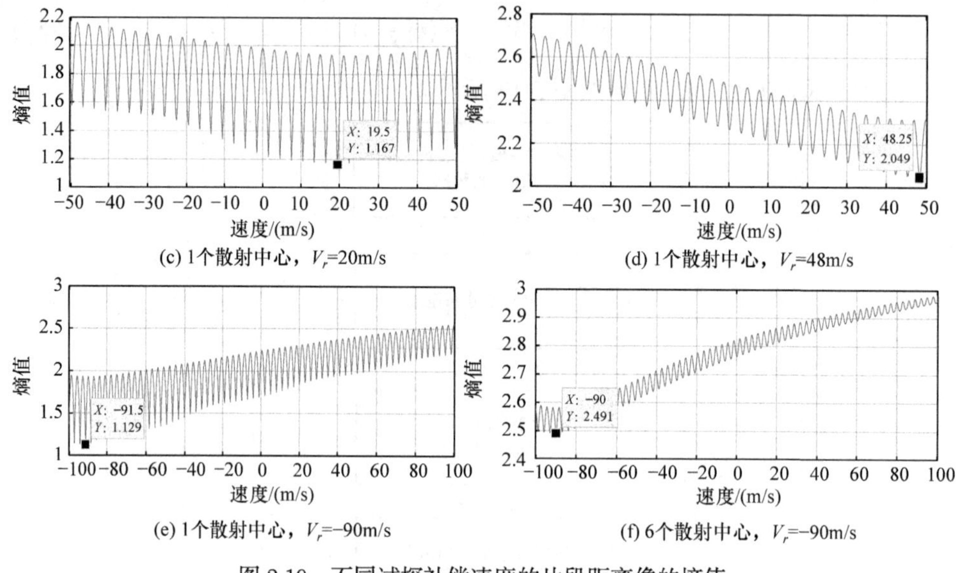

(c) 1个散射中心，V_r=20m/s　　(d) 1个散射中心，V_r=48m/s

(e) 1个散射中心，V_r=−90m/s　　(f) 6个散射中心，V_r=−90m/s

图 2.19　不同试探补偿速度的片段距离像的熵值

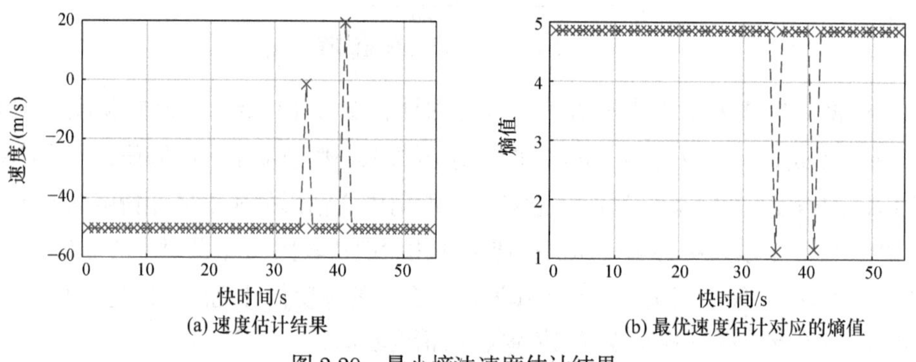

(a) 速度估计结果　　(b) 最优速度估计对应的熵值

图 2.20　最小熵法速度估计结果

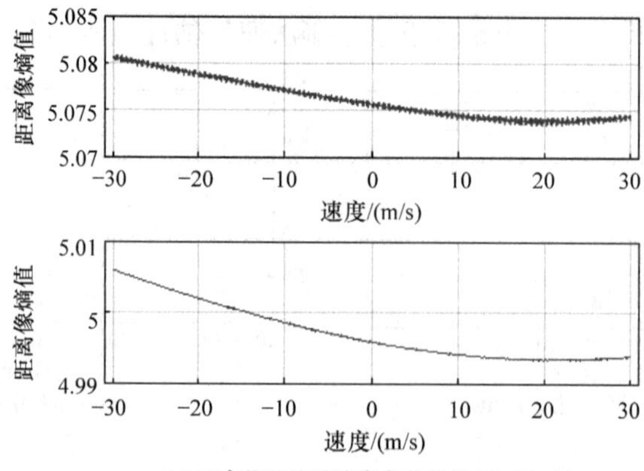

(a) 距离像熵值随速度变化曲线(V_r=20m/s)

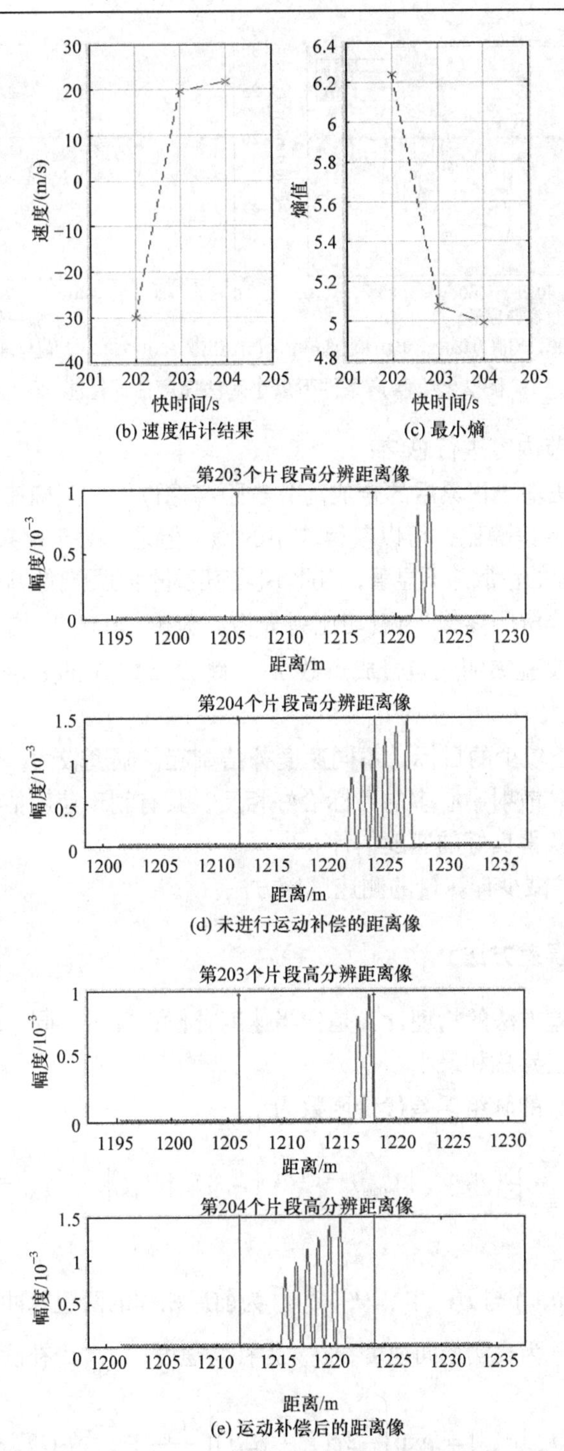

(b) 速度估计结果　(c) 最小熵

(d) 未进行运动补偿的距离像

(e) 运动补偿后的距离像

图 2.21　无噪声条件下最小熵法速度估计与补偿过程

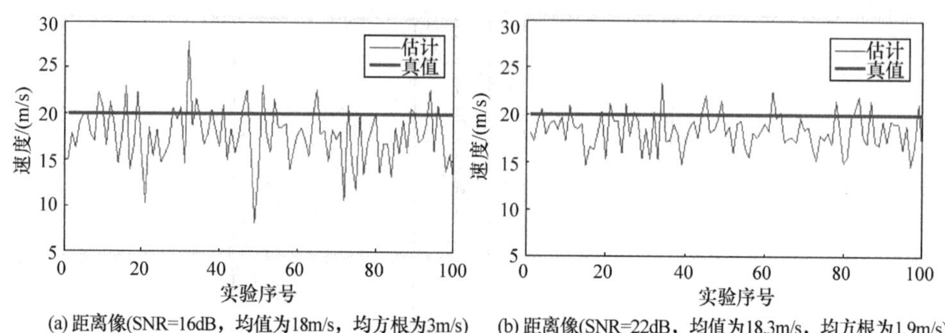

(a) 距离像(SNR=16dB，均值为18m/s，均方根为3m/s)　(b) 距离像(SNR=22dB，均值为18.3m/s，均方根为1.9m/s)

图 2.22　噪声条件下最小熵法速度估计性能

下面对本小节内容进行总结：

(1) 最小熵法基于积累后的合成高分辨距离像进行，正确速度补偿的高分辨距离像具有较大的信噪比，可以获得较小的熵。但是，对于感兴趣的速度范围，合成高分辨距离像的色散并不显著，因此不同速度补偿的距离像熵的区分也不显著。

(2) 合成高分辨距离像加窗(切比雪夫窗，旁瓣 40dB)、增大点数能降低熵的起伏度。仿真实验表明，当合成点数 M 为跳频点数 N 的 8 倍时，估计性能较好，但计算量很大。

(3) 散射中心较少的目标，不同速度补偿熵起伏幅度较大，起伏速度较慢，不利于速度估计。散射中心多的目标恰好相反，其有利于速度估计，应用中多为复杂目标，有望获得良好的速度估计。

(4) 需要寻求减少计算量的测速试探方法。

2.4.4　最小脉组误差方法

最小脉组误差方法的物理含义是：当速度补偿正确时，同一载频激励下的相邻帧回波响应的差异总和最小。

定义快时间 t_k 的脉组误差代价函数为

$$B_e(v_{\text{cps}}) = \sum_{i=0}^{N-1} \left| x(m,i;t_k \mid v_{\text{cps}}) - x(m+1,i;t_k \mid v_{\text{cps}}) \right|, \quad \tilde{v}_{\text{cps}} = v_r - v_{\text{cps}} \tag{2-88}$$

式中，$x(m,i;t_k \mid v_{\text{cps}})$ 与 $x(m+1,i;t_k \mid v_{\text{cps}})$ 为前后相邻的两组脉冲回波采样经速度补偿后的数据；v_r 为真实径向速度；v_{cps} 为补偿速度；$\tilde{v}_{\text{cps}}$ 为补偿后的速度残差。

$$x(m,i;\ t_k \mid v_{\text{cps}}) = \exp\left(-2\pi(f_0 + i\Delta f)\left[\frac{2R_m}{c} + \frac{2\tilde{v}_{\text{cps}}}{c}(iT_r + t_k)\right]\right) \tag{2-89}$$

$$x(m+1,i;\ t_k\ |v_{\text{cps}})=\exp\left(-2\pi(f_0+i\Delta f)\left[\frac{2R_m}{c}+\frac{2\tilde{v}_{\text{cps}}}{c}(NT_r+iT_r+t_k)\right]\right) \tag{2-90}$$

式中，$R_m=R(m\,|\,t_f=0)$为第 m 个脉组起始时刻目标径向距离。

脉组误差函数的物理意义为不同脉组间同一载频激励下目标回波响应误差模值的总和，它反映了目标运动产生的子脉冲回波信号附加相移的总体大小。

由式(2-88)～式(2-90)得

$$\begin{aligned}B_e(v_{\text{cps}};v_r)&=\sum_{i=0}^{N-1}\left|1-\exp\left(\mathrm{j}4\pi\frac{NT_r(f_0+i\Delta f)\tilde{v}_{\text{cps}}}{c}\right)\right|\\&=2\sum_{i=0}^{N-1}\left|\sin\left(2\pi\frac{NT_r(f_0+i\Delta f)\tilde{v}_{\text{cps}}}{c}\right)\right|\end{aligned} \tag{2-91}$$

通常对脉组误差进行归一化，即

$$B_e^{\text{nom}}(v_{\text{cps}};v_r)=\frac{1}{2N}B_e(v_{\text{cps}};v_r)=\frac{1}{N}\sum_{i=0}^{N-1}\left|\sin\left(\frac{2\pi NT_r(f_c+i\Delta f)\tilde{v}_{\text{cps}}}{c}\right)\right| \tag{2-92}$$

式(2-92)表明，当补偿速度残差为 0 时，脉组误差函数达到全局最小值 0，即

$$B_e(v_r)=\min_{v_{\text{cps}}\in[V_{\min},V_{\max}]}\left\{B_e(v_{\text{cps}})\right\} \tag{2-93}$$

由上述分析可知，相邻两组调频脉组间的脉组误差函数在速度轴上具有全局最小值，且位于目标径向速度真值处。这样，目标速度参数估计问题就可转化为在速度轴上基于最小脉组误差准则的最优参数搜索问题。通过在速度轴上搜索脉组误差函数最小值所在的位置，结合实际应用中对目标速度范围的先验知识，即可实现目标速度参数的快速最优估计。接收机噪声系数 F_n=1dB，发射功率为 10W，径向速度为 20m/s。粗分辨单元最小脉组误差方法速度估计结果如图 2.23 所示。

综上，最小脉组误差方法的流程可总结如下(图 2.24)：

(1) 由惯性导航系统得到目标的速度粗估计值，进行回波补偿。

(2) 基于最小脉组误差函数以一次相位项补偿精度(目标速度补偿误差 Δv)为最小搜索单位，在确定的 V_b 空间内(以目标的速度粗估计值为中心，结合经验值，选取搜索范围)，当脉组误差函数 $B_e(v_{\text{cps}})$ 达到最小值时得到目标的精确速度参数。

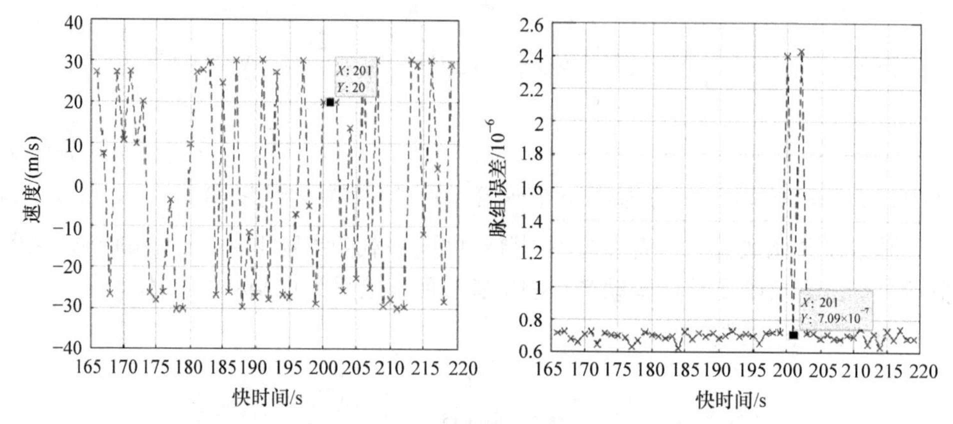

图 2.23　粗分辨单元最小脉组误差方法速度估计结果

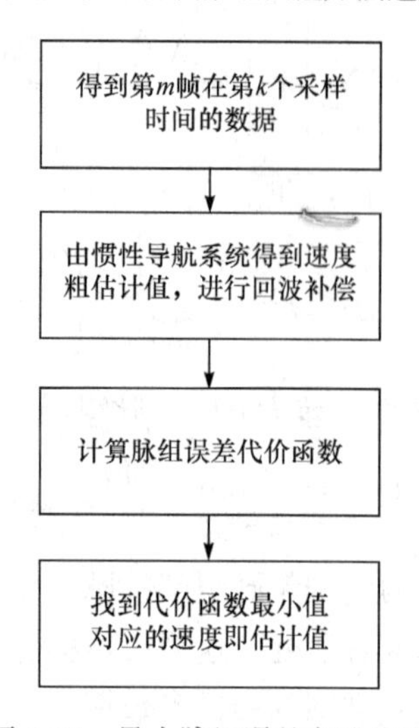

图 2.24　最小脉组误差方法流程

(3) 利用得到的精确速度值，将 $x(i;t_k)$ 乘以系数 $\exp\left(\mathrm{j}4\pi f_i\hat{v}t_k / c\right)$ 即可补偿径向运动速度的影响，IFFT 处理后即可得到目标的一维距离像。

从计算量来看，最小脉组误差方法速度搜索的每一步迭代过程做 $2N$ 次复乘加运算，从而使实时处理成为可能。

脉组误差理论值如图 2.25 所示，噪声条件下最小脉组误差方法速度估计与补偿过程如图 2.26 所示，噪声条件下最小脉组误差方法速度估计性能如图 2.27 所示。

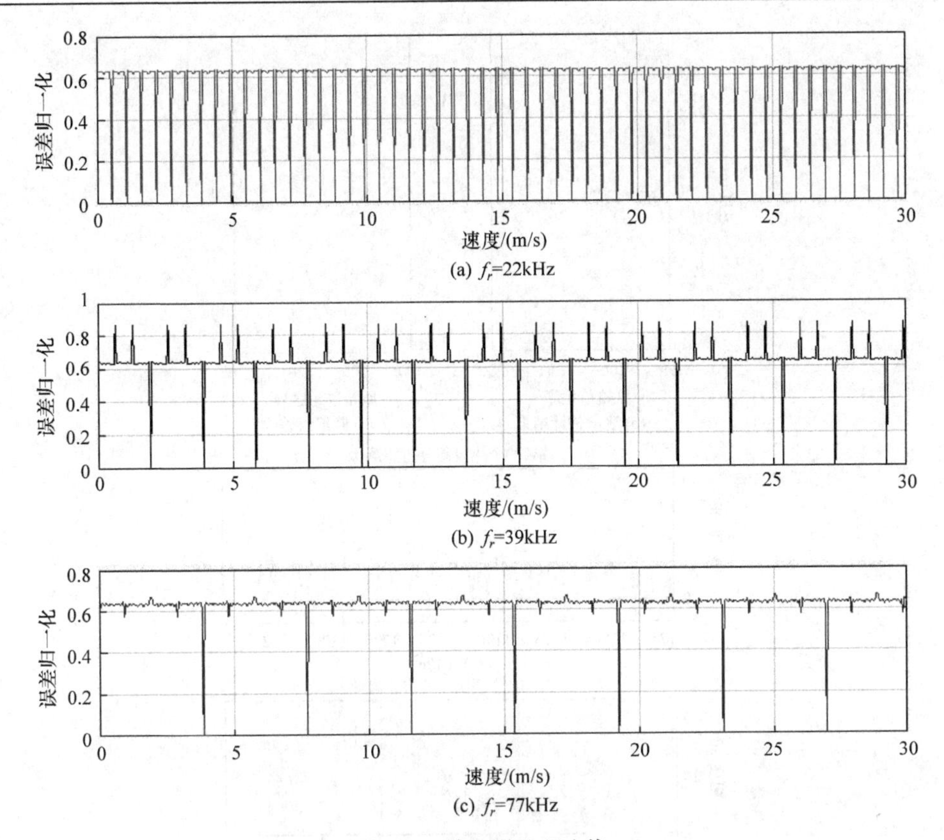

(a) f_r=22kHz

(b) f_r=39kHz

(c) f_r=77kHz

图 2.25　脉组误差理论值

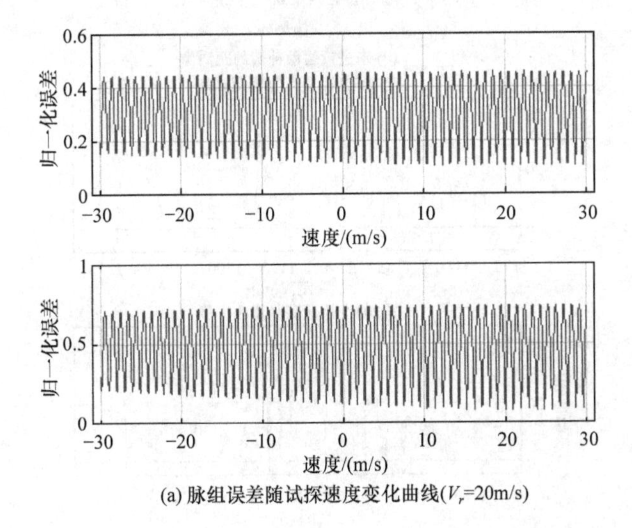

(a) 脉组误差随试探速度变化曲线(V_r=20m/s)

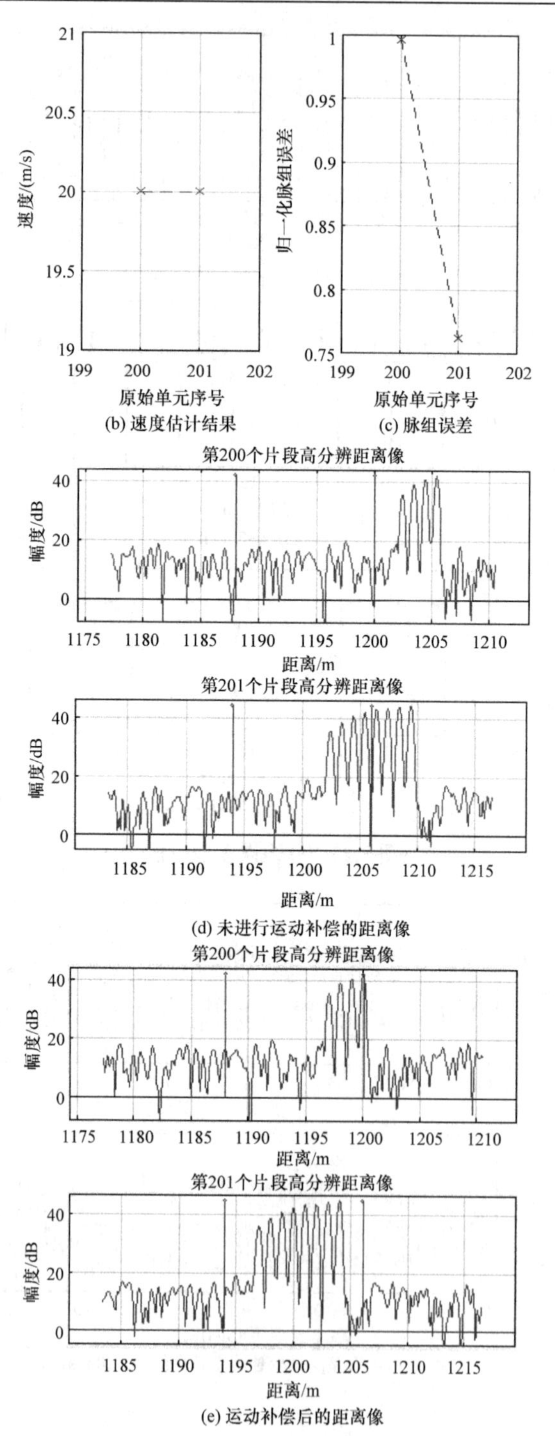

图 2.26　噪声条件下最小脉组误差方法速度估计与补偿结果(SNR=24dB)

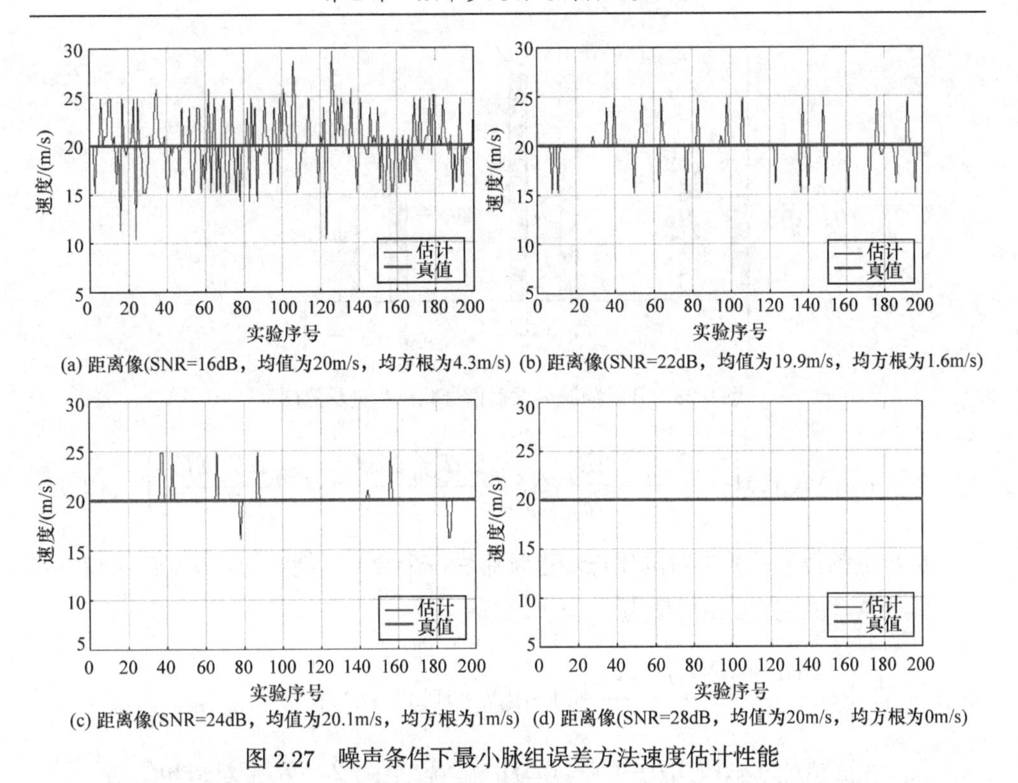

(a) 距离像(SNR=16dB，均值为20m/s，均方根为4.3m/s) (b) 距离像(SNR=22dB，均值为19.9m/s，均方根为1.6m/s)

(c) 距离像(SNR=24dB，均值为20.1m/s，均方根为1m/s) (d) 距离像(SNR=28dB，均值为20m/s，均方根为0m/s)

图 2.27　噪声条件下最小脉组误差方法速度估计性能

下面对最小脉组误差方法进行总结：

(1) 最小脉组误差方法在理论上具有周期性极小值，这些极小值影响速度估计结果，使得速度估计误差不是高斯分布，而是类似于离散多项分布。

(2) 总的来说，最小脉组误差方法估计的均值和均方根都优于最小熵法。

2.4.5　正负步进频时域互相关测速方法

升降频波形由两帧组成，第一帧为正步进频信号(上升帧)，第二帧为负步进频信号(下降帧)。升降频波形发射信号载频步进示意图如图 2.28 所示，采取相同的频点标记，正负步进频的第 i 个脉冲重复间隔发射信号频率分别为

$$f_i^+ = f_0 + i\Delta f$$

$$f_i^- = f_{N-1} - i\Delta f = f_0 - i\Delta f + (N-1)\Delta f$$

如前所述，目标速度定义为距离变化率，则目标速度为 $R(t) = R_0 + vt$ 。

对于正步进频信号，采样时刻为 $t = iT_r + T/2 + 2R_0/c$ ，回波相位为

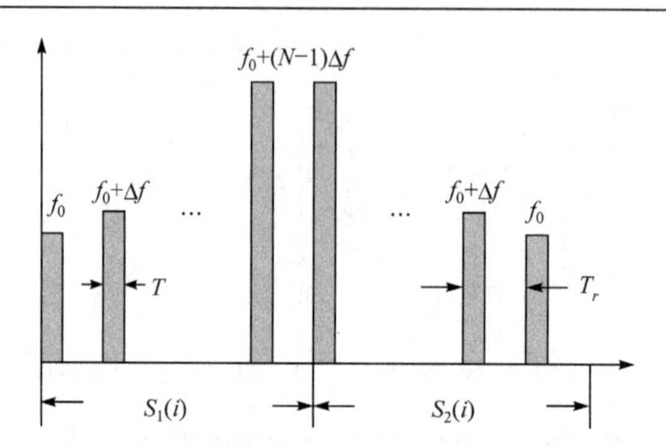

图 2.28 升降频波形发射信号载频步进示意图

$$\phi_+(i) = \mathrm{j}2\pi\left(-\frac{2R_0 f_0}{c} - \frac{2R_0}{c} i\Delta f - \frac{2vT_r f_0 / \Delta f}{c} i\Delta f - \frac{2vT_r\Delta f}{c} i^2\right) \tag{2-94}$$

负步进频信号的采样时刻比正步进频滞后一个合成周期，为$t = NT_r + iT_r + T/2 + 2R_0/c$，回波相位项为

$$\begin{aligned}
\phi_-(i) &= \mathrm{j}2\pi\left(-\frac{2\left[(R_0 + vNT_r) + viT_r\right]}{c}\left[\left(f_0 + (N-1)\Delta f\right) - i\Delta f\right]\right) \\
&= \mathrm{j}2\pi\left(-\frac{2(R_0 + vNT_r)[f_0 + (N-1)\Delta f]}{c} + \left(\frac{2R_0}{c} i\Delta f + \frac{2vNT_r}{c} i\Delta f\right) - \frac{2vf_0}{c} iT_r \right. \\
&\quad \left. - \frac{2vT_r(N-1)}{c} i\Delta f + \frac{2vT_r\Delta f}{c} i^2\right) \\
&= \mathrm{j}2\pi\left(-\frac{2(R_0 + vNT_r)f_{N-1}}{c} + \frac{2R_0}{c} i\Delta f + \frac{2vT_r}{c} i\Delta f - \frac{2vT_r f_0/\Delta f}{c} i\Delta f + \frac{2vT_r\Delta f}{c} i^2\right)
\end{aligned} \tag{2-95}$$

正负步进频信号回波相位项中与速度相关的一次项(即$-4\pi f_0 vT_r i/c$)相同，正负步进频距离包络合成法分别采用 IFFT 和 FFT，将导致合成的距离像产生符号相反的相等移位量，即耦合时移$2vT_r f_0/(c\Delta f)$、偏移距离$vT_r f_0/\Delta f$、偏移分辨单元个数$2MvT_r f_0/c$(M 为 FFT 点数)。式(2-94)和式(2-95)的距离一次项(即$4\pi R_0 i\Delta f/c$)和二次项(即$4\pi\Delta f vT_r i^2/c$)符号正好相反，对合成距离像之间的位置差无影响。相比于前帧正步进频回波，后帧负步进频回波附加耦合项为$4\pi vT_r i\Delta f/c$，相应耦合偏移为vT_r。因此，两帧距离像之间的位置差为

$$\Delta R = 2vT_r f_0/\Delta f - vT_r = v(2f_0 T_r/\Delta f - T_r) \tag{2-96}$$

距离像位置差与速度 v 成正比，只要获得该位置差 ΔR，即可实现速度的估计。

正负步进频两帧距离像具有较大的相关性，而噪声和杂波的相关性较小，因此对正负步进频距离像进行相关处理不仅可以充分利用目标各散射点的相关特性，而且具有良好的抗干扰能力。

经 IFFT/FFT 运算的距离像具有循环移位的特性，可能被分成两部分而各处于整个成像范围的两端，因此互相关运算采用循环卷积来实现。两个序列循环卷积的 DFT 等于它们各自对应的 DFT 的乘积。具体实现时先将两幅距离像的模值分别进行 FFT 运算，然后将两组 FFT 运算结果进行点乘，最后对点乘结果进行 IFFT 运算即循环卷积输出。

当目标速度为零时，正负步进频距离像一致，此时直接进行循环卷积，卷积峰值出现在原点位置。当目标速度不为零时，速度相关的一次项使得正负步进频帧的距离像向相反方向偏移，卷积峰值相对于原点产生偏移 ΔR。升降频波形测速流程如图 2.29 所示。

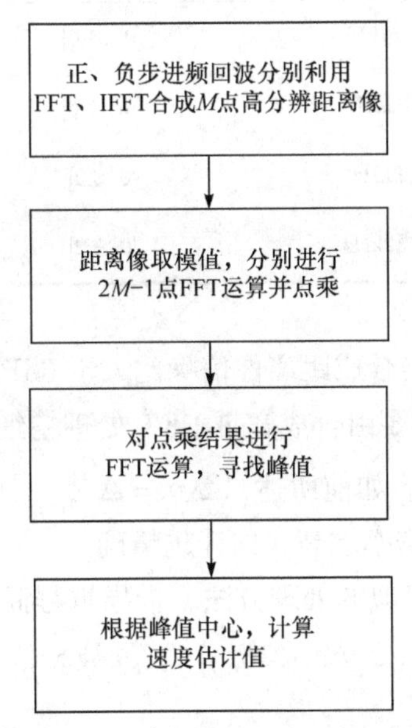

图 2.29　升降频波形测速流程图

由此可得速度估计为

$$v = \frac{\Delta R}{2T_r f_0 / \Delta f - T_r} = \frac{\Delta R}{2T_r(f_0 / \Delta f - 1)} \tag{2-97}$$

在不模糊成像窗 ΔR_p 内，有

$$\Delta R_p = v_{\max} T_r (2f_0 / \Delta f - 1) \to v_{\max} = \frac{\Delta R_p}{T_r(2f_0 / \Delta f - 1)} \approx \frac{c / (2\Delta f)}{2T_r f_0 / \Delta f} = \frac{c}{4T_r f_0} \tag{2-98}$$

假设目标速度具有特定的方向性，则目标速度的估计范围为$\left[0, c/(4T_r f_0)\right]$。

一个合成高分辨距离单元偏移决定了速度分辨率：

$$\Delta v_{\min} = \frac{\Delta R_{\text{fine}}}{T_r(2f_0/\Delta f - 1)} \approx \frac{c / (2M\Delta f)}{2T_r f_0 / \Delta f} = \frac{c}{4MT_r f_0} \tag{2-99}$$

将四种波形的最大测量速度及测量分辨率计算结果列于表 2.3。正负步进频波形时域互相关法测速结果如图 2.30 所示。

表 2.3　逆 V 步进频时域互相关指标

波形模式	测速范围/(m/s)	分辨率/(m/s)
超宽带步进频，T=0.00625μs，$f_r = 77$kHz	[0, 61.6]	优于 0.2403
线性调频步进频 1，T=12μs，$f_r = 22$kHz	[0, 17.6]	优于 0.0687
线性调频步进频 2，T=5μs，$f_r = 39$kHz	[0, 3.2]	优于 0.1217
线性调频步进频 3，T=1.5μs，$f_r = 39$kHz	[0, 3.2]	优于 0.1217

蒙特卡罗仿真表明，当合成距离像信噪比大于 6dB 时，速度估计均方根小于 0.04m/s，并且估计误差主要由合成宽带 FFT 处理精细加密点数决定，即由合成高分辨距离单元大小决定。如前所述，$\Delta v = \Delta R_{\text{fine}} / (T_r - 2f_0 / k_{\text{sf}}^{+})$，合成高分辨距离单元越小，速度分辨率越高，估计越精确。

针对 V 波形可采用相似的处理方法，推导过程简要介绍如下：对于降频帧信号，采样时刻为$t = iT_r + T/2 + 2R_0/c$，回波相位项为

$$\begin{aligned}
\phi_(i) &= \mathrm{j}2\pi\left(-\frac{2R_0 + viT_r}{c}\left[f_0 + (N-1)\Delta f - i\Delta f\right]\right) \\
&= \mathrm{j}2\pi\left(-\frac{2R_0[f_0 + (N-1)\Delta f]}{c} + \frac{2R_0}{c}i\Delta f - \frac{2vf_0}{c}iT_r - \frac{2vT_r(N-1)}{c}i\Delta f + \frac{2vT_r\Delta f}{c}i^2\right) \\
&= \mathrm{j}2\pi\left(-\frac{2R_0 f_{N-1}}{c} + \frac{2R_0}{c}i\Delta f - \frac{2vT_r(N-1)}{c}i\Delta f - \frac{2vT_r f_0/\Delta f}{c}i\Delta f + \frac{2vT_r\Delta f}{c}i^2\right)
\end{aligned} \tag{2-100}$$

升频信号的采样时刻比正步进频滞后一个合成周期，为$t = NT_r + iT_r + T/2 + 2R_0/c$，回波相位项为

$$
\begin{aligned}
\phi_+(i) &= \mathrm{j}2\pi\left(-\frac{2(R_0 + \upsilon NT_r) + \upsilon iT_r}{c}(f_0 + i\Delta f)\right) \\
&= \mathrm{j}2\pi\left(-\frac{2(R_0 + \upsilon NT_r)f_0}{c} - \frac{2R_0}{c}i\Delta f - \frac{2\upsilon NT_r}{c}i\Delta f - \frac{2\upsilon f_0}{c}iT_r - \frac{2\upsilon T_r\Delta f}{c}i^2\right) \\
&= \mathrm{j}2\pi\left(-\frac{2(R_0 + \upsilon NT_r)f_0}{c} - \frac{2R_0}{c}i\Delta f - \frac{2\upsilon NT_r}{c}i\Delta f - \frac{2\upsilon T_r f_0/\Delta f}{c}i\Delta f - \frac{2\upsilon T_r\Delta f}{c}i^2\right)
\end{aligned}
\tag{2-101}
$$

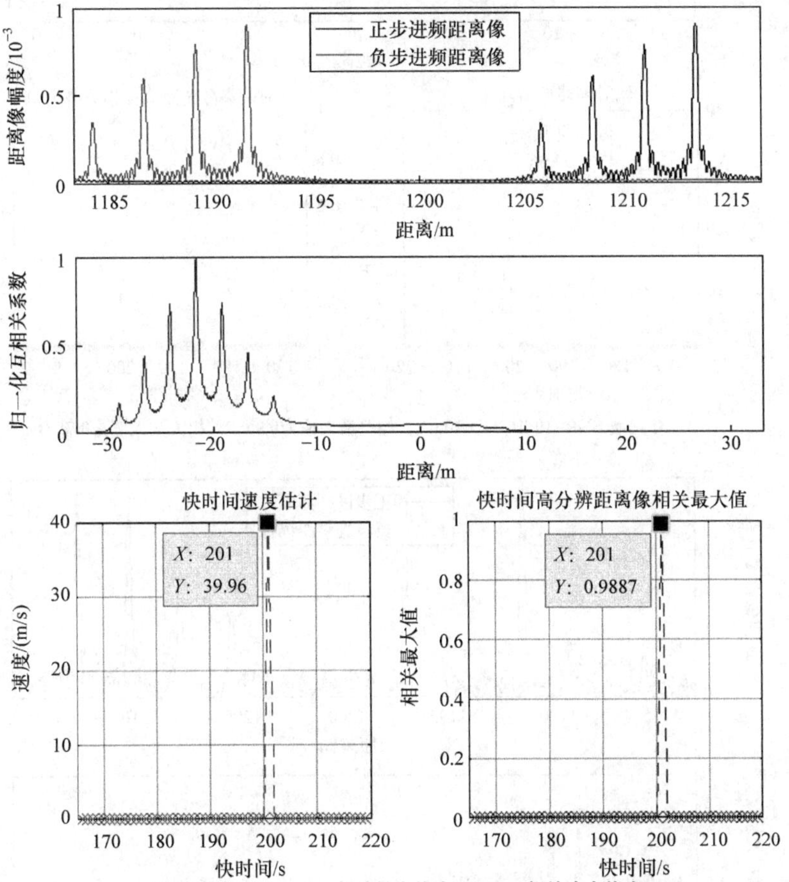

(a) 无噪声(V_r=40m/s，相关最大值为0.9887，相关次大值为0.738)

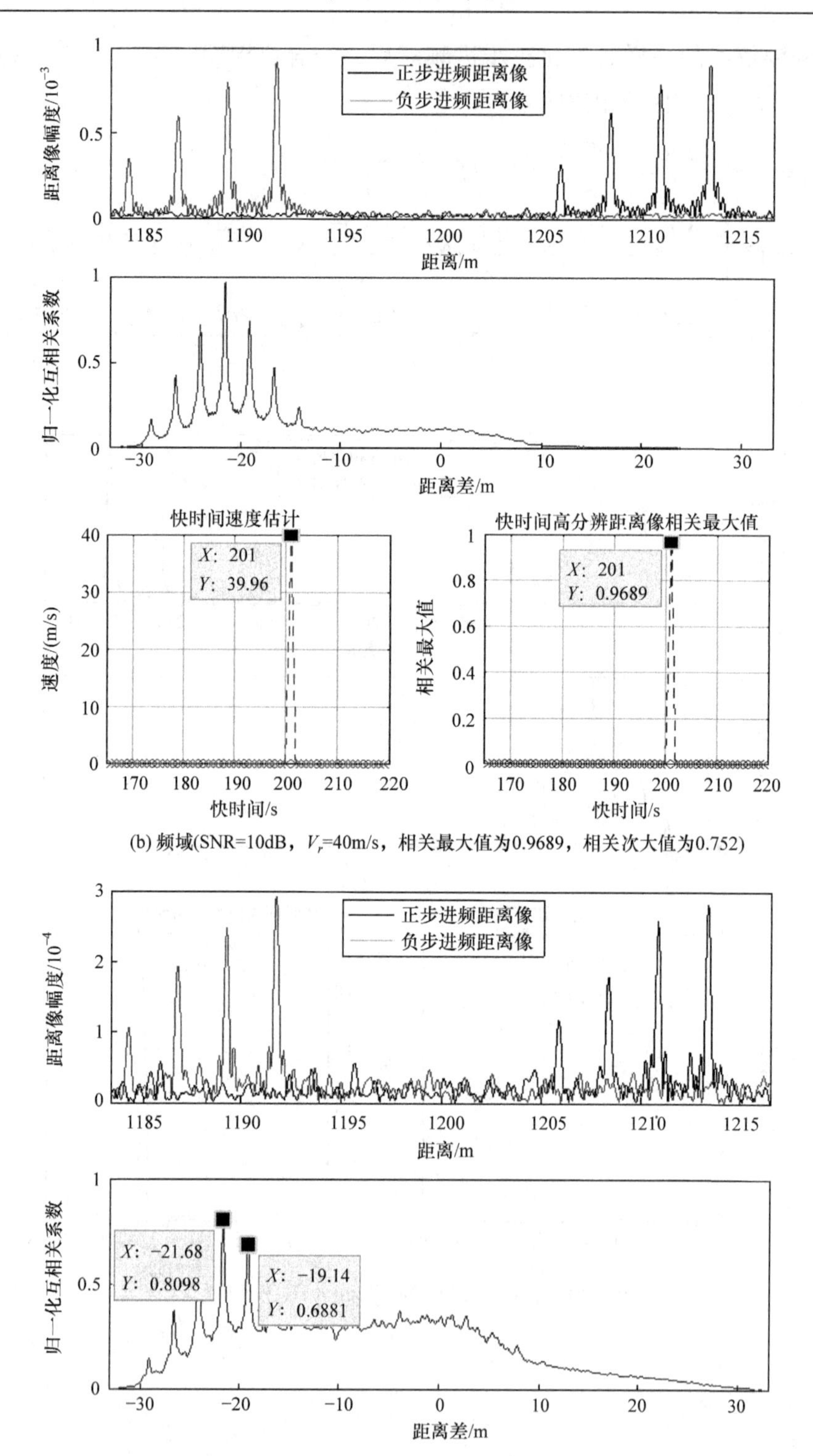

(b) 频域(SNR=10dB，V_r=40m/s，相关最大值为0.9689，相关次大值为0.752)

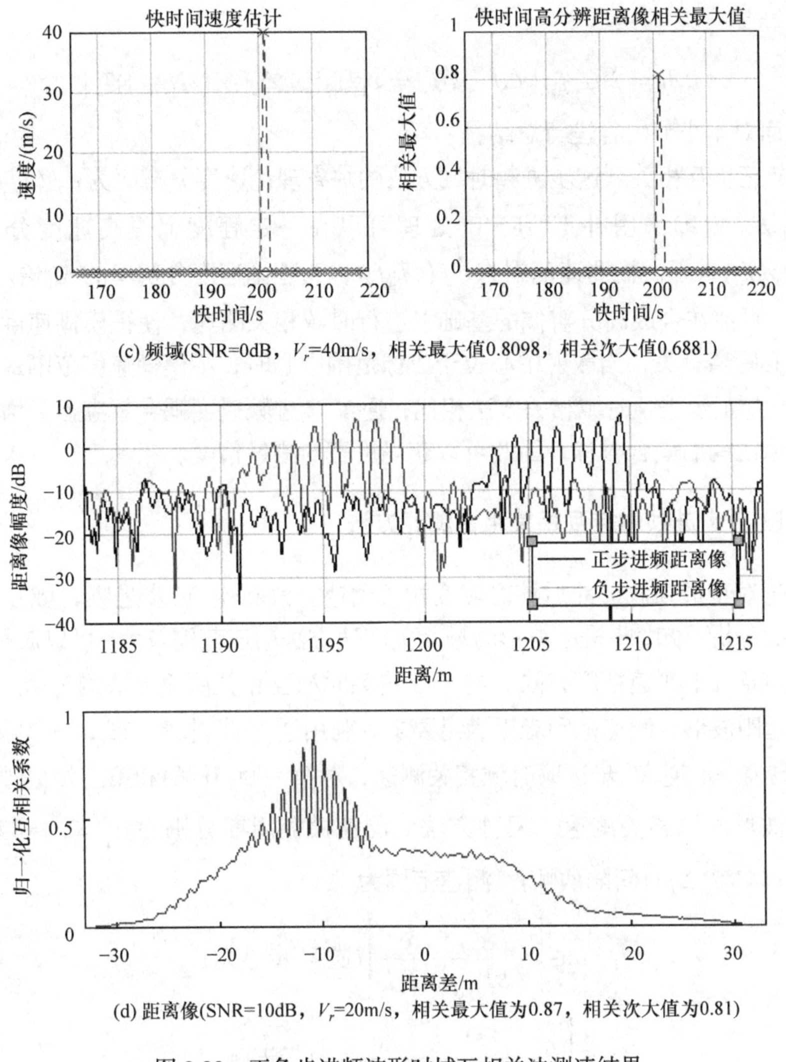

(c) 频域(SNR=0dB，V_r=40m/s，相关最大值0.8098，相关次大值0.6881)

(d) 距离像(SNR=10dB，V_r=20m/s，相关最大值为0.87，相关次大值为0.81)

图 2.30　正负步进频波形时域互相关法测速结果

正负步进频信号回波相位项中与速度相关的一次项(即$-4\pi f_0 vT_r i / c$)相同，正负步进频距离包络合成法分别采用 IFFT 和 FFT 运算，将导致合成的距离像产生符号相反的相等移位量，即耦合时移$2vT_r f_0 / (c\Delta f)$、偏移距离$vT_r f_0 / \Delta f$、偏移分辨单元个数$2MvT_r f_0 / c$(M为 FFT 点数)。式(2-100)和式(2-101)中的距离一次项(即$4\pi R_0 i\Delta f / c$)和二次项(即$4\pi \Delta f vT_r i^2 / c$)符号正好相反，对合成距离像之间的位置差无影响。相比于前帧正步进频回波，后帧负步进频回波附加耦合项为$-4\pi v(2N-1)T_r i\Delta f/c$，相应耦合偏移量为$v(2N-1)T_r$。因此，两帧距离像之间

的位置差为

$$\Delta R = 2vT_r f_0 / \Delta f - vT_r = v[2f_0 T_r / \Delta f + (2N-1)T_r] \tag{2-102}$$

下面对本小节内容进行总结：

(1) 正负互相关测速步进频时域方法的缺省理论速度分辨率为$c/(4f_0NT_r)$，适当增大 N 即采用补零 IFFT 处理可以在一定程度上提高速度分辨率至$c/(4f_0MT_r)$；不模糊测速范围为$c/(4T_rf_0)$，为理论速度分辨率的M倍。

(2) 目前在合成高分辨像的基础上进行时域相关测速，使得模糊速度与实际散射中心距离有关，当散射中心位于成像范围中心时，不模糊速度范围最大。

(3) 与正步进频时域相关方法相比，逆 V 步进频速度耦合效应显著增加了两帧距离像之间的耦合时移，因此可以获得更高的测量精度。

2.4.6 逆 V 步进频时域互相关组合测速方法

通过对步进频波形前后帧时域互相关测速方法和逆 V 步进频时域互相关测速方法的分析可知，步进频波形时域相关测速方法测速范围较大，可以满足要求，但是噪声条件下测速精度有限。逆 V 步进频时域互相关测速方法测速精度较高，但对于远距波形，测速范围难以满足要求。利用逆 V 步进频，第一帧(升频)和第二帧(降频)采取逆 V 步进频时域相关测速，对第一帧(升频)和第三帧(升频)采取步进频波形时域相关测速。两种方法的测速模糊周期分别为$v_u^{\mathrm{IV}}=c/(4T_rf_0)$和$v_u^{\mathrm{SF}}=c/(4NT_r\Delta f)$(间隔两帧)，测速范围为

$$\hat{v} \in \left[-\frac{c}{8T_rf_0}, \frac{c}{8T_rf_0}\right] \text{(逆 V 步进频)}$$

$$\hat{v} \in \left[-\frac{c}{8N\Delta fT_r}, \frac{c}{8N\Delta fT_r}\right] \text{(步进频波形)} \tag{2-103}$$

第一帧和第三帧的时域相关为

$$\begin{aligned} x_{\mathrm{mix}}(i) &= x(m,i,t_k)x^*(m+2,i,t_k) \\ &= \exp\left(\mathrm{j}2\pi\frac{4vNT_r}{c}i\Delta f\right)\exp\left(\mathrm{j}4\pi\frac{4vNT_r}{c}f_0\right) \end{aligned} \tag{2-104}$$

相位差为

$$\Delta\phi(i,t_k) = -8\pi(f_0+i\Delta f)\frac{vNT_r}{c}$$

距离差为

$$\Delta R(i,t_k) = 2vNT_r$$

延时差为

$$\Delta\tau(i,t_k) = \frac{4vNT_r}{c}$$

单元数差为

$$\Delta l(i,t_k) = \frac{\Delta R(i,t_k)}{\Delta R_{\text{bin}}} = \frac{2vNT_r}{(c/2\Delta f)\,/\,M} = \frac{4vMNT_r\Delta f}{c}$$

由此估计得到的目标速度为

$$\hat{v} = \frac{c\Delta\tau}{4NT_r} = \frac{\Delta R}{2NT_r} = \frac{c\Delta l}{4MNT_r\Delta f} \tag{2-105}$$

测速解模糊方法如下：

设逆 V 步进频测速值为 $\hat{v}_1$，步进频波形测速值为 $\hat{v}_2$，在可能的速度范围内，对模糊值 v_1 按照模糊周期 $c\,/\,(4T_rf_0)$ 进行周期延拓，得到可能的速度值 $\hat{v}_k^{\text{may}}$，计算各个可能值和 $\hat{v}_2$ 差值的绝对值，并取其中的最小值，即得最终估计值，具体表达式为

$$\hat{v}_k^{\text{may}} = \hat{v}_1 \pm kv_u^{\text{IV}}, \quad \hat{v} = \hat{v}_k^{\text{may}}, \text{当}\left|\hat{v}_k^{\text{may}} - \hat{v}_2\right|\text{取得最小值} \tag{2-106}$$

逆 V 步进频时域互相关组合测速方法测速结果如图 2.31 所示。

下面对本小节内容进行总结：

(1) 逆 V 步进频时域互相关组合测速方法在保留逆 V 步进频时域互相关测速精度的同时，借助于间隔帧正步进频时域互相关测速方法，极大地扩展了测速范围，能够满足实际测速需求。

(2) 采用逆 V 步进频时域互相关组合测速方法并不会降低测速数据率，但在高速场合，3 帧测速相比于单帧测速，可能会存在跨单元运动现象。

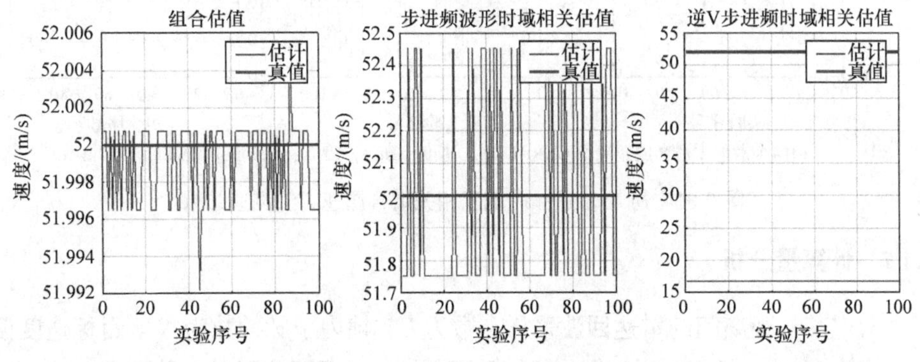

(a) 1个散射中心合成距离像(SNR=30dB，速度=52m/s，RMS_{SF}=0.3m/s，RMS_{IV3}=0.0025m/s)

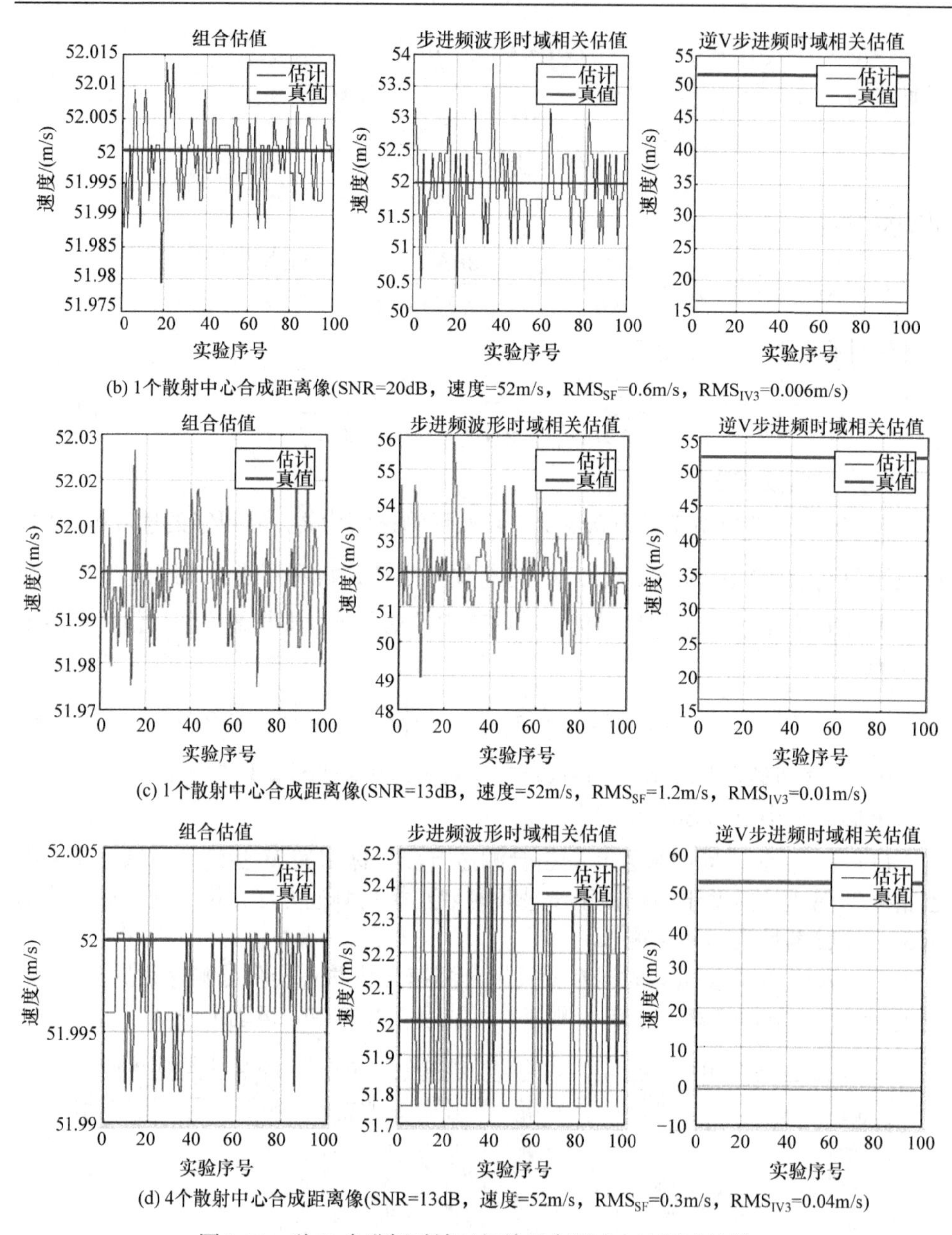

(b) 1个散射中心合成距离像(SNR=20dB，速度=52m/s，RMS_{SF}=0.6m/s，RMS_{IV3}=0.006m/s)

(c) 1个散射中心合成距离像(SNR=13dB，速度=52m/s，RMS_{SF}=1.2m/s，RMS_{IV3}=0.01m/s)

(d) 4个散射中心合成距离像(SNR=13dB，速度=52m/s，RMS_{SF}=0.3m/s，RMS_{IV3}=0.04m/s)

图 2.31　逆 V 步进频时域互相关组合测速方法测速结果

2.4.7　计算量分析

假定某一距离门的雷达回波采样点数为 L，帧内子脉冲数为 N，目标速度搜索范围为 $[-30\mathrm{m/s}, 30\mathrm{m/s}]$，总搜索点数为 P，下面分别对每种速度估计方法的计算量进行分析。这里采用先测速后检测的思路，即对每个采样点的数据分别进行测速，再根据检测结果确定将哪个采样点上的速度估计值作为目标速度估计结果。

1. 频域相关测速方法

对于每个采样点，频域相关测速方法的主要计算量为 N 次复数乘法和 N 次复数加法。因此，其共需要 LN 次复数乘法和 LN 次复数加法。

2. 时域互相关测速方法

对于每个采样点，首先将相邻两帧的数据进行复数相乘，需要 N 次复数乘法，然后进行 IFFT 操作，需要 $N\log_2 N$ 次复数加法和 $N/2\log_2 N$ 次复数乘法，同样忽略取模与找最大值的计算量，则每个采样点计算量为 $N\log_2 N$ 次复数加法和 $N/2\log_2 N+N$ 次复数乘法，时域互相关测速方法的总计算量为 $NL\log_2 N$ 次复数加法和 $\left(1/2\log_2 N+1\right)NL$ 次复数乘法。

3. 最小熵法

对于每个采样点，利用最小熵法遍历速度可能值来查找高分辨距离像最小的熵值，其对应的速度即估计值。对于每一个可能的速度，需要利用式(2-104)进行速度补偿后再成像，补偿步骤需要 $4N$ 次复数乘法和 $3N$ 次复数加法，成像步骤为 N 点 IFFT 操作，需要 $N/2\log_2 N$ 次复数乘法和 $N\log_2 N$ 次复数加法，求熵值需要 N 次复数乘法和 N 次复数加法，因此针对每个可能速度的计算量为 $N/2\log_2 N+5N$ 次复数乘法和 $4N+N\log_2 N$ 次复数加法，每个采样点的计算量为 $\left(1/2\log_2 N+5\right)NP$ 次复数乘法和 $\left(4+\log_2 N\right)NP$ 次复数加法，最小熵法共需要 $\left(1/2\log_2 N+5\right)NPL$ 次复数乘法和 $\left(4+\log_2 N\right)NPL$ 次复数加法。

4. 最小脉组误差方法

最小脉组误差方法同样是遍历速度可能值来查找相邻帧的最小误差，对于每个可能的速度，需要利用式(2-104)进行补偿后再成像，补偿步骤需要 $4N$ 次复数乘法和 $3N$ 次复数加法，求模步骤需要 N 次复数乘法，求和步骤需要 N 次复数加法，因此针对每个可能速度的计算量为 $5N$ 次复数乘法和 $4N$ 次复数加法，每个采样点的计算量为 $5NP$ 次复数乘法和 $4NP$ 次复数加法，最小熵法共需要 $5NPL$ 次复数乘法和 $4NPL$ 次复数加法。

5. 正负步进频时域互相关测速方法

对每个采样点执行以下操作：①对相邻两帧分别进行N点 IFFT 操作，需要$N\log_2 N$次复数乘法和$2N\log_2 N$次复数加法；②进行取模，需要N次复数乘法；③分别对取模后的结果进行N点 FFT 操作，需要$N\log_2 N$次复数乘法和$2N\log_2 N$次复数加法；④进行点乘运算，需要N次复数乘法；⑤对点乘后的结果进行N点 IFFT 操作，需要$N/2\log_2 N$次复数乘法和$N\log_2 N$次复数加法。忽略寻找最大值与计算速度估计值的计算量，每个采样点的计算量为$5/2N\log_2 N+2N$次复数乘法和$5N\log_2 N$次复数加法。

正负步进频时域互相关测速方法的总计算量为$\left(5/2\log_2 N+2\right)NL$次复数乘法和$5NL\log_2 N$次复数加法。

几种测速方法的对比如表 2.4 所示。

表 2.4　几种测速方法的对比

方法	复数乘法	复数加法
频域相关测速方法	LN	LN
时域互相关测速方法	$\left(\frac{1}{2}\log_2 N+1\right)NL$	$NL\log_2 N$
最小熵法	$\left(\frac{1}{2}\log_2 N+5\right)NPL$	$\left(4+\log_2 N\right)NPL$
最小脉组误差方法	$5NPL$	$4NPL$
正负步进频时域互相关测速方法	$\left(\frac{5}{2}\log_2 N+2\right)NL$	$5NL\log_2 N$

2.4.8　正负步进频时域互相关测速方法与单帧测速方法的性能对比

一般来说，单帧测速指的是用最小熵法进行测速。在计算量方面，表 2.4 中对比了正负步进频时域互相关测速方法与最小熵法的运算量，可见，正负步进频时域互相关测速方法的计算量远小于最小熵法。

在估计数据率方面，正负步进频时域互相关测速方法需要两帧对速度估计一次，而最小熵法需要每帧都对速度进行估计。因此，正负步进频时域互相关测速方法的数据率是最小熵法的一半。

在测速范围方面，正负步进频时域互相关测速方法的测速不模糊范围为

$\left[0,c/(4T_r f_0)\right]$，而最小熵法则可以在更大范围内进行搜索。

在测速精度方面，正负步进频时域互相关测速方法利用距离像的移位来估计目标速度，具有精度高、稳健性好的优点，而最小熵法存在大量的局部最小值，估计结果精度受限。

采用第一组调频步进信号进行仿真实验，假设目标速度为 20m/s，可得两种方法的估计结果。为了比较方便，这里只给出目标回波所在采样点，即第 200 个采样点数据的速度估计结果，如图 2.32 所示。由该图可见，最小熵法存在大量的

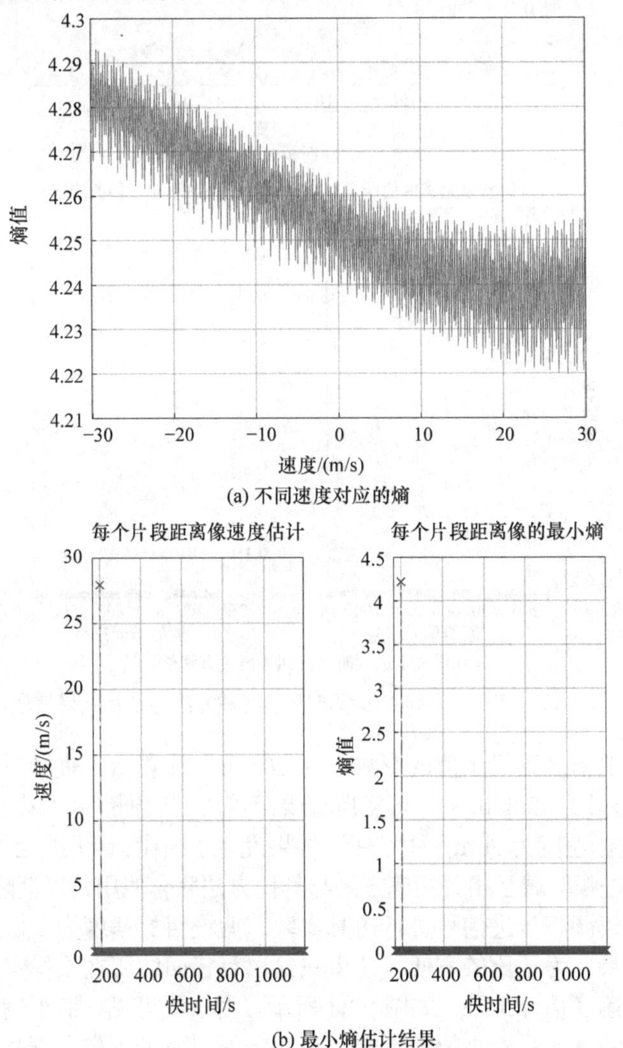

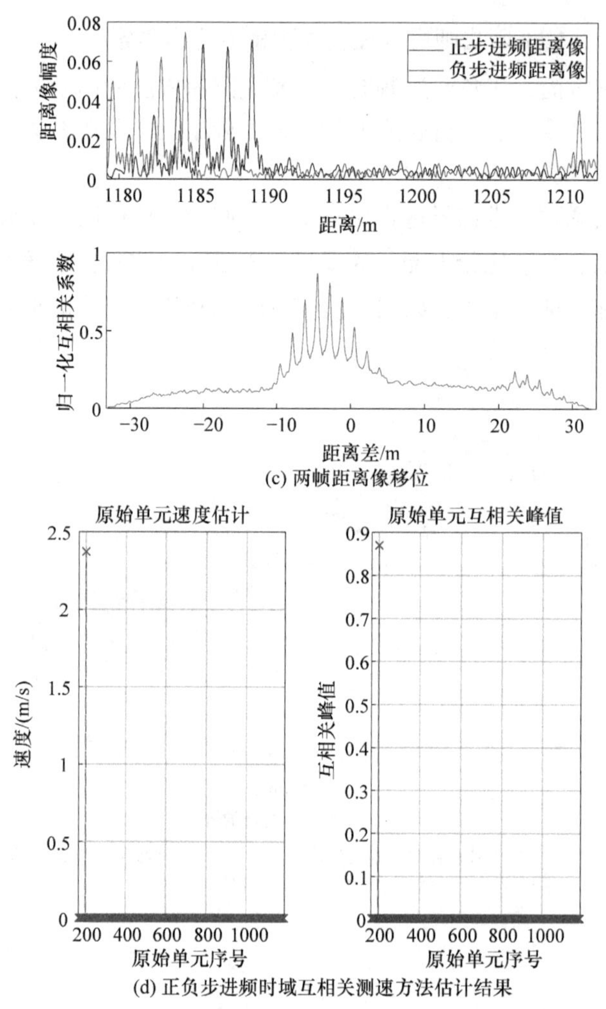

(c) 两帧距离像移位

(d) 正负步进频时域互相关测速方法估计结果

图 2.32　第一组调频步进频波形下两种方法的估计结果比较

极小值，估计的精度受极小值的影响，为 26m/s，而正负步进频时域互相关测速方法的估计结果为 2.35m/s，与实际结果不符，其原因是不模糊测速精度为17.6m/s。当目标速度为 20m/s 时，估计结果发生了模糊，因此当目标速度较大时，需要将正负步进频时域互相关测速方法与其他方法联合使用，以消除测速模糊。

采用第二组调频步进信号进行仿真实验，假设目标速度为 20m/s，可得两种方法的估计结果。为了比较方便，这里只给出目标回波所在采样点，即第 200 个采样点数据的速度估计结果，如图 2.33 所示。由该图可见，最小熵法存在大量的极小值，估计的精度受极小值的影响，为 28m/s，而正负步进频时域互相关测速方法的估计结果为 18.4m/s，与实际速度相当。结果表明，此时正负步进频时域互相关测速方法的精度要高于最小熵法。

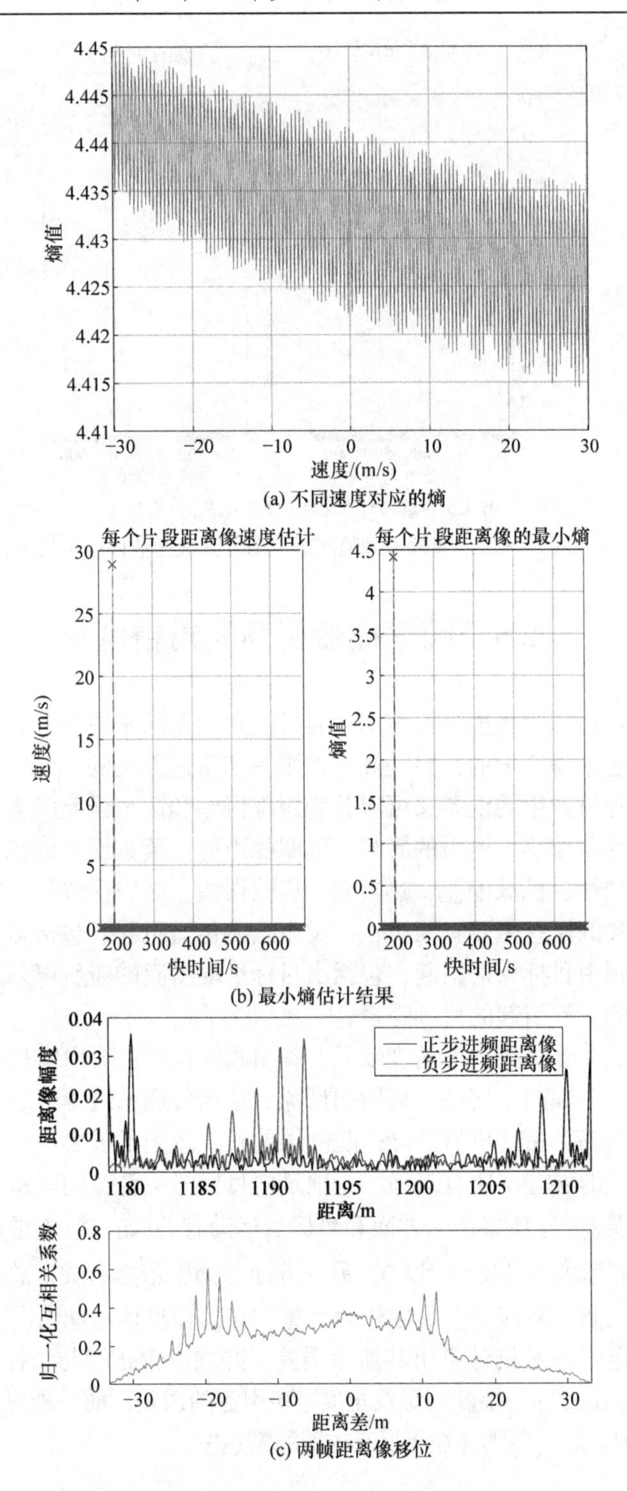

(a) 不同速度对应的熵

(b) 最小熵估计结果

(c) 两帧距离像移位

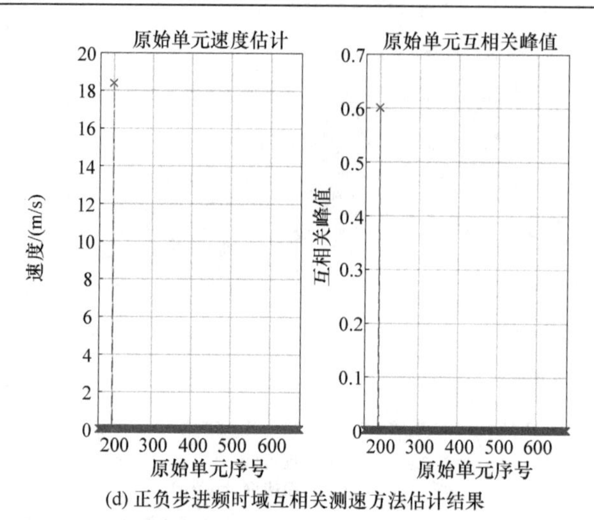

(d) 正负步进频时域互相关测速方法估计结果

图 2.33　第二组调频步进频波形下两种方法的估计结果比较

2.5　频率捷变提高测角精度

精密跟踪雷达测角精度分析表明，目标测角误差的来源可以分为两大类：一类误差是由雷达本身产生的；另一类误差则是和雷达无关的。

由雷达本身所产生的误差又可以分为跟踪误差和读数误差两类。跟踪误差包括瞄准轴的校准和漂移、风力的影响、伺服噪声等。读数误差则包括水平和正北校正、三轴正交性、机械偏差、热畸变、齿轮误差、编码误差等。

与雷达无关的误差主要有两类：一类由电波传播引起，包括多径传播和大气折射；另一类则由目标反射引起，包括由目标运动引起的滞后误差及由目标各散射体回波之间的干涉引起的目标噪声。

早期的雷达由于机械加工精度较低，其角跟踪误差主要由雷达的机械部分引起，其中包括三个轴的正交性、齿轮的齿隙、数据传递系统等引起的误差。随着制造工艺不断提高，雷达机械部分引起的误差已经减到了极小。

与目标有关的误差主要有三项。一项是由目标的运动及伺服系统有限带宽造成的动态滞后误差，这项误差一方面和目标的运动有关(如目标离雷达站的最小航路捷径，目标的速度、高度等因素)，另一方面和伺服带宽有关。总的来说，这一误差主要对近距离、高速低空目标较为严重。在已知目标运动情况及伺服系统性能时，可以用电子计算机计算出其滞后误差，并加以校正。与目标有关的另两项误差来源，就是由目标的幅度闪烁及角度噪声引起的误差。前一项只存在于圆锥扫描的跟踪雷达中，后一项则存在于所有的跟踪雷达中。

其他比较复杂的误差是由接收机内部的噪声及天电噪声所引起的热噪声误差。热噪声对测角误差的影响主要取决于目标的信噪比及伺服系统的带宽，这项误差和目标信噪比有关，因此也和目标距离有关。

综上可得出如下结论：

(1) 在固定频率时，回波的谱线带宽主要由目标的角运动引起，其宽度从零到几赫兹不等。频率捷变时，回波的谱线宽度主要由频率捷变的去相关效应决定，它取决于捷变带宽和临界频率的比值，考虑到雷达脉冲采样引起的频谱折叠现象，其主要由雷达重复频率决定。

(2) 在频率捷变情况下，目标噪声(包括幅度起伏和角度闪动)在零频率处的频谱密度将会减小，其减小因子取决于跳频带宽和临界频差的比值及重复频率和目标噪声带宽的比值。这些比值越大，减小因子也越大，但最终将达到 10dB 左右的极限值。

(3) 雷达工作于捷变频率后，回波幅度起伏的频谱将被“抹开”至重复频率以外，这会增大圆锥扫描频率处的起伏分量，这种方式有可能会对圆锥扫描跟踪雷达带来附加的跟踪误差。

从理论分析得到的结果中可以得出以下结论：当雷达工作于捷变频率时，可以减小目标噪声在零频处的频谱密度，因此就有可能减小跟踪雷达的跟踪误差。

2.6 运动补偿方法

2.6.1 运动对粗分辨成像的影响

对于运动目标，假定目标在初始时刻(即第 0 个跳频周期的开始时刻)与雷达天线的相对距离为 R_0，径向速度为 V，且径向速度在一定时间范围内保持不变，则第 m 个跳频点处导弹、目标的相对距离 R 满足[13-15]：

$$R(m,t_m)=R_0+VmT_p+Vt_m=R_m+Vt_m \tag{2-107}$$

式中，$R_m=R_0+VmT_p$，故第 m 个跳频点的雷达目标回波为

$$\begin{cases} r_{mv}(t_m)=D\exp\left\{\mathrm{j}2\pi f_m\left[t_m-\dfrac{2R(m,t_m)}{c}\right]+\mathrm{j}\pi K\left[t_m-\dfrac{2R(m,t_m)}{c}\right]^2\right\}, & \dfrac{2R_m}{c}\leqslant t_m\leqslant\tau+\dfrac{2R_m}{c} \\ 0, & \text{其他} \end{cases} \tag{2-108}$$

t_m 一般为微秒级，V 为 10^3 量级，故 Vt_m 引起的延迟 $2Vt_m/c$ 一般为纳秒级，远远小于每个快时间起始时刻导弹、目标径向距离产生的时间延迟，因此忽略快时间导弹、目标相对径向运动对回波包络带来的时间延迟。式(2-108)混频后可近似为

$$r_{mv}\left(t_m\right)\approx D\mathrm{rect}\left(\frac{t_m-2R_m/c}{\tau}\right)\exp\left\{\mathrm{j}\pi K\left[t_m-\frac{2R\left(m,t_m\right)}{c}\right]^2\right\}$$
$$\cdot\exp\left\{\mathrm{j}2\pi\left(-f_m\frac{2R_0}{c}-f_m\frac{2VmT_p}{c}-f_m\frac{2Vt_m}{c}\right)\right\} \tag{2-109}$$

回波经过匹配滤波器匹配滤波后，输出为

$$y_{mv}\left(t_m\right)\approx D\exp\left[-\mathrm{j}2\pi f_m\frac{2\left(R_0+VmT_p\right)}{c}-\mathrm{j}2\pi f_m\frac{2V}{c}\left(t_m+\frac{2R_m}{c}\right)\right]$$
$$\cdot\tau\mathrm{Sa}\left[B\left(t_m-\frac{2R_m}{c}-\frac{f_d}{K}\right)\right]\exp\left[\mathrm{j}\pi K\left(t_m-\frac{2R(m,t_m)}{c}\right)^2\right] \tag{2-110}$$

式中，$f_d=2f_0V/c$。考虑到 $t_m-2R_m/c-f_d/K=t_m-2(R_0+VmT_p+f_0V/k)/c$，与静止目标的粗分辨距离像相比，运动目标距离像的峰值发生了移动，各脉冲周期内的走动距离为 VmT_p，各周期相同的多普勒耦合距离为 f_0V/K。

2.6.2　运动对高分辨成像的影响

相对运动造成了脉压后相位的变化，变化量为

$$\Delta\phi\approx\exp\left\{-\mathrm{j}2\pi\left[2f_m\frac{mVT_p}{c}+\frac{2f_mV\left(t_m+\frac{2R_m}{c}\right)}{c}\right]\right\}$$
$$=\exp\left\{-\mathrm{j}2\pi\left[\frac{2f_0VT_pm}{c}+\frac{2\Delta fVT_pm^2}{c}+\frac{2f_mV\left(t_m+\frac{2R_m}{c}\right)}{c}\right]\right\} \tag{2-111}$$
$$=\varphi_1+\varphi_2+\varphi_3$$

脉间压缩是以 m 为变量进行的，式(2-111)中各项对脉间压缩带来的影响分别

如下：

(1) $\varphi_1 = \exp\left(-\mathrm{j}2\pi f_0 \dfrac{2VT_p}{c} m\right)$ 为运动引起的一次相位项，该项引起脉间压缩后高分辨距离像走动，走动的距离为 $f_0 VT_p / \Delta f$，在测距时造成系统误差，影响测距精度。若假设可容忍的测距误差为半个高分辨距离单元，令 $f_0 \left|\Delta v\right| T_p / \Delta f \leqslant c/(4M\Delta f)$，则一次相位项要求的速度补偿精度为

$$\left|\Delta v\right| \leqslant \frac{c}{4Mf_0T_p} \tag{2-112}$$

(2) $\varphi_2 = \exp\left(-\mathrm{j}2\pi\Delta f \dfrac{2VT_p}{c} m^2\right)$ 为二次相位项，该项造成波形发散和幅度降低，以相参处理时间 MT_p 内二次相位变化不超过 π 为高分辨距离像不失真的条件，则要求

$$\left|\Delta v\right| \leqslant \frac{c}{4M^2\Delta f T_p} \tag{2-113}$$

(3) φ_3 随 V、R_0 变化而变化，但该项采样后与 m 有关的项含有 v/c^2，考虑到其值较小($v \ll c$)，可以忽略其影响。

对式(2-109)所示信号进行脉间压缩，得到运动目标的高分辨距离像为

$$\begin{aligned} z(l_0,k) \approx{} & D\frac{\tau}{M}\exp\left\{-\mathrm{j}2\pi\left[f_0\frac{2R_0}{c}+\left(\Delta f\frac{2R_0}{c}-\frac{1}{M}\right)\frac{M-1}{2}\right]\right\} \\ & \cdot\frac{\sin\left[M\pi\left(\Delta f\dfrac{2R_0}{c}-\dfrac{2f_0VT_p}{c}-\dfrac{k}{M}\right)\right]}{\sin\left[\pi\left(\Delta f\dfrac{2R_0}{c}-\dfrac{2f_0VT_p}{c}-\dfrac{k}{M}\right)\right]},\quad k=0,1,\cdots,M-1 \end{aligned} \tag{2-114}$$

式中，$l_0 = \mathrm{INT}(2f_sR_0/c)$。与式(2-110)比较可知，运动目标的高分辨距离像峰值在粗分辨像已有移动的基础上又移动了 $f_0VT_p/\Delta f$，这称为多普勒距离耦合。

2.6.3 运动补偿

通过前面的分析可知，调频步进信号目标回波可以分解为线性调频子脉冲回

波和频率步进脉冲回波两部分。根据 2.6.2 节的分析可知，运动对调频步进信号的影响分别表现为对线性调频信号的影响和对频率步进信号的影响两部分，这两部分可分开进行分析，相互没有影响。运动补偿的目的在于消除合成宽带体制的距离-多普勒耦合效应所造成的因目标相对雷达天线的径向运动带来的等效距离变化。

雷达与目标的相对径向速度是由雷达运动、目标运动或者两者同时运动造成的。对于雷达制导炸弹攻击慢速目标，相对径向速度主要由雷达的速度造成，因此如果事先获得了雷达的运动速度，利用该测量值补偿雷达的速度，那么目标速度引起的相对径向速度较小，剩余速度对成像将不会有很大影响。设雷达径向速度分量的估计值为V'，对脉内压缩和脉间压缩分别采用以下补偿因子：

$$C_{1m}(t_m)=\exp\left(\mathrm{j}2\pi f_m\frac{2V'}{c}t_m\right) \tag{2-115}$$

$$C_2(m)=\exp\left(\mathrm{j}2\pi f_m\frac{2mV'T_p}{c}\right) \tag{2-116}$$

式中，由雷达平台运动造成的径向速度V'可以用$V'=-V_D\cos\alpha\cos\beta$估计，其中$V_D$为平台的绝对运动速度，$\alpha$、$\beta$分别为雷达波束照射方向的方位角及俯仰角。上述参数可以通过惯性导航系统及波束控制系统得到。

因此，对于雷达与目标有相对运动的情况，有

$$C_m\left(t_m\right)=\exp\left(\mathrm{j}2\pi f_m\frac{2V'}{c}t_m\right)\exp\left(\mathrm{j}2\pi f_m\frac{2mV'T_p}{c}\right) \tag{2-117}$$

将式(2-117)代入式(2-110)，可得运动补偿后的脉内压缩结果为

$$\begin{aligned} y_m(t_m)&=[r_m(t_m)C_m(t_m)]\otimes h(t_m)\\ &\approx D\exp\left\{-\mathrm{j}2\pi f_m\frac{2(R_0+V_cmT_p)}{c}-\mathrm{j}2\pi f_m\frac{2V_c}{c}\left(t_m+\frac{2R_m}{c}\right)\right\}\\ &\quad\cdot\tau\mathrm{Sa}\left\{B\left(t_m-\frac{2R_m}{c}-\frac{f_d'}{K}\right)\right\}\exp\left\{\mathrm{j}\pi K\left[t_m-\frac{2R\left(m,t_m\right)}{c}\right]^2\right\} \end{aligned} \tag{2-118}$$

式中，$f_d'=2f_0V_c/c$，$V_c=V-V'$。与式(2-110)相比可知，多普勒耦合距离与补偿后剩余的相对径向速度有关，对于慢速目标，V_c很小($V_c\ll V$)，$f_d'/K\to 0$，则距离多普勒耦合对脉内压缩的影响可以忽略。

上述相位补偿方法虽然可以将f_d/K补偿为$f_d'/K\to 0$，却无法将$2R_m/c$补

偿为$2R_0/c$，这使得目标在粗分辨距离像中的位置l_m随着m而变化，在二次脉冲压缩时需要进行包络对齐处理，即$l_m=\mathrm{INT}(2f_sR_m/c)$，$l_m=l_0+\mathrm{INT}(2f_0V'T_pm/c)$，由于取整函数存在误差，严格来讲，这种相位补偿方法难以实现严格的包络对齐。

针对上述问题，本节提出利用失配响应函数进行匹配滤波处理的脉内压缩处理方法。该方法的特点是：式(2-118)所示的冲击响应函数$h(t_m)$只适用于对式(2-109)所示的静态回波信号进行匹配滤波处理，而对式(2-110)所示的动态回波信号却是失配的，难以起到匹配滤波的作用。为此，构造如下失配滤波器：

$$h'(t_m)=\exp\left[-\mathrm{j}\pi K\left(t_m+\frac{2V'mT_p}{c}\right)^2\right] \tag{2-119}$$

失配是相对于$h(t_m)$而言的，由于传统方法已经将式(2-119)所示的$h'(t_m)$定义为匹配滤波响应函数，因此本书只能将$h'(t_m)$定义为失配响应函数，它对式(2-109)所示的静态回波信号是失配的，但对式(2-110)所示的动态回波信号却是近似匹配的。利用失配响应函数进行脉内压缩处理，即

$$y_m'(t_m)=[r_m(t_m)C_m(t_m)]\otimes h'(t_m) \tag{2-120}$$

易得，脉内压缩处理结果为

$$\begin{aligned} y_m'(t_m)\approx{}& D\exp\left[-\mathrm{j}2\pi f_m\frac{2\left(R_0+V_cmT_p\right)}{c}-\mathrm{j}2\pi f_m\frac{2V_c}{c}\left(t_m+\frac{2R_m}{c}\right)\right] \\ &\cdot\tau\mathrm{Sa}\left[B\left(t_m-\frac{2R_m'}{c}-\frac{f_d'}{K}\right)\right]\exp\left\{\mathrm{j}\pi K\left[t_m-\frac{2R\left(m,t_m\right)}{c}\right]^2\right\} \end{aligned} \tag{2-121}$$

式中，$R_m'=R_0+V_cmT_p$，V_c很小，因此$R_m'\approx R_0$，即经过脉内压缩处理后，不同脉冲周期中的目标出现在几乎相同的位置，在脉内压缩的同时，实现了包络对齐处理。

然而，使用式(2-120)所示的失配响应函数时，需要针对不同的脉冲周期m构造不同的匹配滤波器。幸运的是，目前的匹配滤波处理或脉冲压缩处理基本上通过数字信号处理算法实现，由于数字信号处理具有很大的灵活性，完全可以在不同的脉冲周期使用不同参数的匹配滤波器。

将运动补偿后及脉内压缩后的相位项与静止目标情况相比，可得

$$\Delta\varphi'\approx f_0\frac{2V_cT_p}{c}m+\Delta f\frac{2V_cT_p}{c}m^2 \tag{2-122}$$

运动补偿后的高分辨距离像(脉间压缩后)为

$$
\begin{aligned}
z(l_0,k) = {} & D\frac{\tau}{M}\exp\left\{-\mathrm{j}2\pi\left[f_0\frac{2R_0}{c}+\left(\Delta f\frac{2R_0}{c}-\frac{1}{M}\right)\frac{M-1}{2}\right]\right\} \\
& \cdot\frac{\sin\left[M\pi\left(\Delta f\frac{2R_0}{c}-\frac{2f_0V_cT_p}{c}-\frac{k}{M}\right)\right]}{\sin\left[\pi\left(\Delta f\frac{2R_0}{c}-\frac{2f_0V_cT_p}{c}-\frac{k}{M}\right)\right]},\quad k=0,1,\cdots,M-1
\end{aligned}
\tag{2-123}
$$

若V_c满足式(2-122)的要求，则补偿后就不会有明显的测距误差。

式(2-123)中，$l_0=\mathrm{INT}\left(f_s 2R_0/\mathrm{c}\right)$，$z\left(l,k\right)=\dfrac{1}{M}\sum\limits_{m=0}^{M-1}y'_m\left(l/f_s\right)\exp\left(\mathrm{j}2\pi km/M\right)$。

对于高速运动目标，仅补偿掉雷达的速度，剩余相对径向速度V_c可能依然会很大，不能满足脉内压缩要求的$V_c\leqslant cK/(2Bf_0)$及脉间压缩要求的式(2-123)。因此，为了能够正确成像，需要其他测速手段测出目标速度，进行更精确的补偿。

2.6.4　运动补偿的实现技术

在实现过程中，由于进行了多普勒补偿，需要进行信号处理中混频参数的设置。

运动补偿是合成宽带雷达信号体制重要的处理步骤，根据 2.6.3 节的理论分析，运动补偿通过对原始数据 $x_m(n)$乘以补偿因子 $\varPsi_{\mathrm{LFM},m}$来实现，在工程实现中，这一过程可以通过微调混频数字本振的频率和相位来具体实现。因此，下面以低通滤波法实现中频正交采样为例说明这一过程。

低通滤波法实现中频正交采样的过程是：先将模数变换得到的数据分别与正交的两路数字本振 $\cos(n\varOmega_0)$、$\sin(n\varOmega_0)$进行混频，再用数字低通滤波器滤除高频分量来获得两路正交信号数据，最后通过抽取操作减少数据量。其实现结构如图 2.34 所示。低通滤波法实现的采样系统在结构上与传统的模拟正交采样器结构类似。一般情况下，实现中频正交采样的过程中 $\varOmega_0=2\pi f_\mathrm{I}/f_s$为数字本振工作的圆频率，其中 f_I为雷达中频频率。为了利用图 2.34 同时实现运动补偿处理，需要在每个脉冲重复周期改变数字本振的频率和相位，由 $\varPsi_{\mathrm{LFM},m}$可知，第 l个成像帧第 m 个跳频周期的频率修正量和初相修正量分别为

$$\begin{cases} f_{I\Delta lm} = 2f_m[1+(lM+m)\eta]\dfrac{V_c}{c} \approx [1+(lM+m)\eta]f_d \\ \varphi_{I\Delta lm} = 2f_m V_c(lM+m)\dfrac{T_p}{c} \approx (lM+m)T_p f_d \end{cases} \tag{2-124}$$

式中，$f_d = 2f_0 V_c/c$ 为目标径向运动速度测量值所对应的多普勒频率。由式(2-124)可知，图 2.34 中的数字本振输出应为

$$\begin{cases} \cos(n\Omega_m') = \cos\left[\varphi_{I\Delta lm} + \dfrac{2\pi n(f_I + f_{I\Delta lm})}{f_{\text{sampling}}}\right] \\ \sin(n\Omega_m') = \sin\left[\varphi_{I\Delta lm} + \dfrac{2\pi n(f_I + f_{I\Delta lm})}{f_{\text{sampling}}}\right] \end{cases} \tag{2-125}$$

利用式(2-125)所示的数字本振输出对中频采样信号进行混频，在得到零中频的同时即可完成运动补偿处理。

在工程实现中，中频正交采样通常利用现场可编程逻辑阵列实现，数字本振利用直接数字频率合成来实现。这时，式(2-125)可以通过设定直接数字频率合成的初相和在每个跳频周期的频率来实现。

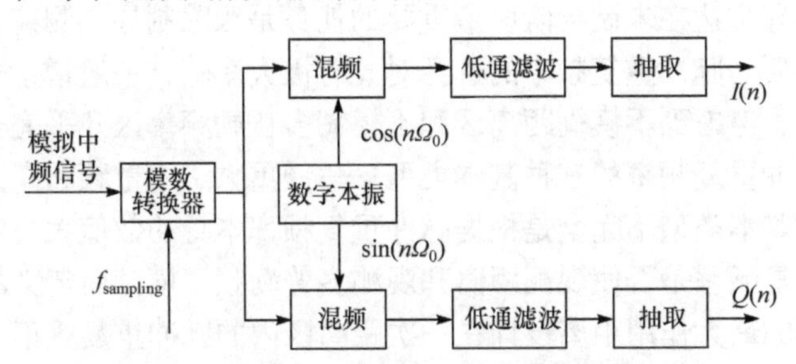

图 2.34　低通滤波法实现中频正交采样的示意图

第 3 章　基于高重频的频率捷变雷达信号处理方法

3.1　高重频与频率捷变结合的信号处理方法概述

高重频与频率捷变结合的宽带雷达制导新体制有三个基本特征：高重频、频率步进和频率捷变。高重频用于解决测距测速模糊的矛盾；频率步进不仅能提高目标的距离分辨力，还因高重频扩大测速范围，能有效抑制多普勒谱折叠效应；频率捷变则大大提高了抗干扰能力。

3.1.1　高重频特征

毫米波制导雷达在末制导阶段最重要的任务是跟踪制导，测速、测角和测距的能力尤为重要。脉冲重复频率的选择对此有极大影响，一般雷达通常根据脉冲重复频率分类，考虑到不模糊距离区和不模糊多普勒频率区几乎完全不能兼顾，因而规定了脉冲重复频率的三种基本类型——低重频、中重频和高重频。脉冲重复频率的三种基本类型不完全是根据脉冲重复频率本身的数值大小定义的，而是根据该脉冲重复频率是否使观测距离和观测多普勒频率模糊而定义的。一般认为：低重频是雷达的最大作用距离设计在一次距离区内的脉冲重复频率，超过这个区域不存在回波，距离是不模糊的；高重频是对所有重要目标的观测多普勒频率均不模糊的脉冲重复频率；中重频是上述两个条件均不满足时的脉冲重复频率，即距离和多普勒频率都是模糊的。各种重频的区别如表 3.1 所示，各种重频的优缺点如表 3.2 所示。

表 3.1　脉冲重复频率的区别

脉冲重复频率	距离	多普勒频率
高重频	模糊	不模糊
中重频	模糊	模糊
低重频	不模糊	模糊

表 3.2　脉冲重复频率的优缺点

脉冲重复频率	优点	缺点
高重频	高接近速度目标出现在无杂波频谱区内； 提高脉冲重复频率可得到高的平均功率； 抑制主瓣杂波时不会同时抑制掉目标回波	对低接近速度的目标，探测距离可能因旁瓣杂波而下降； 接近速度为零的目标可能与高度回波及发射机泄露一起被抑制掉
中重频	抗主瓣杂波和副瓣杂波较好； 易于消除地面动目标	高、低接近速度目标的探测距离均受旁瓣杂波限制； 距离和多普勒频率模糊都存在； 需采用专门措施抑制强地面目标旁瓣杂波
低重频	空-空仰视和地图测绘性能好； 测距精度高，距离分辨率高； 可通过距离分辨抑制一般的旁瓣回波	空-空俯视性能差，大部分目标回波可能和主瓣杂波一起被抑制掉； 不利于消除地面动目标； 多普勒频率模糊严重，难以解决

为提高毫米波主动雷达制导武器系统在多目标复杂战场环境中的适应能力，要求雷达武器系统具有二维甚至多维的分辨能力，能够同时实现距离与多普勒频率的二维分辨，在此基础上实现距离或方位角度都靠得很近的、波束内多个目标的分辨与选择。

由于弹载应用中存在波束驻留时间、前视或斜视等攻击角度、弹体机动对运动补偿、弹载信号处理的实时性等多种因素限制，通常采用三种成像模式：高分辨一维距离像、多普勒波束锐化和合成孔径雷达，其比较如表 3.3 所示。

表 3.3　三种成像方式对比

<table>
<tr><th colspan="2">成像模式
成像比较</th><th>高分辨一维距离像</th><th>多普勒波束锐化</th><th>合成孔径雷达</th><th>说明</th></tr>
<tr><td rowspan="3">成像条件</td><td>制导阶段</td><td>中制导/末制导</td><td>中段</td><td>中段</td><td>高分辨一维距离像可在一个相干处理时间内实现目标成像，分辨性能由发射信号带宽决定；而多普勒波束锐化与合成孔径雷达均需要通过多个相干处理时间的积累合成一幅目标图像，且成像机理需要导弹与目标之间形成一定的角度</td></tr>
<tr><td>弹道要求</td><td>无要求</td><td>较高</td><td>高</td><td>多普勒波束锐化根据波束内目标相对导弹的径向速度差实现目标的横向分辨，成像过程需要保持目标与导弹飞行方向成一定夹角；弹载合成孔径雷达一般通过侧视成像，为了缩短合成时间，导弹与目标之间的相对角度要求更高</td></tr>
<tr><td>速度方向与波束夹角要求</td><td>无</td><td>较高</td><td>高</td><td>多普勒波束锐化根据波束内目标相对导弹的径向速度差实现目标的横向分辨，成像过程需要保持目标与导弹飞行方向成一定夹角；弹载合成孔径雷达一般通过侧视成像，为了缩短合成时间，导弹与目标之间的相对角度要求更高</td></tr>
</table>

续表

成像比较 \ 成像模式		高分辨一维距离像	多普勒波束锐化	合成孔径雷达	说明
成像过程	运动补偿要求	相对较低	较高	高	高分辨一维距离像只需进行跨距离单元移动的补偿，合成孔径雷达由于成像周期长，运动对成像造成的影响大，需要精确的平台参数，多普勒波束锐化介于两者之间
	成像算法	简单	较复杂	复杂	高分辨一维距离像只需径向成像，比较简单，多普勒波束锐化和合成孔径雷达都是距离-多普勒二维成像，比较复杂，这两者中，合成孔径雷达由于运动补偿的复杂性，成像算法也最为复杂
	成像时间	短	较短	长	高分辨一维距离像可在一个相干处理时间内成像；多普勒波束锐化与合成孔径雷达均需要多个相干处理时间积累成像，但多普勒波束锐化横向分辨性能比合成孔径雷达低，脉冲积累时间比合成孔径雷达要小得多
	对系统要求	低	较高	高	高分辨一维距离像只对目标进行一维分辨，多普勒波束锐化横向分辨性能远比径向低，合成孔径雷达对目标进行精细的二维成像，故无论是系统实现的复杂度还是对计算量、存储量的要求都越来越高
成像结果	横向分辨率	无	较低	与径向分辨相当	高分辨一维距离像只能实现目标的径向距离分辨，多普勒波束锐化具有一定的横向目标分辨力，而合成孔径雷达一般对目标进行较精细的二维成像
	作用及范围	检测与跟踪	跟踪与分辨	分辨与识别	高分辨一维距离像用于对目标的检测和跟踪，实现径向上有一定差异的多目标的分辨；多普勒波束锐化主要用于跟踪与目标分辨，不仅可以分辨径向上有一定差异的目标，还可以分开径向上无法分辨而横向上具有一定差异的多目标；合成孔径雷达主要用于目标的分辨与识别，通过对目标的精细二维成像实现图像区域内多目标的分辨与识别
	横向分辨率对分辨的辅助作用	—	满足	满足	多普勒波束锐化的主要作用是将波束内径向距离基本一致而横向上有一定差异的多目标分开；合成孔径雷达图像可以获得目标精细的二维投影信息，故两者都可以满足对目标分辨的要求
	横向分辨率对识别的辅助作用	—	较弱	较强	多普勒波束锐化的主要作用是将波束内径向距离基本一致而横向上有一定差异的多目标分开(横向上目标表现为点目标形式)，其识别主要是基于高分辨一维距离像的目标识别；合成孔径雷达图像可以获得目标精细的二维投影信息，所含目标信息更丰富，可以获得更好的目标识别性能

可见，在末制导阶段，采用合成孔径雷达成像方法实现距离-多普勒二维成像是比较困难的，无论是从适用条件、成像复杂度还是从满足要求角度考虑，多普勒波束锐化成像算法都是比较合适的选择。

为此，本章提出二维分辨的概念，它不同于二维成像，二维分辨要求的径向距离分辨力与横向距离分辨力(通过速度分辨力得到)比二维成像要低，不满足分辨单元远小于或小于目标尺寸的约束，但足以实现波束内多个目标的分辨，这样可以适当降低带宽、波束驻留时间等要求，减少弹载的运算处理量，从而降低制导系统的技术实现难度。

二维分辨可在传统的高距离分辨率体制的基础上实现，高距离分辨率具有很高的距离分辨力，在高距离分辨率的基础上可分辨波束内径向距离间隔远大于距离分辨单元长度的多个目标，但不能分辨径向距离上靠得很近但横向上有一定间距的多个目标。

在高距离分辨率的基础上实现横向多个目标分辨的条件是：雷达同时具备一定的速度分辨力，且不模糊测速范围应足够大，尽量避免横向多普勒谱的折叠效应造成横向不同目标混叠到相同的多普勒分辨单元中。

传统的高距离分辨率体制主要包括线性调频脉冲压缩体制与阶梯频率脉冲压缩体制。在前者的基础上实现二维分辨或成像时，不模糊测速范围由脉冲重复周期决定，一般都比较大，容易满足横向不折叠要求。在后者的基础上实现二维分辨或成像时，不模糊测速范围由帧周期(脉冲重复周期的 N 倍，N 为跳频点数)决定，在传统的低脉冲重复频率情况下，不模糊测速范围一般都比较小，容易出现横向折叠现象。

在脉冲压缩体制的基础上实现二维分辨或成像必须考虑提高不模糊测速范围、消除横向折叠效应的问题。提高不模糊测速范围要求尽量提高脉冲重复频率。

在传统制导雷达中，脉冲重复频率是由雷达的最大作用距离决定的，即脉冲重复周期等于最大作用距离对应的目标回波延时；本书中高重频是指脉冲重复周期远小于最大作用距离对应的目标回波延时，这样可以提高不模糊测速范围，消除横向折叠，提高横向的多目标分辨能力。但是，在高重频情况下需要采用先进的方法解决收发脉冲不在同一个周期内的相参接收问题，这就是本章要解决的关键问题之一。

3.1.2　不模糊测速优势

在阶梯变频体制中，不模糊测速范围 Δv 与帧周期 NT 的关系为

$$\Delta v = \frac{c}{2f_0 NT} \tag{3-1}$$

式中，c 为真空中光速；T 为脉冲重复周期；f_0 为工作频率。在宽带阶梯频率情况下，帧内不同脉冲的频率是变化的，帧内不同脉冲的相位变化主要由距离决定，因此在帧内只能测距，而测速需要根据帧间的相位变化来进行，即与脉冲多普勒体制不同，宽带阶梯频率体制的不模糊速度范围是 $c/(2f_0NT)$，而不是 $c/(2f_0T)$。

针对末制导弹中的典型情况，设作用距离 $R=5\text{km}$，瓣波束宽度 $\theta_{0.5}=3°$，导弹运动速度 $V_m=900\text{m/s}$，波束在搜索时的方位角 $\alpha=10°$，波束照射俯仰角 $\beta=15°$，工作频率 $f_0=35\text{GHz}$。如果采用低重频，那么脉冲重复周期 $T=66.7\mu\text{s}$，假设宽带波形为阶梯变频信号，变频点数 $N=64$，根据式(3-1)得到不模糊测速范围 $\Delta v\approx 1\text{m/s}$，根据图 3.1 的照射几何关系，可得主瓣照射区域内的最大相对径向速度差为

$$(\Delta v)_\theta \approx V_m\cos\beta\left[\cos\left(\alpha-\frac{\theta_{0.5}}{2}\right)-\cos\left(\alpha-\frac{\theta_{0.5}}{2}\right)\right]\approx 8(\text{m/s})$$

照射区域在横向上会产生 8 次重叠，横向上多个目标折叠到相同多普勒分辨单元的概率是很大的。

因此，在一般情况下，径向速度差 $(\Delta v)_\theta$ 为模糊测速范围 Δv 的好几倍甚至十几倍，会引导严重的横向折叠效应。而且，V_m 越大、R 越远、$\theta_{0.5}$ 越宽、方位角 α 越大，折叠效应越严重。

图 3.1 给出了低重频情况下多个目标在多普勒谱中的混叠情况(主瓣照射区域的最大径向速度与最小径向速度之差为 Δv 的 4 倍)。

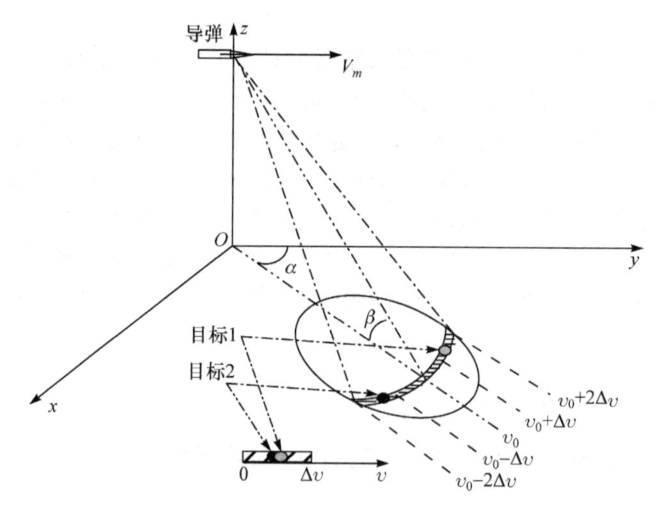

图 3.1 低重频情况目标多普勒频谱折叠效应示意图

由此可见，如果要消除横向折叠，需要减小脉冲重复周期，增大脉冲重复频率。在上述典型情况下，若采用高重频，则只要脉冲重复周期 $T<8.37\mu\text{s}$（$T<c/(2f_0N\Delta v_\theta)=3\times10^8/(2\times35\times10^9\times64\times8)\approx 8.37\mu\text{s}$）就可以消除横向折叠。此外，在减小脉冲重复周期、消除横向折叠时应避免径向折叠。在上述典型

情况下，主瓣照射区域范围的径向距离约为987m ($R_{\text{act}} = R\sin\beta / \sin(\beta - \theta_{0.5} / 2) - R\sin\beta / \sin(\beta + \theta_{0.5} / 2)$)，主瓣照射区域范围不产生径向折叠，要求 $T > 2R_{\text{act}} / c = 6.58\mu\text{s}$ 。显然，在[6.58μs, 8.37μs]范围内，可以根据应用需要对 T 进行灵活选择。

图 3.2 给出了采用高重频时多普勒频谱折叠效应被消除的示意图(通过高重频增加不模糊测速范围 Δv ，使得主瓣照射区域的最大径向速度与最小径向速度之差小于 Δv)。

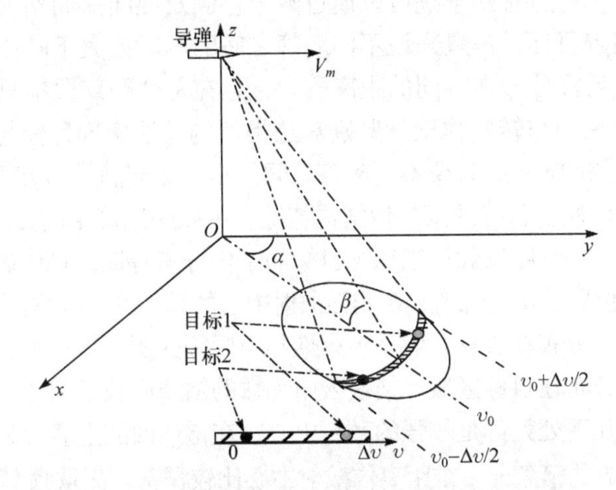

图 3.2　通过高重频消除多普勒频谱折叠的示意图

采用高重频与频率捷变结合的毫米波新体制，在提高导弹武器系统抗干扰能力的同时，实现距离-多普勒二维分辨，通过信息处理可以得到目标及背景区域的高分辨率或中等分辨率的准二维图像，在此基础上实现多目标、高对抗环境中目标的检测、多目标分辨、运动目标鉴别、攻击目标选择与跟踪。

3.1.3　抗干扰能力

高重频-随机步进频体制具有原理上的抗干扰性，充分利用其抗干扰性能还须依赖于相应的抗干扰算法，针对拖曳式有源雷达诱饵(towed radar active decoy, TRAD)干扰(采用直接转发、距离拖引和速度拖引等)和无源干扰(箔条云、角反射器等)，研究在带状成像信号处理中抑制干扰及在带状像上鉴别各种不同形式干扰的新理论与算法。

抗转发式干扰：转发式干扰如果与雷达回波脉冲具有同样的波形及相参特性，那么可以获得相同的信号处理增益，但是，转发式干扰只能在带状像的某个点上形成虚假的点目标干扰，与目标图像的条状特征有明显区别，采用简单的算法即可实现目标与干扰的鉴别；高重频与频率捷变结合的体制本身具备良好的抗转发式干扰能力，由于采用频率捷变技术，转发式干扰的延时回波只有在特定的脉冲重复周期内(小于一个脉冲重复周期或者为发射频点个数的整数倍相干处理时间)才能正确混频，延时不满足上述要求的回波将无法正确混频而被滤除，从而使该体制雷达具有较强的抗转发式干扰能力；即使有一部分干扰回波能够正确混频成像，仍然可以通过高重频-随机步进频雷达的高分辨性能找出舰船目标与干扰信号在二维带状像上表现出的结构差异，实现目标与干扰的鉴别。

抗应答式干扰：应答式干扰可以通过数字存储及在同一周期内进行多次应答来形成多个虚假点目标，一般来说不同应答之间的延时差大于脉冲宽度，脉冲压缩后多个虚假点目标分布在不同的距离段中，且在每个距离段中只能形成一个点目标干扰，可以采用与转发式干扰鉴别算法类似的算法实现目标与干扰的鉴别；即使延时差小于脉冲宽度，只要不同应答之间的延时差 τ 满足 $c\tau/2$ 大于目标尺寸，应答式干扰就难以模仿目标的距离像结构特征，可以采用简单的方法进行鉴别。

抗箔条干扰：一维距离像可以刻画目标的结构分布特性，具体表现为在某些强散射中心的相应位置上出现峰值，在非强散射中心的其他区域则是凹处。一般而言，舰船的强散射中心分布在舰首、舰尾、火炮和舰桥等曲面不连续处，强散射中心对应的峰值稀疏地分布在目标区域。箔条云由无数的箔条偶极子组成，与舰船目标相比，箔条云内部几乎处处都是较强的散射中心，在雷达回波上表现为目标区域的基底电平较高，所成的箔条云一维距离像散射中心比较稠密。高重频-随机步进频体制雷达采用步进频体制合成大带宽信号获得目标高分辨一维距离像，从而可以表现出舰船目标与箔条干扰在距离像稀疏性上的差异，实现目标与箔条之间的鉴别。

抗角反射体干扰：由于组合方式的多样性，抗角反射体干扰特别是抗组合式角反射体干扰是一个公认的难题，这里只讨论单角反射体的抗干扰问题。舰船目标的物理尺寸一般比较大，而单角反射器的物理尺寸一般比较小，如果雷达导引头发射信号的距离分辨力足够高，那么在高分辨距离像上可以体现出两者的差别。高重频-随机步进频体制雷达通过脉间步进跳频信号合成宽带获得高分辨距离像，为细致地刻画目标的散射结构提供了数据支撑。在这种体制下，可以通过目标高分辨距离像的长度、峰值个数等特征来实现舰船和单角反射器的鉴别。

3.2 高重频信号处理与二维带状成像

3.2.1 二维带状成像原理

高分辨一维距离像是在一帧内的 M 个跳频周期进行的，带状成像需要连续多帧的信号才能实现。因此，需要将信号模型从单帧扩展到多帧，用 l 表示帧编号，则目标的距离 R 与 l 、m 的关系为

$$\begin{aligned}R(l,m,t_m) &= R_0 + (lMT_p + mT_p + t_m)V \\ &= R(l,m) + Vt_m\end{aligned} \tag{3-2}$$

式中，$R(l,m) = R_0 + (lMT_p + mT_p)V$ 。式(2-108)所示目标回波信号可以表示为

$$\begin{aligned}r(l,m,t_m) = D\mathrm{rect}\left[\frac{t_m - 2R(l,m)/c}{\tau}\right] \\ \cdot \exp\left\{\mathrm{j}2\pi f_m\left[t_m - \frac{2R(l,m,t_m)}{c}\right] + \mathrm{j}\pi K\left[t_m - \frac{2R(l,m,t_m)}{c}\right]^2\right\}\end{aligned} \tag{3-3}$$

式(3-3)所示混频后的信号可以修正为

$$\begin{aligned}r(l,m,t_m) = D\mathrm{rect}\left[\frac{t_m - 2R(l,m)/c}{\tau}\right]\exp\left\{\mathrm{j}\pi K\left[t_m - \frac{2R(l,m,t_m)}{c}\right]^2\right\} \\ \cdot \exp\left[\mathrm{j}2\pi\left(-f_m\frac{2R_0}{c} - f_m\frac{2VmT_p}{c} - f_m\frac{2VMT_p l}{c} - f_m\frac{2Vt_m}{c}\right)\right]\end{aligned} \tag{3-4}$$

在每个脉冲周期中以 Δt 为采样间隔对式(3-4)所示信号进行采样，得到的采样信号为

$$x(l,m,n) = r(l,m,n\Delta t), \quad n = 0,1,\cdots,N-1 \tag{3-5}$$

式中，$N = T_p / \Delta t$ 为采样点数。

设通过惯性导航平台及波束控制系统得到的目标方向的径向速度为 V'，构造如下相位补偿函数：

$$C(l,m,n) = C_m(n)\exp\left(\mathrm{j}2\pi f_m\frac{2MT_pV'}{c}l\right) \tag{3-6}$$

式中，$C_m(n)$ 为式(2-115)所示的相位补偿函数(帧内相位补偿函数)。

构造如下失配滤波器函数：

$$h(l,m,n) = \exp\left[-\mathrm{j}\pi K\left(n\Delta t + \frac{2V'mT_p}{c} + \frac{2V'MT_p}{c}l\right)^2\right] \tag{3-7}$$

以 n 为自变量，利用式(3-6)所示的相位补偿函数及失配滤波函数对式 (3-5)所示信号进行运动补偿及失配滤波处理，即

$$y(l,m,n)=\mathrm{IFFT}\left\{\mathrm{FFT}[x(l,m,n)C(l,m,n)]\mathrm{FFT}[h(l,m,n)]\right\} \tag{3-8}$$

忽略与l有关的高次相位项，易得

$$y(l,m,n)\approx\exp\left(-\mathrm{j}2\pi f_0\frac{2V_cMT_p}{c}l\right)y_m(n) \tag{3-9}$$

式中，$y_m(n)$为式(3-8)所示的单帧粗分辨距离像序列。

在每帧中参照式(2-56)所示的脉间压缩方法及式(2-60)所示的片段距离像拼接方法进行高分辨成像处理，即

$$\begin{aligned}z(l,n,i)=&\sum_{m=0}^{M-1}y(l,m,n)\\&\cdot\exp\left[\mathrm{j}2\pi m\Delta f\left(n\Delta t-\frac{1}{2\Delta f}\right)\right]\exp\left(\frac{\mathrm{j}2\pi mi}{M}\right),\quad i=0,1,\cdots,M-1\end{aligned} \tag{3-10}$$

$$Z(l,i)=\sum_{n=N_0}^{N_0+N-1}z[l,n,i-n(M-i_d)],\quad i=0,1,\cdots,M[(N-1)\Delta f\Delta t+1]-1 \tag{3-11}$$

根据式(3-10)及式(3-11)易得

$$Z(l,i)\approx\exp\left(-\mathrm{j}2\pi f_0\frac{2V_cMT_p}{c}l\right)Z(i) \tag{3-12}$$

若点目标的距离为R_0，按式(3-12)得到其在全景距离像上的位置为i_0，则根据式(3-11)可知，$Z(l,i_0)$为自变量l的复数序列，其实部序列与虚部序列均为数字频率是$f_0 2V_cMT_p/c$的离散正弦信号，通过DFT处理可以估计出离散正弦信号的数字角频率，进而可以获得目标剩余速度V_c的估计值。

假设两个目标具有相同的径向距离，或出现在全景距离像上相同位置i_0，若两个目标具有不同的方位角度α，则其相对于雷达平台的速度V存在差异，而径向速度V'是根据雷达波束的中心方向估计得到的，不同目标的速度剩余量(径向速度与V'的差值)存在差异，不妨设两个目标的剩余速度分别为V_{c1}和V_{c2}，对于两个目标出现在全景距离像中相同位置i_0但剩余速度不同的情况，其合成的距离像可以表示为

$$\begin{aligned}Z(l,i_0)=&\left[u_0\exp\left(-\mathrm{j}2\pi f_0\frac{2V_{c1}MT_p}{c}l\right)+u_1\exp\left(-\mathrm{j}2\pi f_0\frac{2V_{c2}MT_p}{c}l\right)\right]\\&\cdot\frac{Z(i_0)}{u_0+u_1}\end{aligned} \tag{3-13}$$

对序列$\left\{Z(l,i_0),l=0,1,\cdots,\ L-1\right\}$做 IDFT 处理，即

$$W(k,i_0)=\sum_{l=0}^{L-1}Z(l,i_0)\exp\left(\frac{\mathrm{j}2\pi lk}{L}\right) \tag{3-14}$$

则根据 DFT 理论容易证明，两个目标出现在 IDFT 信号中的位置分别为

$$k_1=\mathrm{INT}\left[Lf_0\frac{2V_{c1}MT_p}{c}\right] \tag{3-15}$$

$$k_2=\mathrm{INT}\left[Lf_0\frac{2V_{c2}MT_p}{c}\right] \tag{3-16}$$

显然，只要$k_1\neq k_2$，则可以区分出两个不同的目标。显然，$k_1\neq k_2$要求$\left|Lf_0\frac{2V_{c1}MT_p}{c}-Lf_0\frac{2V_{c2}MT_p}{c}\right|>1$，即

$$\left|V_{c1}-V_{c2}\right|>\frac{c}{2Lf_0MT_p} \tag{3-17}$$

对所有的距离分辨单元i，按照式(3-17)作 IDFT 处理，即

$$W(k,i)=\sum_{l=0}^{L-1}Z(l,i)\exp\left(\frac{\mathrm{j}2\pi lk}{L}\right),\quad k=0,1,\cdots,L-1 \tag{3-18}$$

则可以得到距离-速度平面上的全景图像$\{W(k,i)\}$，根据 DFT 原理可知，该二维图像的距离分辨力为

$$\Delta R=\frac{c}{2M\Delta f} \tag{3-19}$$

该二维图像的速度分辨力为

$$\Delta V=\frac{c}{2Lf_0MT_p} \tag{3-20}$$

对于$k=0,1,\cdots,L-1$共L个速度分辨单元，其不模糊测速范围为

$$V_p=L\Delta V=\frac{c}{2f_0MT_p} \tag{3-21}$$

由此可知，只要运动补偿后，雷达波束照射区域的剩余速度在$\left(-\frac{c}{4f_0MT_p},\frac{c}{4f_0MT_p}\right)$范围内，照射区域在二维图像上就不会出现折叠或速度模糊。由式(3-21)可知，M越大，不模糊测速范围就越小。因此，对于调频步进雷达，M不能太大，但根据

式(3-19)，M 较小时要保持较小的 ΔR 值或保持较高的距离分辨力，则要求增大脉间跳频间隔 Δf（$\Delta f \leqslant B$），即要求尽量提高脉内调制带宽；但对于制导雷达，为保证宽带情况下和差通道一致性及降低接收机噪声系数，瞬时带宽不能太宽，B 不能太大。权衡之下，降低脉冲重复周期 T_p，保持较大的 M 值才是合理的选择。

对于弹载应用，由于受实时性限制，所允许的成像积累帧数 L 是受限的，成像区域在速度方向上的像素数 L 远小于距离方向上的像素数 $M(N-1)\Delta f\Delta t$，即速度方向的空间分辨力远低于径向距离方向的空间分辨力。正方形的成像区域在图像上变成长方形的条带，本书将这种图像称为带状像。通过上面的成像处理可知，带状成像介于多普勒波束锐化与合成孔径雷达成像之间，与多普勒波束锐化相比带状像采用了恰当的运动补偿，与合成孔径雷达相比带状像不进行包络对齐及聚焦等复杂处理，因此能实现性能与开销的合理折中。

3.2.2　物理场景到带状像平面上的映射

以弹载雷达天线中心在地平面上的投影点为坐标原点，以指向地心方向的反向为 z 轴，在包含 z 轴及弹速方向的平面中，以垂直 z 轴方向为 y 轴，x 轴垂直于 z 轴和 y 轴，且面向照射区域方向，如图 3.3 所示。假设弹速方向与 y 轴的夹角为 β_D，成像点 T 在上述坐标系中的坐标为(x_T, y_T, z_T)，H 为导弹的飞行高度，β 为目标方向的俯角(HT 与 TT' 的夹角)。T' 为成像点 T 在 z 轴方向的投影点，α 为目标方向的方位角(TT' 与 y 轴的夹角)。定义上述坐标系的好处在于：可以直接建立 y_T 与目标径向速度及径向距离之间的关系，便于实现图像平面到物理场景的映射及重构。通过图 3.3 可得成像点的径向距离及径向速度分别为

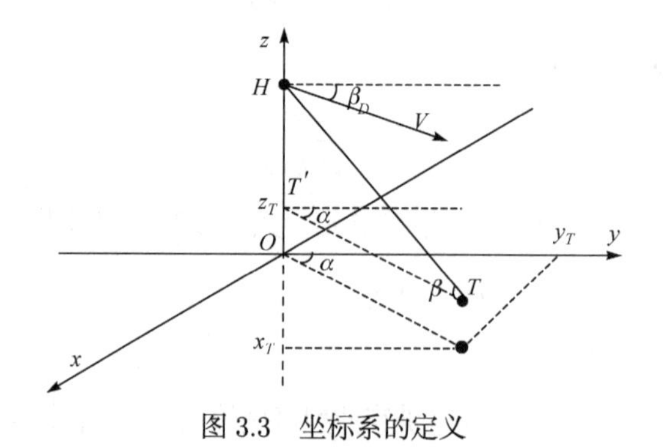

图 3.3　坐标系的定义

$$R_T = \sqrt{x_T^2 + y_T^2 + \left(H - z_T\right)^2} \tag{3-22}$$

$$V_T = V\cos\beta_D\cos\alpha\cos\beta \tag{3-23}$$

由图 3.3 容易证明：

$$\cos\alpha\cos\beta = \frac{y_T}{R_T} \tag{3-24}$$

则有

$$V_T = V\cos\beta_D\frac{y_T}{R_T} \tag{3-25}$$

若在带状像$\{W(k,i)\}$中某成像点的位置为(k_T, i_T)，则可得带状成像点的径向距离和径向速度值分别为

$$R_T = i_T\frac{c}{2M\Delta f} \tag{3-26}$$

$$V_T = \begin{cases} (k_T - L)\dfrac{c}{2f_0LMT_p}, & L > k_T \geqslant \dfrac{L}{2} \\ k_T\dfrac{c}{2f_0LMT_p}, & 0 \leqslant k_T < \dfrac{L}{2} \end{cases} \tag{3-27}$$

假设目标方向(波束中心方向)处的径向速度估计值为V'，则有

$$\sqrt{x_T^2 + y_T^2 + \left(H - z_T\right)^2} = i_T\frac{c}{2M\Delta f} \tag{3-28}$$

$$V\cos\beta_D y_T = \begin{cases} i_T\dfrac{c}{2M\Delta f}V' + (k_T - L)\dfrac{c}{2f_0LMT_p}, & L > k_T \geqslant \dfrac{L}{2} \\ i_T\dfrac{c}{2M\Delta f}V' + k_T\dfrac{c}{2f_0LMT_p}, & 0 \leqslant k_T < \dfrac{L}{2} \end{cases} \tag{3-29}$$

式(3-28)和式(3-29)即为三维物理场景(x_T, y_T, z_T)与二维带状像平面(k_T, i_T)的映射关系。在目标识别等许多应用中，需要建立这样的关系。

1. 平面场景的映射关系

假设成像的场景区域为平面或近似为平面，即成像区域中所有成像点具有相同的高度坐标z_T，则可以采用波束中心处成像点的高度值作为区域中所有点的高度值。根据前面分析可知，运动补偿是针对波束中心补偿的，波束中心处的速度剩余量为$V_c = 0$，因此可以在二维带状像$k_T = 0$的直线上进行搜索，以地面杂波或者海面杂波区域中心处的距离值R^*为波束中心方向的距离估计，则有

$$H - z_T = R^* \sin \beta_0 \tag{3-30}$$

式中，β_0 为波束中心方向的俯仰角(可以通过波束控制系统获取)。

进一步假设波束中心方位角的绝对值大于波束宽度的 1/2，则雷达波束照射区域全部位于飞行方向的一侧，此时，所有成像点的 x_T 均为正或者为负。显然，若由式(3-30)可知 $H - z_T$，由式(3-29)可知 y_T，则可以根据式(3-28)唯一地确定 x_T 的值。

综上所述,若成像区域为平面场景且雷达波束中心方向方位角的绝对值大于1/2波束宽度，则物理场景与带状像的映射关系为单映射关系，根据式(3-28)～式(3-30)可以得到物理场景中的平面图像 $\left\{W(k_T, i_T)\right\}$。

需要指出的是，根据式(3-30)求得的相对高度估计值 $H - z_T$ 可能存在误差，设误差为 Δh，成像点的真实 x 坐标为 x_T，估计出的坐标值为 x'_T，则有

$$\begin{aligned} x'_T &= \sqrt{R_T^2 - y_T^2 - (H - z_T + \Delta h)^2} \\ &\approx \sqrt{R_T^2 - y_T^2 - (H - z_T)^2}\left[1 - \frac{(H - z_T)\Delta h}{R_T^2 - y_T^2 - (H - z_T)^2}\right] \\ &= x_T - \frac{(H - z_T)\Delta h}{x_T} \end{aligned} \tag{3-31}$$

此时 x_T 的估计误差为

$$\Delta x = x_T - x'_T = \frac{(H - z_T)\Delta h}{x_T} \tag{3-32}$$

式(3-31)表明，从带状像平面映射到物理场景时，映射关系与 x_T 成反比(近端大，远端小)，当然，只要雷达成像时有足够的方位角 α，成像区域就具有足够大的 x_T 值。由于制导雷达的波束宽度较窄，成像区域 x_T 值的误差 Δx 相对于 x_T 值本身，为一个常值或近似为一个常值，因此该项误差为一个系统误差，造成局部图像的整体偏移，不至于导致图像的严重失真。

2. 三维物理场景中的映射关系

若成像的场景区域不是平面区域，或因为高程差太大不能近似为平面区域，则各成像点的 z 坐标不同，严格来讲，不能根据式(3-31)建立从带状像到三维立体空间的映射关系，一般按照平面假设理论采用前面提出的方法进行映射，映射后，目标图像 $\{W(x_T, y_T)\}$ 与真实三维目标在 (x, y) 平面上的光学投影图像在形状和结

构上会存在一定的差异，只要这种差异不影响目标特征的提取和识别，就是允许存在的。

从实际的三维物理场景到带状像平面的映射中，存在叠影现象。显然，根据式(3-31)，如果三维物理场景中的两个点(x_1,y_1,z_1)、(x_2,y_2,z_2)满足$y_1=y_2$和$x_1^2+(H-z_1)^2=x_2^2-(H-z_2)^2$，那么它们的图像将重叠出现在带状像上相同的位置。

对于场景中舰船、装甲等重要的军事目标，目标散射中心一般非连续地分布于目标的尖端、边缘、连接处等部分，各散射中心之间的重叠只以一定的概率出现，带状像的分辨力越高，则出现叠影的概率就越小。

对于制导雷达，可以利用其单脉冲测角系统来改善成像性能。借助单脉冲测角系统，在假设某成像点不是叠影点的情况下，可以利用该成像点的方位角、俯仰角信息实现从带状像平面到三维物理场景的映射。

设单脉冲制导雷达和通道的带状像为$\{W_\Sigma(k,i)\}$，方位差通道和俯仰差通道的带状像分别为$\{W_\alpha(k,i)\}$和$\{W_\beta(k,i)\}$，以上图像均为二维复值图像，以比幅单脉冲测角系统为例，目标方向相对于波束中心方向的方位误差角和俯仰误差角分别为

$$\Delta\alpha_T=\frac{\mathrm{Re}\left[W_\Sigma(k_T,i_T)W_\alpha(k_T,i_T)\right]}{\left|W_\Sigma(k_T,i_T)\right|^2}\nu_\alpha \tag{3-33}$$

$$\Delta\beta_T=\frac{\mathrm{Re}\left[W_\Sigma(k_T,i_T)W_\beta(k_T,i_T)\right]}{\left|W_\Sigma(k_T,i_T)\right|^2}\nu_\beta \tag{3-34}$$

式中，ν_α、ν_β分别为单脉冲测角系统在方位方向及俯仰方向的测角灵敏度；$\mathrm{Re}[\cdot]$表示复数的取实部运算。若已知波束中心方向的方位角α_0、俯仰角β_0，则可得成像点(k_T,i_T)的方位角、俯仰角分别为

$$\alpha_T=\alpha_0+\Delta\alpha_T \tag{3-35}$$

$$\beta_T=\beta_0+\Delta\beta_T \tag{3-36}$$

根据图3.3给出的直角坐标系与角度坐标(α,β)的关系，可得

$$\frac{x_T}{\sqrt{x_T^2+y_T^2}}=\cos\alpha_T \tag{3-37}$$

$$\frac{\sqrt{x_T^2+y_T^2}}{R_T}=\frac{\sqrt{x_T^2+y_T^2}}{i_Tc\,/\,(2M\Delta f)}=\cos\beta_T \tag{3-38}$$

根据式(3-29)可以求得y_T的估计值，此时，方程组(3-37)和(3-38)是冗余的(两个方程，一个未知数x_T)，可以采用最小二乘原理求得x_T的估计。x_T满足：

$$\left(\frac{x_T}{\sqrt{x_T^2+y_T^2}}-\cos\alpha_T\right)^2+\left(\sqrt{x_T^2+y_T^2}-R_T\cos\beta_T\right)^2\to\min \tag{3-39}$$

式(3-39)中的最优化问题(非线性最优化问题)可以根据式(3-37)和式(3-38)求出单独解，然后在其附近进行搜索来实现。求出x_T后，相对高度z_T'可以按式(3-40)求得：

$$z_T'=H-z_T=\sqrt{R_T^2-x_T^2-y_T^2} \tag{3-40}$$

在导弹本身高度H未知的情况下只能求出相对高度z_T'，并不影响目标高度方向上的相对位置关系。

若(k_T,i_T)为重叠点，则根据式(3-33)和式(3-34)求出的误差角度是两个叠影点误差角度的合成，不能反映其中任意一个散射点的误差角度，此时按式(3-34)求得的x_T值不是其中任意一个散射点的x坐标值。

综上所述，本书所提出的基于单脉冲雷达和差通道带状像的物理重构(根据目标各散射点在图像上的分布估计目标各散射点的三维分布)方法可以对图像中的非叠影点进行三维重构，叠影的判断及存在叠影情况下的物理重构方法还有待进一步研究。

3. 三维物理重构的线性近似解

显然，根据式(3-28)、式(3-29)、式(3-37)和式(3-38)求解(x_T,y_T,z_T)牵涉到非线性方程组的最小二乘解问题，需要采用搜索或迭代法才能求出精确解，算法比较耗时。实际上，若只对局部区域进行三维重构，则可用泰勒级数展开的一阶近似方法，将非线性方程组的求解问题转化为线性方程组的求解问题。

对于小范围目标区域的三维重构，设目标区域的径向距离平均值为R_0，方位角及俯仰角的平均值为α_0、β_0，则可求得目标区域中心的坐标为

$$x_p=R_0\cos\beta_0\sin\alpha_0 \tag{3-41}$$

$$y_p=R_0\cos\beta_0\cos\alpha_0 \tag{3-42}$$

$$z_p'=R_0\sin\beta_0 \tag{3-43}$$

定义$z'_T = H - z_T$，$\Delta x_T = x_T - x_p$，$\Delta y_T = y_T - y_p$，$\Delta z_T = z_T - z_p$，则式(3-41)～式(3-43)在(x_p, y_p, z'_p)附近进行泰勒级数展开及一阶近似后可表示为

$$R_p + \frac{\Delta x_T x_p}{R_p} + \frac{\Delta y_T y_p}{R_p} + \frac{\Delta z_T z_p}{R_p} = i_T \frac{c}{2M\Delta f} \tag{3-44}$$

式中，$R_p = \sqrt{x_p^2 + y_p^2 + z_p'^2}$。式(3-38)本身已经为线性方程。式(3-37)可以表示为

$$x_T - \cos\alpha_T \sqrt{x_T^2 + y_T^2} = 0 \tag{3-45}$$

式(3-45)经泰勒级数展开及一阶近似后表示为

$$x_p + \left(1 - \frac{\cos\alpha_T x_p}{\sqrt{x_p^2 + y_p^2}}\right)\Delta x_T - \frac{\cos\alpha_T y_p}{\sqrt{x_p^2 + y_p^2}}\Delta y_T - \cos\alpha_T \sqrt{x_p^2 + y_p^2} = 0 \tag{3-46}$$

同理，式(3-38)可以表示为

$$\sqrt{x_p^2 + y_p^2} + \frac{x_p \Delta x_T}{\sqrt{x_p^2 + y_p^2}} + \frac{y_p \Delta y_T}{\sqrt{x_p^2 + y_p^2}} = i_T \frac{c}{2M\Delta f}\cos\beta_T \tag{3-47}$$

记$R_{p1} = \sqrt{x_p^2 + y_p^2}$，$R_T = i_T \dfrac{c}{2M\Delta f}$(成像点的径向距离测量值)，$V_T$满足

$$V_T = \begin{cases} V' + k_T \dfrac{c}{2f_0 LMT_p}, & 0 \leqslant k < \dfrac{L}{2} \\ V' + \left(k_T - \dfrac{L}{2}\right)\dfrac{c}{2f_0 LMT_p}, & \dfrac{L}{2} \leqslant k < L \end{cases}$$

定义如下4×3的矩阵：

$$I = \begin{bmatrix} \dfrac{x_p}{R_p} & \dfrac{y_p}{R_p} & \dfrac{z_p}{R_p} \\ 0 & 1 & 0 \\ 1 - \dfrac{\cos\alpha_T x_p}{R_{p1}} & -\dfrac{\cos\alpha_T y_p}{R_{p1}} & 0 \\ \dfrac{x_p}{R_{p1}} & \dfrac{y_p}{R_{p1}} & 0 \end{bmatrix} \tag{3-48}$$

定义如下四维列矢量：

$$U = [R_T - R_p \quad R_T V_T / (V\cos\beta_D) \quad \cos\alpha_T R_{p1} - x_p \quad R_T \cos\beta_T - R_{p1}]^{\mathrm{T}} \tag{3-49}$$

则式(3-29)、式(3-45)～式(3-47)所示的线性方程组可以用矩阵形式表示为

$$I\begin{bmatrix}\Delta x_T\\ \Delta y_T\\ \Delta z_T\end{bmatrix}=U \tag{3-50}$$

上述线性方程组(4 个方程、3 个未知数)的最小二乘解为

$$\begin{bmatrix}\Delta x_T\\ \Delta y_T\\ \Delta z_T\end{bmatrix}=(I^*I)^{-1}I^*U \tag{3-51}$$

式中，“*”表示矩阵的转置。

对于带状像中感兴趣的目标区域局部范围的任一像素点(k_T,i_T)，可以按照式(3-51)求得该像素点在实际物理场景中相对于该局部区域内的参考点(x_p,y_p,z'_p)的偏移值$(\Delta x_T,\Delta y_T,\Delta z_T)$，则该像素点在物理场景中的三维坐标值为$(x_T,y_T,z'_T)=(x_p+\Delta x_T,y_p+\Delta y_T,z'_p+\Delta z_T)$。

3.2.3 单个平面扩展目标的仿真

在仿真实验中，为了避免叠影，采用模拟的平面目标，所有点的 z 坐标值为零，仿真得到它的带状像。如图 3.3 所示，采用 xOy 平面上的静止椭圆，其中心与波束照射区域的中心重合，记从 x 轴到椭圆目标长轴的角度为θ_T，逆时针方向为正，同时假定 S 个散射点皆在椭圆上。

在仿真过程中，椭圆目标是静止的，导弹相对波束照射区域中心的径向距离为 28000m，飞行高度为 500m，飞行速度为 1000m/s，波束指向的方位角为 30°(y 轴顺时针到中心波束方向在 xOy 平面投影的角度)，波束的俯仰角为 asin(5 / 280)，导弹平飞，$\beta_D=0°$；假定椭圆目标的长轴 a=150m，短轴 b=15m，那么θ_T分别取 0°、30°、90°和 120°时，平面扩展目标的散射点模型和带状像分别如图 3.4～图 3.7 所示。

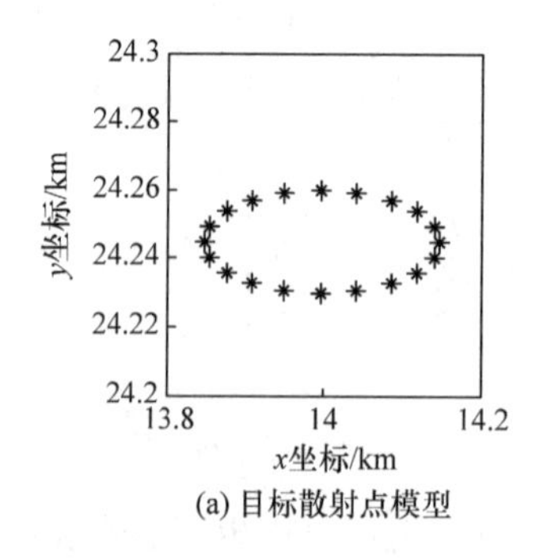

(a) 目标散射点模型

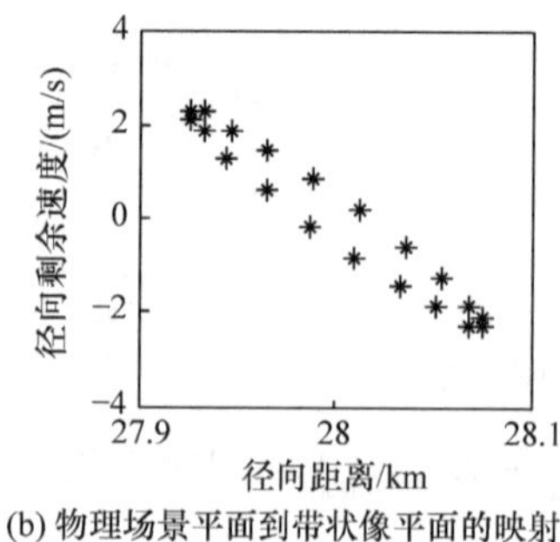

(b) 物理场景平面到带状像平面的映射

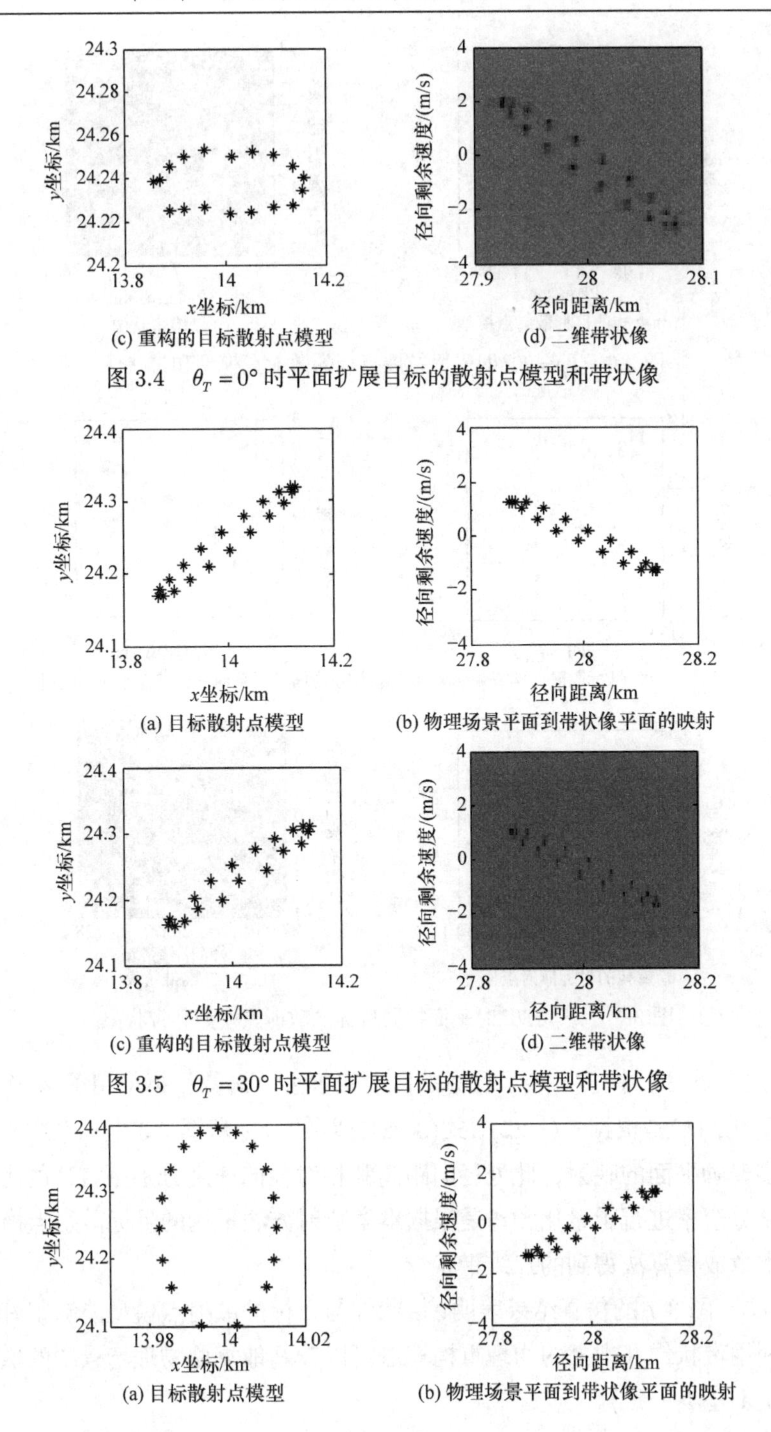

图 3.4　$\theta_T = 0°$ 时平面扩展目标的散射点模型和带状像

图 3.5　$\theta_T = 30°$ 时平面扩展目标的散射点模型和带状像

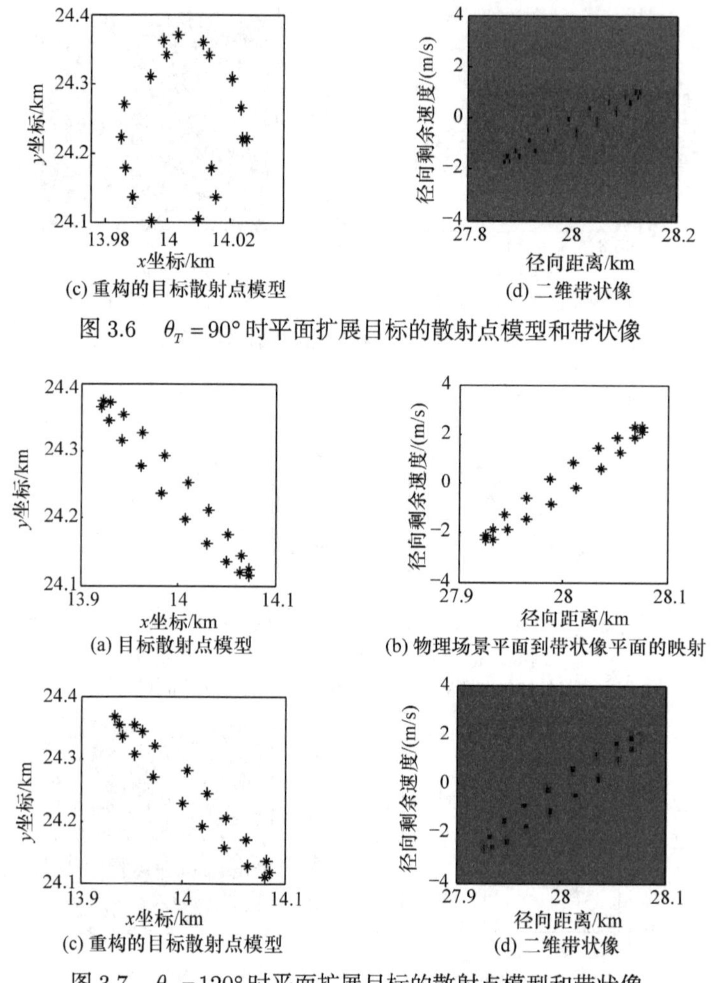

(c) 重构的目标散射点模型　　(d) 二维带状像

图 3.6　$\theta_T=90°$ 时平面扩展目标的散射点模型和带状像

(a) 目标散射点模型　　(b) 物理场景平面到带状像平面的映射

(c) 重构的目标散射点模型　　(d) 二维带状像

图 3.7　$\theta_T=120°$ 时平面扩展目标的散射点模型和带状像

图 3.5～图 3.7 中，(a)表示目标的散射点模型，椭圆目标采用了 20 个散射点的结构模型；(b)是根据式(3-22)、式(3-25)计算的目标从图 3.3 坐标系中坐标位置到距离多普勒平面的映射，此处径向距离和相对径向速度分别用雷达的距离分辨率和速度分辨率进行了量化；(c)是根据本章映射方法重构的目标散射点模型；(d)是通过本章成像算法得到的二维带状像。

图 3.5～图 3.7 的仿真结果表明，带状像与目标的散射点模型能够很好地对应起来，利用带状像和本书的物理重构算法可以较好地复原物理场景中的散射点分布((d)与(a)基本一致)。

3.2.4　多个平面扩展目标的仿真

下面通过仿真来考察两个扩展目标的带状像。依然采用椭圆作为扩展目标的散射点模型，x 轴与波束中心线方向在 xOy 平面投影的夹角 $\alpha = 60°$ (侧视)，$\theta_T = 330°$，其他参数设置同前面。

(1) 两个目标的质心与波束中心重合，径向距离相差 16m，带状像如图 3.8 所示。

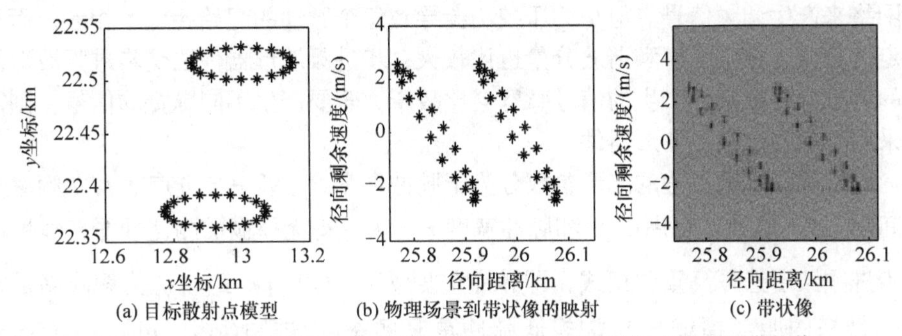

(a) 目标散射点模型　(b) 物理场景到带状像的映射　(c) 带状像

图 3.8　径向距离相差 16m 的两个平面扩展目标的散射点模型和带状像

可以看出，径向距离相差 16m 的两个平面扩展目标通过带状像分开了。

(2) 两个目标位于中心波束的同一侧，横向距离相差 16m，带状像如图 3.9 所示。

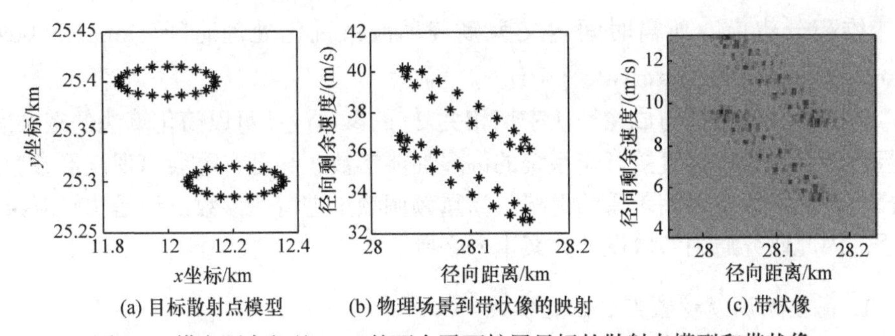

(a) 目标散射点模型　(b) 物理场景到带状像的映射　(c) 带状像

图 3.9　横向距离相差 16m 的两个平面扩展目标的散射点模型和带状像

通过图 3.9 可以看出，横向距离相差 16m 的两个平面扩展目标，在距离维完全重叠，对于只有一维分辨力距离像来说，是无法区分的，但带状像具有二维的分辨能力，通过其横向分辨力，这两个扩展目标得以分辨，从图 3.9(c)的带状像中可以清楚地看到两个椭圆。

3.3　参数设计与仿真结果

3.3.1　波形参数设计

生成线性调频信号主要有两种方法：模拟法和数字法。模拟法通常通过线性锯齿压控振荡器来产生线性调频信号或者利用步进频波形(声表面波)器件作为展宽网络来产生调频信号。但是，压控法会导致每个脉冲的起始相位不相参，而且稳定性较差，相位噪声和谐波分量也比较大；步进频波形器件法受步进频波形器件的物理尺寸限制，产生的信号脉宽会比较窄，若要产生不同脉宽的信号，则需要采用不同的步进频波形器件。

线性调频步进雷达的波形参数分为子脉冲带宽 B 、频率步进点数 M 、频率步进间隔 Δf 、脉冲重复周期 T_p 和脉冲宽度 τ 。为获得无模糊的测速性能，线性调频步进频波形选择高重频模式，即脉冲重复频率 $c/(2f_r) < R_{\max}$ 。为解决高重频模式带来的距离模糊，与常规低脉冲重复频率-步进频(low pulse repetition frequency-stepped frequency，LPRF-SF)雷达接收机相比，高重频调频步进雷达接收机增加了如下特殊参数：接收处理通道个数 I 、中频带通滤波器通带宽度 B_I 。定义高重频调频步进雷达合成高分辨一维距离像的周期为相干处理时间，在此基础上，通过对距离像进行 L 个高分辨距离像的多普勒波束锐化处理，形成距离-多普勒二维高分辨像，所需时间定义为多普勒波束锐化处理时间(Doppler beam sharping processing interval，DPI)。

这些参数的选择与成像算法密切相关。好的参数设计可以简化算法的复杂度，并且波形参数设计会直接影响系统的许多性能参数，甚至有时会出现波形参数的选择与性能参数要求相矛盾的情况。高重频调频步进雷达参数设计是比较复杂的过程，因此研究通用参数设计方案十分必要。

1. 高重频调频步进雷达性能参数

1) 相参处理增益 G_{cpi} 和处理总增益 G_{dpi}

线性调频信号的脉冲压缩处理增益为 $10\lg D(D = B\tau)$ ，步进频信号 IDFT 处理后信噪比增益为 $10\lg M$ ，故调频步进信号高分辨成像带来的信噪比增益为

$$G_{\text{cpi}} = 10\lg(MD) \tag{3-52}$$

距离-多普勒二维像还要对高分辨一维距离像进行多帧积累，设积累帧数为 L ，运动补偿后，一个散射点的信噪比总增益为

$$G_{\mathrm{dpi}} = 10\lg(LMD) \tag{3-53}$$

可见，高重频调频步进雷达波形的信噪比增益依赖于调频步进信号的时宽带宽积 D 、步进频个数 M 及多普勒相干处理时间及积累帧数 L，积累中利用的脉冲个数越多，获得的增益越大。但在具体应用中，需考虑目标在雷达照射波束内的停留时间、雷达系统回波实时信号处理的要求及距离-多普勒耦合的大小，脉冲总数不能取得太大，因此要合理设计二维成像周期内的脉冲个数。

2) 距离分辨力 Δr

高重频调频步进雷达信号通过线性调频获得大的脉内带宽，并通过载频在脉冲到脉冲之间的变化，获得大的等效调频总带宽 $\Omega = M\Delta f$ 。由带宽与距离分辨力的关系可知

$$\Delta r = \frac{c}{2\Omega} = \frac{c}{2M\Delta f} \tag{3-54}$$

雷达系统设计应根据被探测目标的散射中心分布特性及雷达系统对抗杂波的要求先确定雷达系统的距离分辨力，再根据式(3-54)确定雷达波形的等效调频带宽 Ω 。

Δr 确定之后，对于平台或目标运动速度较快的应用场合，目标回波的运动补偿要求也随之确定。一般地，在总的相干处理时间内，目标的相对径向运动不超过 1/2 个距离单元，即

$$v_{\max} = \frac{\Delta r}{2\mathrm{DPI}} = \frac{c}{4LM^2T_p\Delta f} \tag{3-55}$$

当目标相对径向运动速度 v 大于 $v_{\max}$ 时，就需要进行运动补偿了。

3) 目标运动引起的高分辨距离像峰值发散因子 α_P

步进频波形是一种脉间离散化的线性调频信号，它也具有线性调频信号的距离-多普勒耦合现象，造成高分辨距离像峰值的衰减、发散和时移。发散因子 α_P 定义为相干处理时间内移动的分辨率单元数：

$$\begin{aligned} P &= \frac{vMT_p}{\Delta r} \\ \Rightarrow \alpha_P &= \frac{MT_p}{\Delta r} \end{aligned} \tag{3-56}$$

峰值发散会导致雷达系统的距离分辨力下降和信噪比减小。式(3-56)表明，设计时可以减小频率步进点数 M 和增加脉冲重复频率 f_r 来降低 P 值。

4) 目标运动引起的高分辨距离像峰值时移因子 α_S

时移因子是目标存在径向运动时，高分辨距离像在最大不模糊距离窗内平移的距离分辨单元个数，对于高重频调频步进雷达有

$$\begin{aligned} S &= Mf_d T_p + \frac{M\Delta f f_d}{K} \\ \Rightarrow \alpha_S &= \frac{2M}{\lambda}\left(T_p + \frac{\Delta f}{K}\right) \end{aligned} \tag{3-57}$$

式中，f_d 为目标多普勒频移；λ 为雷达发射电磁波的波长。如果时移因子超过最大不模糊距离窗的距离分辨单元个数 M，那么高分辨距离像会出现折叠现象，从而导致栅瓣出现。在设计参数时，应采取减小波形中脉冲个数 M 和增加脉冲重复频率 f_r 的方法避免距离像折叠。

5) 速度估计误差容限 v_{error}、速度分辨力 Δv 和不模糊测速范围 v_{domain}

目标的相对径向运动速度会因为线性调频步进频雷达的距离-多普勒耦合效应而等效为距离像的循环移位，其等效的移位距离为

$$\delta R = \frac{f_0 v \tau}{B} + \frac{f_0 T_p}{\Delta f} v \overset{\text{def}}{=} (\alpha_{\text{LFM}} + \alpha_{\text{SF}}) v \tag{3-58}$$

式中，α_{LFM}、α_{SF} 为距离-速度耦合系数。为了避免高分辨距离像的折叠影响一维距离像的拼接，目标的相对径向运动所等效的距离应小于跳频间隔等效的测量距离的一半，如图 3.10 所示。

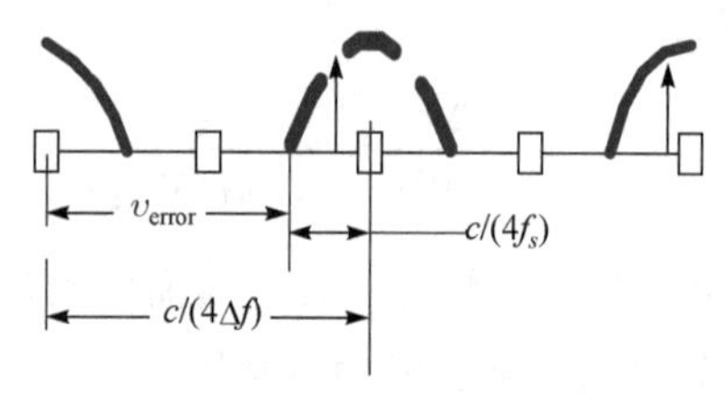

图 3.10　目标运动的情况下距离像的循环移位

由图 3.10 可知：

$$\begin{aligned} (\alpha_{\text{LFM}} + \alpha_{\text{SF}}) v &\leqslant \frac{1}{2}\left(\frac{c}{2\Delta f} - \frac{c}{2f_s}\right) \\ \Rightarrow v &\leqslant \frac{cB(f_s - \Delta f)}{4(f_0 \tau \Delta f + f_0 T_p B) f_s} \\ \Rightarrow v_{\text{error}} &\overset{\text{def}}{=} \frac{cB(f_s - \Delta f)}{4(f_0 \tau \Delta f + f_0 T_p B) f_s} \end{aligned} \tag{3-59}$$

式(3-59)给出了速度估计误差容限 v_{error} 的定义，其表明在目标相对径向运动速度低于该容限时，距离像的拼接不会导致错误。若在式(3-59)的基础上计入发散因子的影响，则速度估计误差容限变为

$$v_{\text{error}} = \frac{cB(f_s - \Delta f)}{4(f_0\tau\Delta f + f_0 T_p B + M T_p B \Delta f) f_s} \tag{3-60}$$

当目标的径向运动速度大于速度估计误差容限时，需要进行运动补偿。由式(3-4)和式(3-9)可知，运动补偿的精度要满足：

$$v_{\text{com,error}} \leqslant \min(v_{\max}, v_{\text{error}}) \tag{3-61}$$

高重频调频步进雷达通过对高分辨一维距离像进行多普勒处理，获得距离-多普勒数据矩阵，具备距离-多普勒二维分辨能力，其中速度分辨力为 $\lambda/(2\text{DPI})$。相应地，在距离-多普勒平面上的不模糊测速范围为

$$v_{\text{domain}} = \frac{\lambda}{2\text{CPI}} \tag{3-62}$$

在特定的系统参数设计下，可能会出现不模糊测速范围小于运动补偿精度要求的情况，这时如果运动补偿的精度高于不模糊测速范围是有利的，即使这一点得不到满足也不会有重要影响，那么对于给定的目标，其各个散射点的相对径向运动速度之差处于不模糊测速范围内，就不会导致目标的距离-多普勒二维像在多普勒维出现混叠。

6) 最大不模糊距离窗 R_{m1}、目标不模糊距离 R_{m2}、雷达跟踪距离范围 $R'_{\max}$ 和雷达截获距离范围 $R_{\max}$。

高分辨距离像最大不模糊距离窗 R_{m1} 取决于频率步进间隔 Δf，具体表示为

$$R_{m1} = \frac{c}{2\Delta f} \tag{3-63}$$

目标不模糊距离 R_{m2} 取决于脉冲重复频率 f_r，具体表示为

$$R_{m2} = \frac{c}{2f_r} \tag{3-64}$$

在跟踪状态下，雷达只有一个接收处理通道，其覆盖距离的中心位置可通过改变频综信号延迟量 t_d 来移动，覆盖的距离范围 $R'_{\max}$ 取决于中频带通滤波器通带宽度 B_I 及目标不模糊距离 R_{m2}，具体表示为

$$R'_{\max} = \left\lceil \frac{B_I}{\Delta f} \right\rceil R_{m2} = Q\frac{c}{2f_r} \tag{3-65}$$

式中，$\lceil\cdot\rceil$ 表示向上取整运算。对回波进行匹配滤波时，滤波器通带宽度取为 $B_I = B$，此时有

$$R'_{\max} = \left|\frac{B}{\Delta f}\right| R_{m2} = Q\frac{c}{2f_r} \tag{3-66}$$

在保证接收机检测到信号的条件下，雷达截获距离范围 $R_{\max}$ 取决于单个接收处理通道覆盖距离的长度 $R'_{\max}$ 及通道个数 I：

$$R_{\max} = IR'_{\max} = IQ\frac{c}{2f_r} \tag{3-67}$$

显然，在 T_p 确定(即最大距离波门范围已经确定)的情况下，要求截获的距离范围越大，需要的通道个数就越多。根据上述分析，本书提出了一种基于和差通道复用的参数设计方案。考虑到在跟踪状态下需要进行单脉冲测角，此时需要有和通道、方位差通道和俯仰差通道，而在截获状态下不需要测量目标的角度误差信息，在权衡接收机的生产成本和截获距离范围的情况下，可以考虑取通道个数 $I=3$，即对方位差通道、俯仰差通道进行复用。需要指出的是，这里的差通道复用不包括天线端，只是将天线的和通道信号分别送入和通道、方位差通道、俯仰差通道进行混频和滤波处理，不同通道采用不同的本振频率，选通不同的距离段回波。设某通道在某个周期的等效本振频率与发射信号载频相差 $k_d\Delta f$，若采用等效的正交相参中频处理，则该通道所选通的距离段为 $[ck_dT_p/2, ck_dT_p/2 + cT_p/2]$，高重频情况下，可以通过直接数字频率合成技术使调频步进脉冲信号(发射信号)的初始相位与单频本振信号的初始相位在每个周期中为相同的常数，此时不会改变接收信号的相参性。

7) 相干处理时间、多普勒波束锐化处理时间

相干处理时间是频率步进个数 M 与脉冲重复周期 T_p 的乘积，其表达式为

$$\mathrm{CPI} = MT_p \tag{3-68}$$

多普勒波束锐化处理时间则可以表示为

$$\mathrm{DPI} = L\cdot\mathrm{CPI} = LMT_p \tag{3-69}$$

为了有效地获得一串目标回波，多普勒波束锐化处理时间必须小于目标在波束内的驻留时间。因此，高重频调频步进雷达波形中帧数 L 的选择需要考虑雷达波束宽度及波束扫描频率等因素的影响。

总结以上分析，图 3.11 给出了高重频调频步进雷达波形参数与性能参数之间的关系。

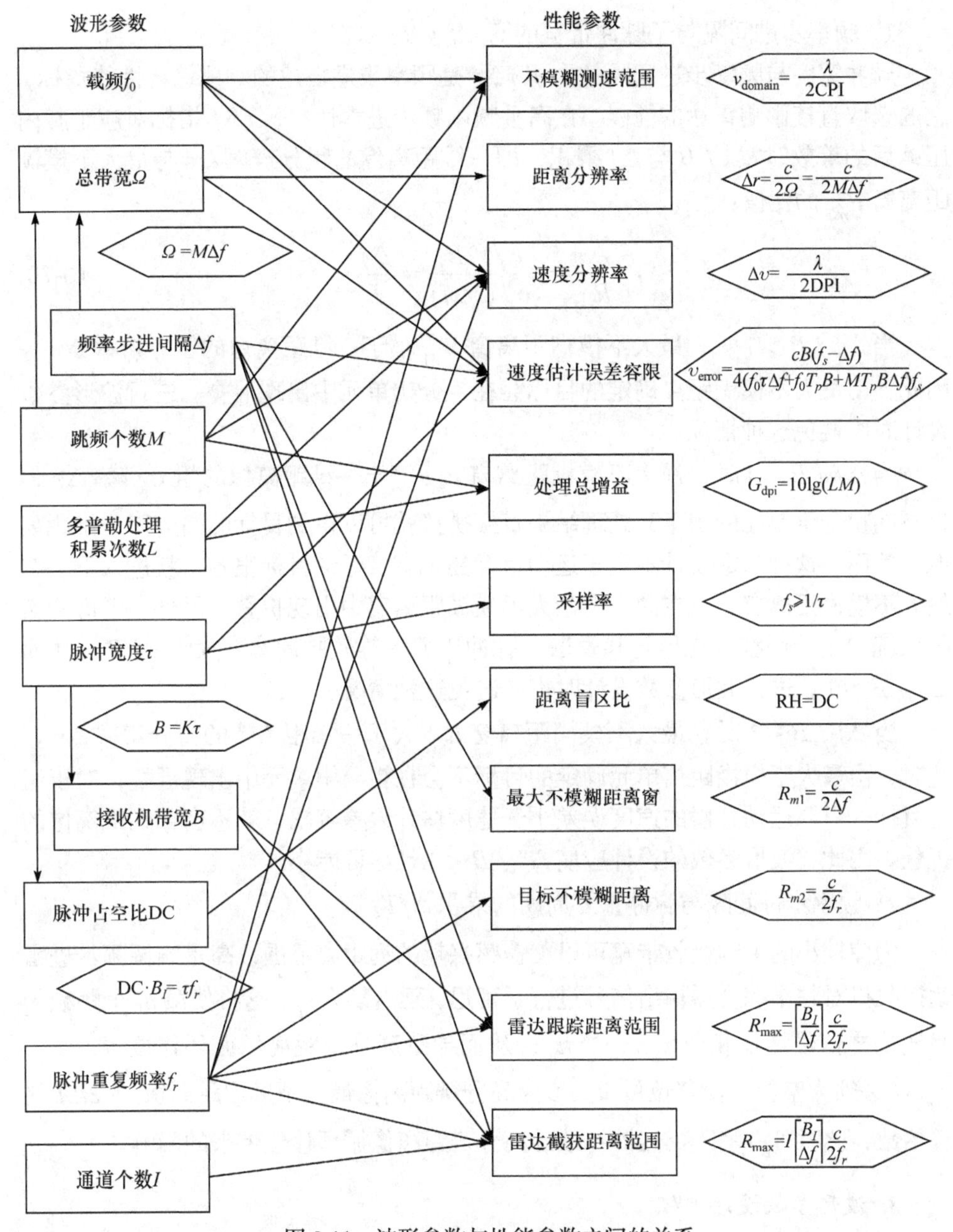

图 3.11　波形参数与性能参数之间的关系

RH 为距离盲区比；DC 为占空比

2. 波形参数设计的约束条件

为了满足技术指标要求,波形参数与技术指标之间需要满足一定的函数关系。

1) 频率步进间隔与子脉冲带宽的商 $\Delta f / B$

脉冲宽度与频率步进间隔的乘积 $\tau\Delta f$ 是频率步进雷达的一项综合性能指标，它的选取直接影响雷达的性能。在高重频调频步进雷达中，$\tau\Delta f$ 指标对应于脉内压缩后的等效时宽 $1/B$ 与 Δf 乘积，即一维距离像的粗分辨率 Δr 与最大不模糊距离窗 R_{m1} 的比值：

$$\frac{\Delta r}{R_{m1}} = \frac{c/(2B)}{c/(2\Delta f)} = \frac{\Delta f}{B} \tag{3-70}$$

当 $\Delta f / B > 1$ 时，最大不模糊距离窗 R_{m1} 小于一维距离像的粗分辨率 Δr 。因此，由最大不模糊距离确定的目标会在粗分辨单元中出现混叠。进行波形参数设计时应避免这种情况。

当 $\Delta f / B = 1$ 时，最大不模糊距离窗 R_{m1} 等于一维距离像的粗分辨率 Δr ，将不同粗分辨单元的 IFFT 处理结果直接拼接就可以得到目标的高分辨一维距离像。然而，这种参数设计不利于运动目标的观察，运动目标很容易就进入下一个最大不模糊距离窗，或在同一个最大不模糊距离窗中出现折叠。另外，考虑到实际系统中由于回波存在展宽和发散，脉冲压缩后等效脉冲宽度大于 $1/B$ ，从而 $\Delta f / B > 1$ ，进行波形参数设计时也应避免这种情况。

当 $\Delta f / B < 1$ 时，最大不模糊距离窗 R_{m1} 大于一维距离像的粗分辨率 Δr ，此时，由最大不模糊距离单元确定的目标不会在粗分辨单元中出现混叠，对于运动目标，只要运动补偿的速度误差小于速度估计误差容限，就不会存在距离像的折叠。因此，波形参数的设计应使 $\Delta f / B < 1$ 且尽可能小。

2) 频率步进间隔与脉冲重复周期的乘积 $\Delta f T_p$

为使较小的中频接收带宽可以覆盖感兴趣的远距离范围，高重频调频步进雷达接收机对频率综合器输出信号进行了延迟，延迟量为 t_d ，这将使第 m 个跳频的回波采样信号增加相位项 $2\pi m\Delta f t_d$ ，从而导致高分辨距离像循环移位 $ct_d/2$ 。$T_p\Delta f$ 必须为整数，使移位量 $ct_d/2$ 为高分辨距离像最大不模糊距离窗 $c/2\Delta f$ 的整倍数，此时可以消除延迟器导致的高分辨距离像循环移位带来的影响。

3. 波形参数设计流程

由前面分析可知，波形参数决定雷达的性能，合理地设计波形参数可以更好地发挥高重频调频步进雷达的性能。当波形参数的选择与雷达系统性能参数矛盾时，需根据雷达的战术性能要求，对波形中某些重要参数进行优先考虑，高重频调频步进雷达波形参数设计的具体步骤如下。

1) 选择脉冲重复频率 f_r

高重频频率步进雷达需要在杂波背景中检测、跟踪和识别目标，因而波形参数设计的目标要求：对于慢速扩展目标，跟踪波门应足够大；针对慢速目标，雷达应具有无模糊的测速性能。因此，需要根据式(3-56)～式(3-65)折中选择脉冲重复频率 f_r。

2) 选择跳频间隔 Δf

跳频间隔是决定速度估计误差容限的重要参数，而速度估计误差容限对高分辨一维距离像的拼接有重要意义；高分辨一维距离像的最大不模糊距离窗 R_{m1}、距离分辨力 Δr 同样取决于跳频间隔 Δf。此外，高重频调频步进雷达要求 $\Delta f / B < 1$、$\Delta f T_p$ 为整数，故 Δf 的选择也应满足这些特殊的波形参数约束条件。

3) 选择子脉冲带宽

子脉冲带宽决定雷达接收机中频带宽，进而影响采样率，不能选择太大，但需使得 $\Delta f / B < 1$，以满足距离像无混叠，因此需折中考虑。

4) 选择脉冲宽度 τ

脉冲宽度 τ 主要取决于距离盲区比，同时发射总能量也对脉冲宽度提出了要求。

5) 选择频率步进点数 M

相参增益 G_{cpi}、相参处理时间 CPI、一维距离像的粗分辨率 Δr 和速度分辨率 Δv 均受频率步进点数 M 的影响。对于需要进行目标识别的高重频调频步进雷达，Δr 是主要的考虑因素。应 Δr 的要求，M 的取值不能太小，但也不能大到使 MT_p 的增大超过允许的相干处理时间。此外，受发散因子 P 的限制，M 的取值也不能太大。

6) 选择接收处理通道个数 I

根据式(3-67)和接收机需处理的距离范围选择通道个数 I，使之达到指定要求。

根据以上分析，高重频调频步进雷达的波形参数设计流程如图 3.12 所示。

依据图 3.12 的设计步骤，考虑到波形参数的诸影响因素，可以设计出适合某一具体应用背景的雷达系统参数。

4. 参数设计举例

下面根据前面所述原则，针对某型空面导弹应用进行波形参数设计。已知载频 $f_0 = 35\text{GHz}$，以雷达作用约为 50km 为例进行分析。

(1) 设计脉冲重复频率。以舰船目标为例，考虑到目标的尺寸较大，为 100～

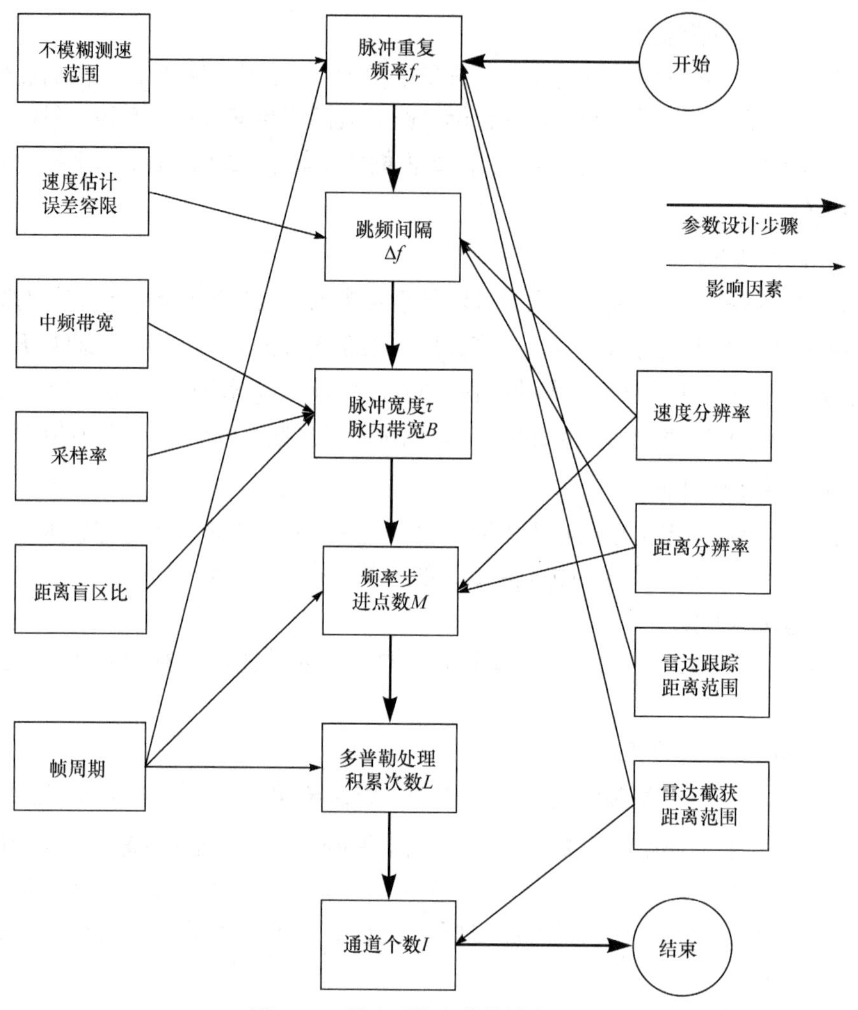

图 3.12　雷达系统参数设计流程图

300m，雷达跟踪波门的范围应足够大，选择为目标的 2 倍，即 600m，同时计入雷达平台的运动、测距误差及发射脉冲的宽度，波门长度应不小于 660m，因此 $f_r \leqslant 225\text{kHz}$；从相干处理时间、多普勒波束锐化处理时间、最大不模糊测速范围、发散因子和时移因子考虑，要求 f_r 越大越好，但为满足雷达远距离探测的要求，雷达发射脉冲宽度不能太小。综合考虑占空比等各方面因素，选取 $f_r = 25\text{kHz}$ 。

(2) 为了保证距离分辨率，若要求相干处理时间越小，则等价为要求 Δf 越大，速度估计误差容限、最大不模糊测速范围等性能参数也要求 Δf 越大越好；但考虑到 $\Delta f / B$ 的限制要求，若 Δf 过大，等效脉冲宽度就过小，这不利于增大发射总功率，也难以实现瞬时大带宽。综合考虑两方面因素，选取 $\Delta f = 12.5\text{MHz}$ 。

(3) 由于是线性调频步进频体制，因此需要确定线性调频子脉冲带宽 B 和脉冲宽度 τ。考虑到 $\Delta f = 12.5\text{MHz}$，为了确保距离像不混叠，要求 $B \geqslant \Delta f$，同时考虑到目标回波会有一定的展宽与失真，在设计 B 时留有一定的余量使跳频之间有一定的重叠，选择 $B = 15\text{MHz}$；考虑到高脉冲重复频率(high pulse repetition frequency，HPRF)下的遮挡问题，应选取较小的脉冲宽度 τ，减小信号遮挡，同时兼顾发射总功率要求及系统实现难度，选取 $\tau = 10\mu\text{s}$，占空比(脉冲宽带与脉冲重复周期的比值)为 0.25。

(4) 根据距离分辨率的要求，总带宽 $\Omega \geqslant 30\text{MHz}$，故 $M > 2.4$；考虑到 IFFT 副瓣的影响，为了满足距离分辨率的要求，选择 $M = 4$。另外，相干处理时间要求 M 尽可能小，因此选择频率步进点数为 4 比较合适。

(5) 根据帧周期及横向分辨率的要求，同时考虑到发射总功率的要求，选择 $L = 512$。

(6) 在权衡接收机的成本和截获距离范围的情况下，选取 $I = 3$，此时接收机的和差通道可以复用。

根据以上设计步骤得到的波形参数如表 3.4 所示。

表 3.4　雷达波形参数设计一览表

波形参数名称	设计值
脉冲重复频率/kHz	25
跳频间隔/MHz	12.5
线性调频子脉冲带宽/MHz	15
脉冲宽度/μs	10
频率步进点数 M	4
多普勒处理积累次数 L	512

以上的设计参数不仅需要满足信号处理及雷达技术指标要求，也需要通过脉冲峰值功率的设计满足信号发射总功率的要求。雷达发射功率可以通过雷达距离方程及检测因子进行计算，在此不作具体分析。

3.3.2　成像算法的工程实现

1. 成像算法的实现框架

本节结合工程实现，对算法流程、频域拼接操作及运动补偿实现加以说明。根据 3.1 节和 3.2 节理论分析，给出频域法高分辨一维距离像的实现流程(图 3.13)。在距离频域中对各个跳频的距离像进行移位、拼接处理，得到合成的距离频域距离像，再经 IFFT 处理变换到距离域得到高分辨一维距离像。对比距离包络法高分辨一维距离像实现的算法流程(图 3.14)可知，两者的差别仅在于处理次序不同，它们的处理效果完全等价，但频域法不需要对视频回波数据过采样(采样率应不小于系统总带宽)，也不需要距离像抽取拼接，降低了对系统硬件性能要求，也更容易实现高分辨一维距离成像，因此工程中一般采用图 3.14 所示的流程。

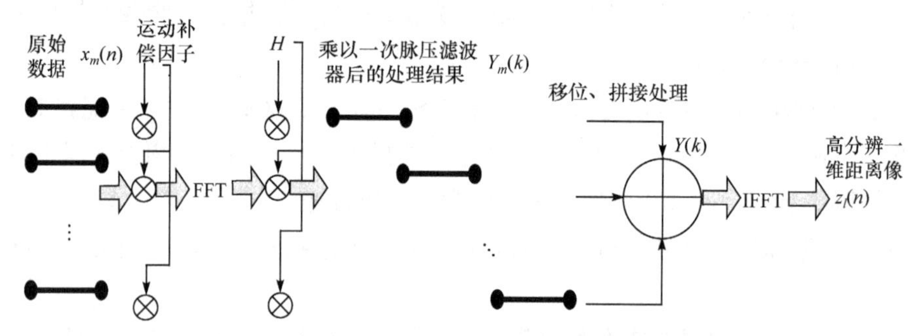

图 3.13　频域法高分辨一维距离像实现的算法流程

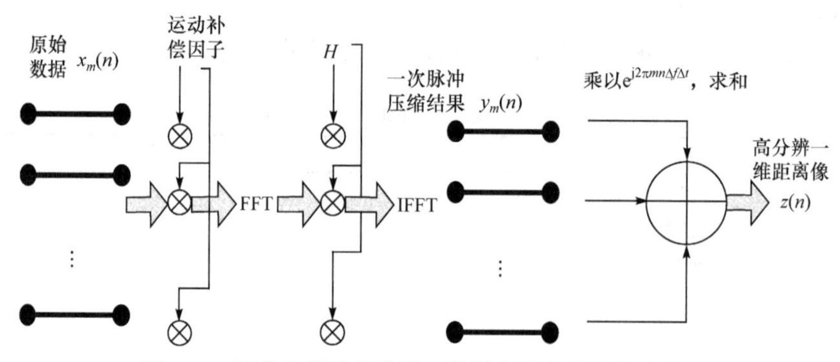

图 3.14　距离包络法高分辨一维距离像实现的算法流程

2. 频域法带宽合成

根据频域法原理[12-15]，M 个跳频的回波需要在距离频域进行拼接得到合成的距离频域像，下面以相邻两个跳频的距离频域像拼接为例说明具体的操作方法。

相邻跳频的发射信号中心频率相差 Δf，每个跳频的脉内带宽为 B，采样率为 f_s，如 3.1.1 节所述，系统参数的设计满足 $\Delta f < B < f_s$。因此，在距离频域上，每个跳频的距离频域像的距离频率范围为 $\Delta f \sim f_s$；其中有效的距离频率范围为 $\Delta f \sim B$；在拼接过程中，相邻跳频应按相距 Δf 进行拼接，如图 3.15(a)所示。

由图 3.15(b)可知，相邻跳频的距离频域像会有重叠，且重叠区域为 $2f_s / c - 2\Delta f / c$，为了便于拼接，重叠范围应为距离频域分辨率的整数倍，即

$$\frac{2f_s / c - 2\Delta f / c}{2f_s / N_c} = N - N\frac{\Delta f}{f_s} \stackrel{\text{def}}{=} N - N_{\Delta f} \tag{3-71}$$

应为整数，3.1.1 节给出的参数设计满足这一要求。将 M 个跳频的距离频域像按图 3.15(b)依次移位 $N\Delta f$ 、$2N\Delta f$ 、…、$(M-1)N\Delta f$ ，对于相邻跳频有重叠的部分，按图 3.15(b)所示的分界线，各个跳频分别取分界线的一侧数据，避免在叠加时出现重叠，在移位、舍去重叠区域数据之后，将 M 个跳频的距离频域像拼接起来，得到完整的距离频域合成像，完成带宽的合成操作。

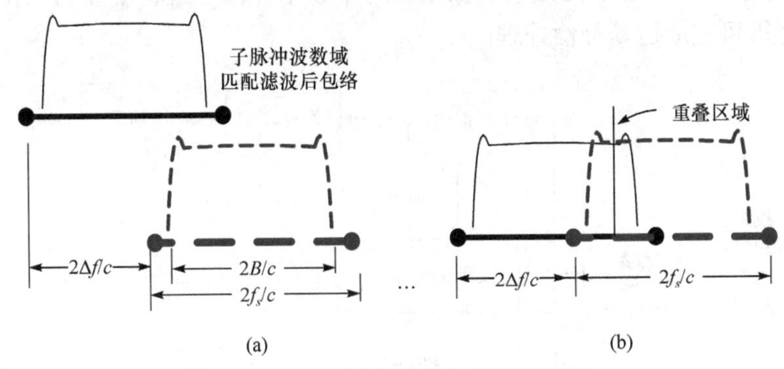

图 3.15　相邻跳频距离频域像示意图

3. 运动补偿的实现

运动补偿是合成宽带雷达信号处理的重要步骤，运动补偿通过对原始数据 $x_m(n)$ 乘以补偿因子 $C(l,m,n)$ 来实现。在工程实现中，这一过程可以通过微调混频的数字本振的频率和相位来具体实现。

低通滤波法实现中频正交采样的过程是：首先将模数变换得到的数据分别与正交的两路数字本振 $\cos(n\Omega_0)$ 、$\sin(n\Omega_0)$ 进行混频，然后用数字低通滤波器滤除高频分量来获得两路正交信号数据，最后通过抽取操作减少数据量，其实现结构如图 3.7 所示。低通滤波法实现的采样系统在结构上与传统的模拟正交采样器结构类似。一般情况下，实现中频正交采样的过程中 $\Omega_0 = 2\pi f_I / f_s$ 为数字本振的圆频率，其中 f_I 为雷达中频频率。利用图 3.7 所示的框图同时实现运动补偿处理，需要在每个脉冲重复周期改变数字本振的频率和相位，第 l 个成像帧的第 m 个跳频周期的频率修正量和初相修正量分别为

$$\begin{cases} f_{I\Delta lm} = \dfrac{2f_m\left[1+(lM+m)\eta\right]V_c}{c} \approx \left[1+(lM+m)\eta\right]f_d \\ \varphi_{I\Delta lm} = \dfrac{2f_m V_c (lM+m)T_p}{c} \approx (lM+m)T_p f_d \end{cases} \tag{3-72}$$

式中，$f_d = 2f_0V_c / c$ 为目标径向运动速度测量值所对应的多普勒频率。根据式 (3-72)可知，图 3.16 中的数字本振输出应该为

$$
\begin{cases}
\cos(n\Omega_m') = \cos\left[\varphi_{I\Delta lm} + \dfrac{2\pi n(f_I + f_{I\Delta lm})}{f_{\text{sampling}}}\right] \\
\sin(n\Omega_m') = \sin\left[\varphi_{I\Delta lm} + \dfrac{2\pi n(f_I + f_{I\Delta lm})}{f_{\text{sampling}}}\right]
\end{cases}
\tag{3-73}
$$

利用式(3-73)所表示的数字本振输出对中频采样信号进行混频，在得到零中频的同时即可完成运动补偿处理。

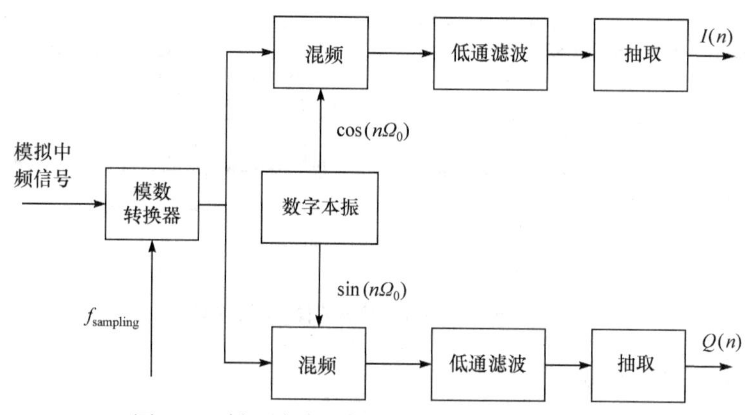

图 3.16　低通滤波法实现中频正交采样的示意图

在工程实现中，中频正交采样通常利用 FPGA 实现，数字本振利用直接数字频率合成实现。这时，式(3-73)可以通过设定直接数字频率合成的初相和在每个跳频周期的频率实现。

4. 成像处理的实现流程

在弹载雷达应用中，高重频调频步进信号工作在雷达的成像阶段，和常规体制的搜索及捕捉、跟踪模式配合使用，其他模式可以为成像模式提供目标的大致位置。为了覆盖一定的距离范围，成像模式需要划分几个距离模式，在不同的模式设计不同的脉冲周期、脉冲宽度和延迟时间。记各模式下采样点数向上取最靠近 2 的幂次方倍的整数位 Ntot，帧内脉冲周期数为 M，采样频率为 f_s，子脉冲带宽为 B，跳频间隔为 Δf，成像处理实现的算法流程如图 3.17 所示。

(1) 根据前面模式或者上一个成像帧计算得到的目标相对距离，选择相应的工作距离模式，发射相应距离模式的雷达信号。

(2) 根据前面模式或者上一个成像帧计算得到的目标运动速度预测值V_c，按式(3-73)计算出中频正交采样过程中的数字本振初始相位和频率，控制混频器数字本振的直接数字频率合成按既定方式产生参考信号；按成像各距离模式所设计的延迟周期和具体的延迟总时间启动模数采样和数字下变频。按图 3.16 同时实现正交化、数字下变频和运动补偿处理，得到$x_{m,c}(n)$。

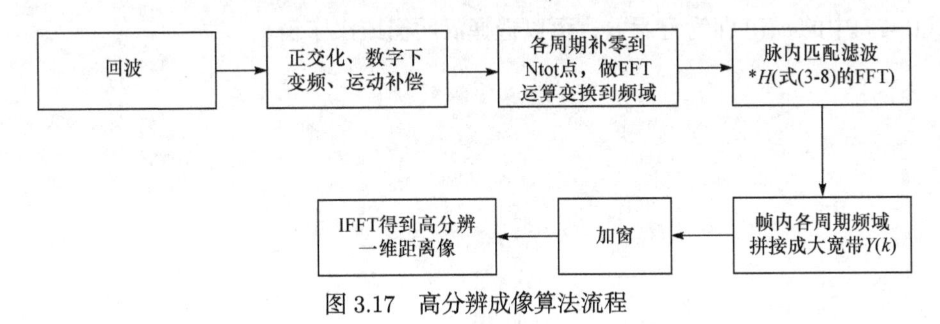

图 3.17　高分辨成像算法流程

(3) 对采集到的视频数据$x_{m,c}(n)$补零到 Ntot 点，做 FFT 运算，得到各个跳频的距离频域像：

$$X_{m,c}(k)=\mathrm{FFT}_{n\to k}\left[x_{m,c}(n)\right]=\sum_{n=0}^{\mathrm{Ntot}-1}x_{m,c}(n)\mathrm{e}^{-\mathrm{j}2\pi kn/\mathrm{Ntot}} \tag{3-74}$$

(4) 将各个跳频的距离频域像乘以线性调频的脉内匹配滤波器：

$$Y_m(k)=X_{m,c}(k)H,\quad 0\leqslant k<N-1 \tag{3-75}$$

其中，脉内匹配滤波器为式(3-75)反转共轭的傅里叶变换。

(5) 设定一个长度为$M\times\mathrm{Ntot}$点的向量$Y(k)$，按式(3-76)对其赋值：

$$\begin{cases}Y(k)=Y_0(k), & 0\leqslant k<\dfrac{N+N_{\Delta f}}{2}\\ Y\left[k+\dfrac{N+N_{\Delta f}}{2}\right]=Y_1\left[k+\dfrac{N-N_{\Delta f}}{2}\right], & 0\leqslant k<N_{\Delta f}\\ Y\left[k+N_{\Delta f}+\dfrac{N+N_{\Delta f}}{2}\right]=Y_2\left[k+\dfrac{N-N_{\Delta f}}{2}\right], & 0\leqslant k<N_{\Delta f}\\ Y\left[k+N_{\Delta f}+N_{\Delta f}+\dfrac{N+N_{\Delta f}}{2}\right]=Y_3\left[k+\dfrac{N-N_{\Delta f}}{2}\right], & 0\leqslant k<\dfrac{N+N_{\Delta f}}{2}\end{cases} \tag{3-76}$$

式中，$(N-N_{\Delta f})/2$、$(N+N_{\Delta f})/2$、$N_{\Delta f}$为整数，参数设计可以满足这一要求。

(6) 对合成得到的距离频域像做 $M \times \mathrm{Ntot}$ 点的 IFFT 运算得到距离域高分辨一维距离像：

$$z_l(n) = \sum_{k=0}^{NM-1} Y\left(k\right) w\left(k\right) \mathrm{e}^{\mathrm{j}2\pi kn/(MN)} \tag{3-77}$$

为了降低高分辨一维距离像的副瓣，可以在 IFFT 运算过程中进行加窗处理，式(3-77)中的 $w(k)$ 即为窗函数，可以选择汉明窗或汉宁窗。

第 4 章　频率捷变雷达抑制海杂波技术

雷达探测强海杂波中的目标时，海杂波的信号强度可能比目标回波的强度大得多，从而使目标淹没在海杂波中。雷达极化方式、工作频率、天线视角及海况、风向和风速等多个因素都会使海杂波发生变化，呈现明显的非平稳、非高斯特性，特别是海杂波的海尖峰特性和目标非常类似，以致于在很多情况下，海杂波降低了雷达检测能力。

制导雷达在大入射角情况下的海杂波平均功率很大，目标信号经常淹没在杂波中，在此背景下检测目标通常是比较困难的。对于移动目标，可以采用动目标处理来提高信杂比，但这样会降低检测的恒虚警特性；海杂波具有很强的时空相关性，估计其相关结构和白化滤波是非常复杂的；在窄波束、极低擦地角情况下，海杂波出现尖峰特性，和目标非常相似，容易构成虚假目标，且由于其具有较长的相关时间，传统的脉冲积累方式检测往往不起作用。

为了使反舰雷达具有更高的分辨率和可靠的监测性能，必须对海杂波特性进行精确的描述，使其具有更好的统计特性。海杂波的特性主要分为杂波的强度、幅度分布、时间相关性等，目标也具有时间频率相关特性等。在分析这些特性基础上寻求合适的抵抗海杂波的方法，解决大入射角下的目标检测问题。

相比固定频率雷达，频率捷变雷达可使目标特性和杂波特性改变。目标特性的改变体现在回波幅度由慢起伏变为快起伏，而且幅度分布概率也有所变化，既减小了大幅度的概率，也减小了小幅度的概率，而杂波特性的改变则体现在杂波去相关方面。

4.1　海杂波特性与仿真

4.1.1　海杂波后向散射系数

海杂波强度是雷达照射波束在海面上的投影，由有效面积 σ_c 表示。其与雷达照射面积成正比，即 $\sigma_c = \sigma^0 A_c$，其中，σ^0 是决定海杂波平均强度的后向散射系数，为海面雷达截面积的归一化参数。同时，接收到的海杂波功率密度正比于入射余角，通常用另一个系数 γ 来表示，两者的关系为 $\sigma^0 = \gamma \sin\psi$，其中，$\psi$ 是入射角。

按照波束入射角 ψ 的大小通常将海杂波散射区划分为准镜面区、平稳区和干涉区。

准镜面区($60° < \psi < 90°$)：从垂直入射(高入射角)开始的第一区。σ^0 随入射角增加而达到最大值。在接近垂直入射时，回波可能很强(如当 $\psi = 90°$ 时，σ^0 可达 $10 \sim 100\text{m}^2$)。

平稳区($\psi_g < \psi < 60°$)：ψ_g 为干涉区和平稳区的临界角，σ^0 随着 ψ 的减小和海面粗糙度的增加而减小，但是达到 ψ 的过渡值时，σ^0 就随着海面粗糙度的增加而增加。

干涉区：即 ψ 低于平均海表面倾角(约为 10°)时。在这个区域，海杂波呈现不同的特征，雷达回波上将出现海尖峰，并且概率分布呈现不同的形式。低风速杂波符合瑞利分布，而其他杂波则符合不同参数定义的双参数 Weibull 分布(简称 W 分布)或者 K 分布。当入射角小于临界角(1°)时，海杂波可能迅速衰减。

恒定 γ 模型在入射角非常小和接近 90°的两种极端情况不适用，必须采用其他模型。在角度不接近 90°并且足够大时，这个模型与许多测量值非常一致。

4.1.2 海杂波幅度分布统计模型

在低分辨雷达照射下雷达分辨单元面积较大，每个分辨单元里包含的散射体数目较多，根据中心极限定理，海杂波是高斯随机过程，幅度服从瑞利分布。而高分辨率下，分辨单元包含的散射体数目较少，中心极限定理不成立。此外，低入射余角下的海杂波会出现明显的遮挡效应。因此，在高分辨雷达或低入射余角照射下，海杂波的幅度分布相比瑞利分布有明显的偏移和较长的拖尾，即高振幅端回波出现的概率变大，此时称海杂波是尖锐的。实验结果表明，对数正态分布、W 分布对海杂波幅度分布的拟合较好。但在高分辨雷达体制下，海杂波通常具有较强的相关性，以上几种分布模型都仅基于单点统计量，不适合用于涉及相关性的信号处理问题。近年来的研究发现，K 分布不仅能够很好地拟合海杂波的幅度，而且便于描述海杂波的时间和空间相关性。在有海尖峰的情况下，海杂波会出现在尾区突然偏离 K 分布的现象，这是因为尾区对检测的影响最大，针对这种现象采用 KK 分布拟合效果会更好。

1. 瑞利分布

在海面情况比较平静和低分辨雷达照射下，海杂波的幅度一般服从瑞利分布。线性域瑞利分布的概率密度函数为

$$p_R(x) = \frac{x}{\sigma^2}\exp\left(\frac{-x^2}{2\sigma^2}\right), \quad x \geqslant 0 \tag{4-1}$$

式中，σ^2 为正态分布的方差。

线性域瑞利分布的分布函数为

$$F_R(x_0) = 1 - \exp\left(\frac{-{x_0}^2}{2\sigma^2}\right), \quad x_0 \geqslant 0 \tag{4-2}$$

为了观察海杂波的更多细节，画出海杂波概率密度函数的对数坐标。令 $z = 20\lg x$，经坐标变换得对数域瑞利分布概率密度函数为

$$p_R(z) = k_0 10^{z/20}\frac{10^{z/20}}{\sigma^2}\exp\left(\frac{-(10^{z/20})^2}{2\sigma^2}\right) \tag{4-3}$$

式中，$k_0 = \ln(10/20)$。

对数域瑞利分布的分布函数为

$$F_R(z_0) = 1 - \exp\left(\frac{-(10^{z_0/20})^2}{2\sigma^2}\right) \tag{4-4}$$

不难求出瑞利分布函数在线性域的期望和方差分别为

$$E(x) = \left(0.5\pi\sigma^2\right)^{0.5} \tag{4-5}$$

$$\mathrm{Var}(x) = \left(2 - 0.5\pi\right)\sigma^2 \tag{4-6}$$

2. 对数正态分布

在高分辨力和恶劣的海况下，海杂波不能用瑞利分布来近似。据统计，全世界海面 60%左右的时间都在三级海况以上，因此经常偏离瑞利分布。很多实测数据表明，这时海杂波的幅度分布比较接近于对数正态分布。

线性域对数正态分布的概率密度函数为

$$p_L(x) = \frac{1}{\sqrt{2\pi}\sigma x}\exp\left(-\frac{(\ln x - \mu)^2}{2\sigma^2}\right), \quad x > 0 \tag{4-7}$$

当且仅当 $\ln x$ 服从均值为 μ、方差为 σ^2 的正态分布时，随机变量 x 是对数正态分布；x 为海杂波的随机幅度。

线性域对数正态分布的分布函数为

$$F_L(x_0) = P(x \leqslant x_0) = P(\ln x \leqslant \ln x_0) = \Phi\left\{\left[\ln x_0 - \mu\right]/\sigma\right\}, \quad x_0 > 0 \tag{4-8}$$

式中，$\Phi(v)=\int_{-\infty}^{v}\frac{1}{\sqrt{2\pi}}\exp\left(-\frac{t^2}{2}\right)\mathrm{d}t$。

令 $z=20\lg x$，则对数域对数正态分布的概率密度函数为

$$p_L(z)=k_0 10^{z/20}\frac{1}{\sqrt{2\pi}\sigma 10^{z/20}}\exp\left(-\frac{\left(\ln\left(10^{z/20}\right)-\mu\right)^2}{2\sigma^2}\right) \tag{4-9}$$

式中，$k_0=\ln(10/20)$。

对数域对数正态分布的分布函数为

$$F_L\left(z_0\right)=\Phi\left\{\frac{\ln\left(10^{z_0/20}\right)-\mu}{\sigma}\right\} \tag{4-10}$$

对数正态分布线性域的均值和方差分别为

$$E(x)=\exp\left(\mu+\frac{1}{2}\sigma^2\right) \tag{4-11}$$

$$\mathrm{Var}(x)=\exp\left(2\mu+\sigma^2\right)\left[\exp(\sigma^2)-1\right] \tag{4-12}$$

3. W 分布

W 分布是双参数分布，瑞利分布是其特例。W 分布在低入射角或者高分辨情况下表述海杂波非常适合，选取合适的形状和尺度参数可以得到带有尖峰和能量特性的海杂波回波仿真数据。W 分布模型相比对数正态分布和瑞利分布具有在更广泛的适用范围上精确表述真实海杂波分布的潜力。适当调整其参数，W 分布可以近似为对数正态分布或者瑞利分布。从检测性能看，W 分布比对数正态分布或者瑞利分布对于海杂波更能表述真实的检测性能。

W 分布的线性域幅度概率密度函数为

$$p_W\left(x\right)=\frac{\gamma}{\varpi}\left(\frac{x}{\varpi}\right)^{\gamma-1}\exp\left\{-\left(\frac{x}{\varpi}\right)^{\gamma}\right\},\quad x\geqslant 0,\gamma\geqslant 0,\varpi\geqslant 0 \tag{4-13}$$

式中，γ 为形状参数；ϖ 为尺度参数。

当 $\gamma=2$ 时，W 分布变为瑞利分布。更小的形状参数 γ 增加了分布的偏斜，可以用来仿真带尖峰的海杂波。

W 分布的线性域分布函数为

$$F_W(x) = 1 - \exp\left(-\left(\frac{x}{\varpi}\right)^{\gamma}\right) \tag{4-14}$$

令 $z = 20\lg x$，W 分布的对数域幅度概率密度函数为

$$p_W\left(z\right) = k_0 10^{z/20} \frac{\gamma}{\varpi}\left(\frac{10^{z/20}}{\varpi}\right)^{\gamma-1} \exp\left(-\left(\frac{10^{z/20}}{\varpi}\right)^{\gamma}\right) \tag{4-15}$$

式中，$k_0 = \ln(10/20)$。

W 分布的线性域分布函数为

$$F_W(z_0) = 1 - \exp\left(-\left(\frac{10^{z_0/20}}{\varpi}\right)^{\gamma}\right) \tag{4-16}$$

W 分布的均值和方差分别为

$$E(x) = \varpi\Gamma\left(1 + \frac{1}{\gamma}\right) \tag{4-17}$$

$$\mathrm{Var}(x) = \varpi^2\left[\Gamma\left(1 + \frac{2}{\gamma}\right) - \Gamma^2\left(1 + \frac{1}{\gamma}\right)\right] \tag{4-18}$$

4. K 分布

在高分辨雷达体制下，海杂波通常具有较强的相关性，而以上几种分布模型都仅基于单点统计量，不适用于涉及相关性的信号处理问题。近年来的研究发现，基于回波信号来自大量散射体的 K 分布不仅能够很好地拟合海杂波的幅度，而且便于描述海杂波的时间和空间相关性。

海杂波的分析表明，有两个不同相关时间的分量决定了幅度分布。快变化分量的相关时间为毫秒量级，可以运用频率捷变去相关；慢变化分量与海表面粗糙的波结构有关，相关时间为秒级，不受频率捷变的影响。它们的空间相关性也是不同的，快变化分量的距离相关性和脉冲长度是对应的，在各个方向上都类似于噪声波，且幅度分布是确定的；慢变化分量具有强烈的空间相关性，并且依赖于方位，表现为周期影响且与时间相关。慢变化分量类似于变化的平均值，服从伽马分布；快变化分量类似于散斑，服从瑞利分布。

平均杂波表明，慢变化分量的电压 y 的概率密度函数 $f(y)$ 在大范围的雷达参数和海况下能很好地用通用 K 分布拟合：

$$f(y) = \frac{2d^{2\upsilon}y^{2\upsilon-1}}{\Gamma(\upsilon)} \exp\left(-d^2y^2\right) \tag{4-19}$$

式中，$\Gamma(\upsilon)$ 为伽马函数；υ 为形状参数；d 为尺度参数，$d^2=\upsilon/E(y^2)$，$E(y^2)$ 为杂波平均能量。υ 的值和距离、入射角、方位角、海况、雷达参数有关。

快变化分量符合瑞利分布，其平均电平由慢变化分量决定：

$$f(x\mid y)=\frac{x\pi}{2y^2}\exp\left(-\frac{x^2\pi}{4y^2}\right) \tag{4-20}$$

K 分布海杂波的整体幅度线性域概率密度函数为

$$p_K(x)=\int_0^{\infty}f(x\mid y)f(y)\mathrm{d}y=\frac{2c}{\Gamma(\upsilon)}\left(\frac{cx}{2}\right)^{\upsilon}\mathrm{K}_{\upsilon-1}(cx) \tag{4-21}$$

式中，$\mathrm{K}_{\upsilon-1}(\cdot)$ 为 $\upsilon-1$ 次变形第二类贝塞尔函数；$c=\sqrt{\pi}d$ 为尺度参数。

K 分布的线性域分布函数为

$$F_K\left(x_0\right)=1-\frac{2}{\Gamma(\upsilon)}\left(\frac{cx_0}{2}\right)^{\upsilon}\mathrm{K}_{\upsilon}\left(cx_0\right) \tag{4-22}$$

令 $z=20\lg x$，得 K 分布的对数域概率密度函数为

$$p_K(z)=k_0\frac{2c}{\Gamma(\upsilon)}10^{z/20}\left(\frac{c}{2}10^{z/20}\right)^{\upsilon}\mathrm{K}_{\upsilon-1}\left(c10^{z/20}\right) \tag{4-23}$$

K 分布对数域分布函数为

$$F_K\left(z_0\right)=1-\frac{2}{\Gamma(\upsilon)}\left(\frac{c}{2}10^{z_0/20}\right)^{\upsilon}\mathrm{K}_{\upsilon}\left(c10^{z_0/20}\right) \tag{4-24}$$

K 分布的均值与方差分别为

$$E(x)=\frac{\sqrt{\pi}}{c\Gamma(\upsilon)}\Gamma\left(\upsilon+\frac{1}{2}\right) \tag{4-25}$$

$$E(x^2)=\frac{4}{c^2\Gamma(\upsilon)}\Gamma(\upsilon+1)=\frac{4\upsilon}{c^2} \tag{4-26}$$

$$E(z)=\frac{1}{2k_0}\left[2\ln 2+\psi^{(0)}(1)-2\ln c+\psi^{(0)}(\upsilon)\right] \tag{4-27}$$

式中，$\psi^{(n)}(x)$ 为多函数，定义为对数伽马函数的 $n+1$ 次导函数 $\frac{\mathrm{d}^{n+1}}{\mathrm{d}x^{n+1}}\left(\ln\Gamma(x)\right)$。

5. KK 分布

海杂波分布在尾区突然偏离 K 分布的现象是由海尖峰引起的。雷达分辨率越高，这种现象越严重。海尖峰的存在对雷达性能的预测及对目标检测算法的提高

的影响都比较大。一种新的拟合海杂波的 KK 分布假定布朗或白散射体和海尖峰都服从 K 分布，且整体的分布是这两种分布的综合：

$$p(x) = (1-k)p_1(x;\upsilon,\sigma) + kp_2(x;\upsilon_{sp},\sigma_{sp}) \tag{4-28}$$

式中，p_1、p_2 参数为指定形状参数和平均强度为 $\sigma = 4\upsilon / c^2$ 的 K 分布函数。若 $k = 0$，则 $p(x) = p_1(x;\upsilon,\sigma)$，其简化为没有海尖峰的通用 K 分布。既然海杂波分布通常在 1 - CDF (cumulative distribution function)等于 10^{-3} 或者更高量级上偏离 K 分布，那么假定在 $p_1(x;\upsilon,\sigma)$ 中的形状参数和散斑分量的平均强度和 K 分布中的相同。k、υ_{sp} 和 $\rho = \sigma_{sp} / \sigma$ 一起决定海尖峰因素。经验表明，$p_2(x;\upsilon_{sp},\sigma_{sp})$ 中的形状参数和 $p_1(x;\upsilon,\sigma)$ 中的形状可以设为相同值，即 $\upsilon_{sp} = \upsilon$。ρ 的选择主要决定两个分布在尾区的分离程度，k 的选择主要影响分离度和分离等级。

由以上分析可知，$p_2(x;\upsilon_{sp},\sigma_{sp})$ 的尺度参数为 $c_{sp} = c / \sqrt{\rho}$，从而得出 KK 分布线性域概率密度函数为

$$P_{KK}(x) = \frac{2(1-k)c}{\Gamma(\upsilon)}\left(\frac{cx}{2}\right)^{\upsilon} \mathrm{K}_{\upsilon-1}(cx) + \frac{2kc}{\sqrt{\rho}\Gamma(\upsilon)}\left(\frac{cx}{2\sqrt{\rho}}\right)^{\upsilon} \mathrm{K}_{\upsilon-1}\left(\frac{cx}{\sqrt{\rho}}\right) \tag{4-29}$$

KK 分布的线性域分布函数为

$$F_{KK}(x_0) = 1 - \frac{2}{\Gamma(\upsilon)}\left[(1-k)\left(\frac{cx_0}{2}\right)^{\upsilon} \mathrm{K}_{\upsilon}(cx_0) + k\left(\frac{cx_0}{2\sqrt{\rho}}\right)^{\upsilon} \mathrm{K}_{\upsilon}\left(\frac{cx_0}{\sqrt{\rho}}\right)\right] \tag{4-30}$$

KK 分布的均值与方差分别为

$$E(x) = \left(\frac{1-k}{c} + \frac{k\sqrt{\rho}}{c}\right)\frac{\sqrt{\pi}}{\Gamma(\upsilon)}\Gamma\left(\upsilon + 1/2\right) \tag{4-31}$$

$$E(x^2) = \frac{4\upsilon(1-k+k\rho)}{c^2} \tag{4-32}$$

4.1.3　海杂波的相关性

海杂波的相关性包括时间相关性和空间相关性。时间相关性也称为脉间相关性，反映了海杂波幅度随时间的起伏程度，可以等价地用功率谱来表示。空间相关性又分为方位相关性和距离相关性，因为相邻距离采样单元之间的相关性会影响恒虚警检测性能，所以在空间相关性的研究中需要着重考虑距离相关性[16]。

1. 海杂波的时间相关性

1) 海杂波的快起伏

海杂波的干扰对海面制导雷达来说是较为严重的，在雷达信号处理问题中，为了抑制海杂波，需要研究海杂波的频谱特性。海杂波起伏主要是由于海面受到风力作用，海面上各个散射体之间发生相对运动，从而产生了海杂波的平均多普勒频移。

对于海杂波，若雷达与海面的相对速度为υ_r，入射余角为θ，雷达波长为λ，则海杂波的多普勒频移为$2\upsilon_r\cos(\theta/\lambda)$。因为波束照射的区域是具有一定面积的分辨单元，所以θ实际上是一个角度范围，记为$\Delta\theta$，从而导致多普勒频移出现一个频带。该频带称为本征谱，即便$\Delta\theta$接近零，雷达固定不动，测得的多普勒频移同样会存在一个频带。这是因为构成海面一定区域的分辨单元内各散射单元相对于雷达的瞬时速度是服从一定分布的。根据实验数据可知，海杂波的功率谱形状与高斯曲线相似，一般可表示为

$$S(f)=S_0\exp\left(-\frac{f^2}{2\sigma^2}\right),\quad f_{3\mathrm{dB}}=\alpha\sqrt{2\sigma_c} \tag{4-33}$$

式中，σ_c为海杂波频率分布的均方根值，它与散射体速度分布的均方根值σ_υ存在以下关系：

$$\sigma_c=\frac{2\sigma_\upsilon}{\lambda} \tag{4-34}$$

海杂波的相关时间与多普勒频谱宽度成反比。若已知海杂波的多普勒频谱宽度，就可以求出海杂波的相关时间。由功率谱做 IFFT 处理，可得海杂波的时间相关函数：

$$R(\tau)=\exp\left(-2\sigma_c^2\pi^2\tau^2\right) \tag{4-35}$$

则相关时间为

$$\tau_e=\frac{\lambda}{2\sqrt{2\pi}\sigma_\upsilon} \tag{4-36}$$

海面分辨单元内各散射单元的径向速度服从一定的分布，这使得海杂波的多普勒频率同样具有一定的分布。海况等级越高，其速度分布方差也就越大，杂波的频谱也就越宽。因此，海杂波的频谱宽度是直接和海况相关的。通过大量的不同海况、不同极化、不同波长的雷达海杂波测试实验便可得到海杂波的相关时间及σ_υ与风速、海况与波高之间的关系。由式(4-36)可以求出，在二级海况下，对

于 3cm 波长的雷达，海杂波的相关时间约为 10ms，而对于毫米波雷达，其海杂波相关时间与海况蒲福风级的关系如表 4.1 所示。由该图可以看出，海况越低，相关时间越长。低海况时的相关时间远大于脉冲重复周期，相邻若干个回波中的海杂波是时间相关的。

表 4.1　不同海浪级别的相关时间(1°)

海况数	蒲福风级	杂波功率谱/Hz	去相关时间/ms
0	1	83.610	5.660
1	2	101.792	4.919
2	3	14.576	2.818
3	4	189.735	2.103
4	5	223.891	1.766
5	6	290.245	1.375
6	7	368.411	1.083
7	8	498.542	0.800
8	9	750.675	0.531

2) 海杂波的慢起伏

海杂波的多普勒频谱是由雷达分辨单元内海面各个独立散射单元的回波之间所发生的相长干涉或相消干涉引起的一种快速的随机起伏产生的。同时，海面回波还存在海浪幅度或波陡变化引起的一种较慢的起伏。快起伏的相关时间为毫米量级，而慢起伏的相关时间为 1～10 s，其谱宽只有 0.1～1Hz。

因此，可以把海杂波的起伏描述成具有不同谱宽和形状的两种独立的起伏之和。对于带有海尖峰的海杂波，用高斯型自相关函数并不能精确描述海杂波的相关函数。此时的相关函数可以表示为高斯型自相关函数和指数型自相关函数之和，总的自相关函数可表示为

$$R(\tau)=R'(\tau)+R''(\tau)=a\exp(-\beta\tau)+b\exp(-\alpha^2\tau^2) \tag{4-37}$$

式中，β和α使得 $R'(\tau)$ 和 $R''(\tau)$ 分别在各自的相关时间处达到半幅值点。对式(4-37)做傅里叶变换，得到快起伏谱和慢起伏谱分别为

$$P'(f)=\frac{4\beta a}{\beta^2+(2\pi f)^2} \tag{4-38}$$

$$P''(f)=\frac{2\pi b}{\alpha}\exp\left(\frac{-\pi^2 f^2}{\alpha^2}\right) \tag{4-39}$$

b 与 a 是慢分量与快分量的近似功率测量值。对于垂直极化雷达，b/a 的典型值为 0.07。一般情况下，慢起伏的相关时间为 1.5～4s。该相关时间是无法运用频率捷变来进行去相关的，因此对于慢起伏产生的频率相关这里暂时不予考虑。

2. 海杂波的空间相关性

海杂波空间相关性是指径向的两个独立的分辨单元海面回波信号之间的相关情况。因为这两个独立分辨单元之间的两个回波信号时间间隔很短，所以这两个信号之间的时间相关可以忽略不计。

海杂波的空间相关性与海浪自身结构有关，对于 K 分布海杂波，散斑分量在径向的各采样单元之间可以看做是不相关的，海杂波的空间相关性主要由调制过程的相关性决定。海杂波的空间相关系数由以下条件确定：若已知风速 W、风向与雷达视线的夹角 θ_v，则相关系数 ρ 为

$$\rho = \frac{\pi}{2}\frac{W^2}{g}\left(3\cos^2\theta_v + 1\right)^{1/2} \tag{4-40}$$

式中，g 为重力加速度。

雷达分辨率越低，距离采样间隔可能会与海浪波长相当或更大，则空间相关性更小。因此，对于瑞利分布的海杂波，其空间相关性较小，可以认为是独立的，而对于形状参数较小的 K 分布海杂波，其空间相关性较大，相邻距离采样之间是强相关的。

实验证明，得到两个独立回波所需的间隔约为一个脉冲宽度所对应的距离。脉冲宽度越小，独立采样所需间隔越短，因此为了减小空间相关性，需要降低雷达的脉冲宽度。

此外，在方位方向也存在着空间相关性，这主要是由天线方位波束宽度决定的。由于雷达体制和任务，暂不考虑海杂波空间去相关的实现。

3. 海杂波的频率相关性

反射频率的跃变会使目标回波与海杂波同时去相关。目标是刚体，而海杂波是服从某种分布的大量散射单元的集合，这使得海杂波的频率相关性和目标的频率相关性有所不同。这就为降低海杂波频率相关性提供了条件。

平方律检波器输出端杂波信号的归一化频率相关系数为

$$\rho(\Delta f) = R_X^2(i,j) = \left\{\mathrm{sinc}\left[\tau_p(f_i - f_j)\right]\right\}^2 = \left(\frac{\sin\pi\tau_p\Delta f}{\pi\tau_p\Delta f}\right)^2 \tag{4-41}$$

这个$\sin^2(x)/x^2$形函数如图 4.1 所示，频率相关系数在$\tau_p \Delta f = 1$时减小为零，且在$\tau_p \Delta f > 1$时一直小于 0.05。可以认为，当频率变化大于$1/\tau_p$时，其杂波回波信号在频率上就不相关了。

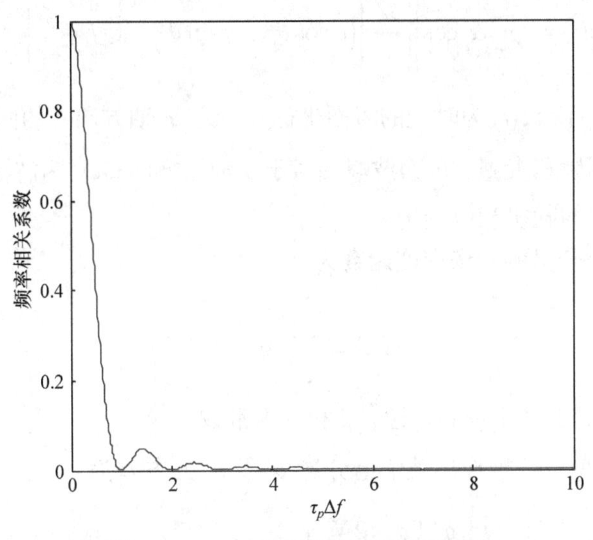

图 4.1　$\tau_p \Delta f$ 与频率相关系数的关系

如果令脉冲压缩以后的脉宽为 0.1μs，那么脉冲间频率间隔 10MHz 就可以去除频率相关性。

4.1.4　海杂波仿真

对海杂波的模拟方法有很多种，其中比较常见的是数学变换法，它是根据海杂波的统计特性按照某种线性变换或非线性变换的方法模拟产生出海杂波数据，其中比较经典的方法是无记忆非线性变换法和球不变随机过程法。这里采用基于复合海表面的方法。复合海表面是由一个较大起伏表面上叠加一些瑞利分布的小起伏构成。该方法首先模拟不同时刻某一距离的物理海表面，然后将波束照射区域分割成众多散射点，接着计算雷达波束照射下各散射点的散射矢量，并将这些散射矢量叠加，经过波束调制后得到不同时刻的海杂波信号。这种方法除了能反映海杂波的统计特性和时域特性，也能反映区域特性，包括海尖峰特性。

1. 复合海表面的模拟

利用离散空间矢量表示一定区域各散射点的三维坐标，在直角坐标系中，某时刻运动海平面的坐标计算公式为

$$\begin{cases} x(t)=\delta-\sum_{i=1}^{N_s}\alpha_i\sin\left[\left(\dfrac{\omega_i^2}{g}\right)\left(\delta\cos\theta_i+y\sin\theta_i\right)-\omega_i t+\gamma_i\right] \\ y(t)=y \\ z(t)=\sum_{i=1}^{N_s}\alpha_i\cos\left[\left(\dfrac{\omega_i^2}{g}\right)\left(\delta\cos\theta_i+y\sin\theta_i\right)-\omega_i t+\gamma_i\right] \end{cases} \tag{4-42}$$

式中，$x(t)$、$y(t)$和$z(t)$为时变的海面坐标；δ为 x 轴方向上的固定步长；α_i为反映浪高的高斯随机变量；θ_i为波峰相对于x轴的方向；ω_i为波浪谱分量；γ_i为 $0\sim2\pi$ 均匀分布的随机相位变量。

反映波浪谱分量的频谱密度函数为

$$S(\omega)=\frac{dg^2}{\omega^5}\mathrm{e}^{-b\left(\frac{g}{u\omega}\right)^4} \tag{4-43}$$

式中，g为重力加速度；u为风速；d和b为常数。

利用式(4-43)，可推导出波浪谱分量ω_i及α_i的方差为

$$\begin{cases} \omega_i=\dfrac{g}{u}\left(\dfrac{1}{b}\ln\dfrac{2N}{2i-1}\right)^{-0.25} \\ \sigma^2\left(\alpha_i\right)=\dfrac{1}{N}\dfrac{du^4}{4bg^2} \end{cases},\quad i=1,2,\cdots,N \tag{4-44}$$

在模拟中，取 N=100，d=0.0081，b=0.74，θ_i服从标准差为 0.2rad 的高斯分布，风速为 8m/s，θ为 135°，距离分辨率为 1m。图 4.2 为模拟产生的某时刻一幅模拟实际的物理海表面，海面区域为$100\text{m}\times100\text{m}$。由模拟结果可以看出，

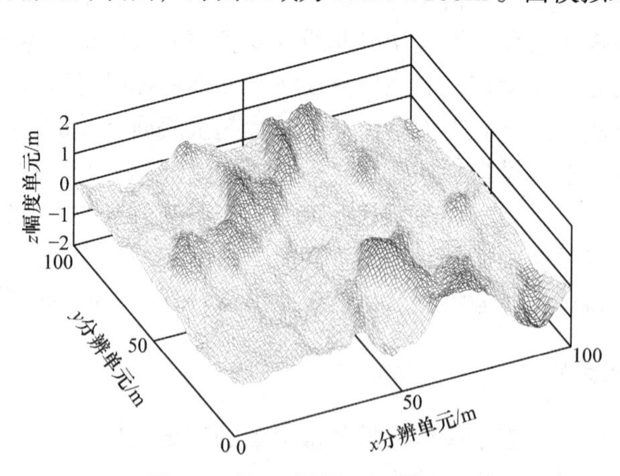

图 4.2　某一时刻海平面模拟图

海表面受风速和风向的影响较大，是一个时变的海面。

2. 海杂波的模拟

海平面和照射雷达几何关系如图 4.3 所示，雷达波束指向坐标原点，并在 xOz 平面运动。假设 t 时刻海平面某散射点 P 的坐标为 $(x_k(t),y_k(t),z_k(t))$，雷达的坐标为 (x_r,y_r,z_r)，则其与该散射点之间的距离为

$$r(t)=\left[\left(x_k(t)-x_r\right)^2+\left(y_k(t)-y_r\right)^2+\left(z_k(t)-z_r\right)^2\right]^{1/2} \tag{4-45}$$

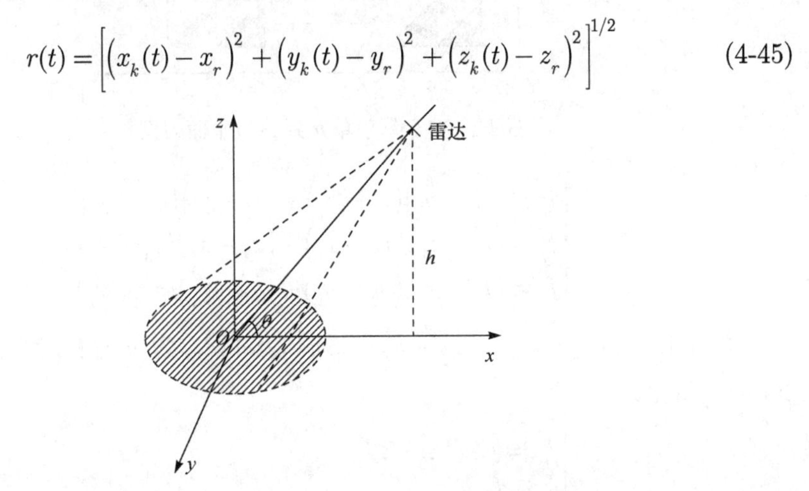

图 4.3　海平面和照射雷达几何关系

式中，$x_r=h/\tan\theta-vt\cos\theta$；$y_r=0$；$z_r=h-vt\cos\theta-gt^2/2$。其中，$h$ 为雷达照射高度，θ为入射余角，v 为雷达运动速度，g 为重力加速度。

在主波束照射区域内，为获得时域海杂波信号，首先将照射区域分成若干个三角形反射面，然后计算各三角形反射面处雷达波束照射下的入射余角。考虑到计算的复杂度，以及在距离分辨单元(15m)内有足够的散射点，模拟海平面时，将 y 轴坐标划分为以 1m 为间距的等间距的点。把海平面上相邻 3 个点构成的三角形作为一个散射单元。各个散射单元到 xOy 平面的投影如图 4.4 所示。

设图中点 1、2、3、4 的坐标分别为 (x_1,y_1,z_1)、(x_2,y_2,z_2)、(x_3,y_3,z_3)、(x_4,y_4,z_4)，由点 1、2、3 构成的灰色三角形反射面的方程为

$$\begin{vmatrix} x-x_1 & y-y_1 & z-z_1 \\ x_2-x_1 & y_2-y_1 & z_2-z_1 \\ x_3-x_1 & y_3-y_1 & z_3-z_1 \end{vmatrix}=0 \tag{4-46}$$

由三角几何关系可得其法向向量 (f_x,f_y,f_z) 为

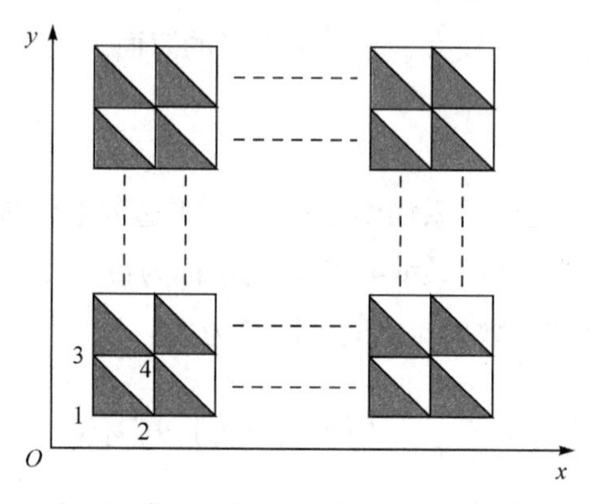

图 4.4　各个散射单元到 xOy 平面的投影

$$\begin{cases} f_x = (y_2 - y_1)(z_3 - z_1) - (z_2 - z_1)(y_3 - y_1) \\ f_y = (z_2 - z_1)(x_3 - x_1) - (x_2 - x_1)(z_3 - z_1) \\ f_z = (x_2 - x_1)(y_3 - y_1) - (y_2 - y_1)(x_3 - x_1) \end{cases} \tag{4-47}$$

由图 4.4 可知 $y_2 = y_1$，$y_3 - y_2 = \Delta y$，其中 Δy 为 y 轴上相邻点的间距，则式(4-47)简化为

$$\begin{cases} f_x = (z_1 - z_2)\Delta y \\ f_y = (z_2 - z_1)(x_3 - x_1) - (x_2 - x_1)(z_3 - z_1) \\ f_z = (x_2 - x_1)\Delta y \end{cases} \tag{4-48}$$

同理可得点 2、3、4 构成的白色三角形反射面的平面方程为

$$\begin{vmatrix} x - x_3 & y - y_3 & z - z_3 \\ x_2 - x_3 & y_2 - y_3 & z_2 - z_3 \\ x_4 - x_3 & y_4 - y_3 & z_4 - z_3 \end{vmatrix} = 0 \tag{4-49}$$

其法向量 (g_x, g_y, g_z) 为

$$\begin{cases} g_x = (y_2 - y_3)(z_4 - z_3) - (z_2 - z_3)(y_4 - y_3) \\ g_y = (z_2 - z_3)(x_4 - x_3) - (x_2 - x_3)(z_4 - z_3) \\ g_z = (x_2 - x_3)(y_4 - y_3) - (y_2 - y_3)(x_4 - x_3) \end{cases} \tag{4-50}$$

由图 4.4 可知 $y_3 = y_4$，$y_3 - y_2 = \Delta y$，则式(4-50)简化为

$$\begin{cases} g_x = (z_3 - z_4)\Delta y \\ g_y = (z_2 - z_3)(x_4 - x_3) - (x_2 - x_3)(z_4 - z_3) \\ g_z = (x_4 - x_3)\Delta y \end{cases} \tag{4-51}$$

定义向量$(1, 0, \tan\theta)$为雷达方向与每个小三角形法向量间的夹角，α_1由数量级公式求得

$$\alpha_1 = \arccos\frac{F_x + F_z\tan\theta}{\left(1+\tan^2\theta\right)^{1/2}\left(F_x^2 + F_y^2 + F_z^2\right)^{1/2}} \tag{4-52}$$

式中，当计算灰色三角形时，F_x、F_y、F_z分别为f_x、f_y、f_z；当计算白色三角形时，F_x、F_y、F_z分别为g_x、g_y、g_z。

当$0 \leqslant \alpha_1 \leqslant \pi/2$时，雷达波束在三角形反射面处的局部入射余角为

$$\alpha = \frac{\pi}{2} - \alpha_1 = \frac{\pi}{2} - \arccos\frac{f_x + f_z\tan\theta}{\left(1+\tan^2\theta\right)^{1/2}\left(f_x^2 + f_y^2 + f_z^2\right)^{1/2}} \tag{4-53}$$

垂直极化下海面散射系数的计算公式为

$$\sigma_{\mathrm{VV}} = \frac{3}{2}\pi\times 10^{-3}\xi_{\mathrm{VV}}\tan^4\alpha \tag{4-54}$$

式中，ξ_{VV}为

$$\xi_{\mathrm{VV}} = \left|\frac{(\varepsilon-1)\left[\varepsilon\left(\cos^2\alpha+1\right)-\cos^2\alpha\right]}{\left[\varepsilon\sin\alpha + \left(\left|\varepsilon-\cos^2\alpha\right|\right)^{1/2}\right]^2}\right|^2 \tag{4-55}$$

式中，ε为复介电常数。

利用上述结果计算海杂波信号为

$$S_c(t) = \sum_{k=1}^{M}\sum_{l=1}^{N}\left[\frac{1}{\cos\zeta_{kl}}\sigma_{kl}G\left[x_{kl}(t), y_{kl}(t), z_{kl}(t)\right]\right]^{1/2}\exp[\mathrm{j}\phi_{kl}(t)]\Delta s_{kl} \tag{4-56}$$

式中，M、N分别为沿x轴和y轴的散射点个数；ζ_{kl}为三角形反射面与标准水平面的夹角；σ_{kl}为局部散射系数；$G\left[(x_{kl}(t), y_{kl}(t), z_{kl}(t)\right]$为三角形反射面的天线方向图增益；$\phi_{kl}$为散射点相位，$\phi_{kl} = 4\pi r_{kl}(t)/\lambda$，$\lambda$为发射信号波长，$r_{kl}(t)$为三角形反射面重心到雷达的距离；$\Delta s_{kl}$为每个三角形反射面的面积。

取雷达照射高度为 8km，入射余角为 60°，方位波束宽度为 2°，雷达发射信号波长为 0.9cm，脉冲重复频率为 1kHz，带宽为 10MHz，采用垂直极化方式，$\varepsilon = 65 - \mathrm{j}40$。对速度和加速度进行补偿后(不考虑补偿误差)，仿真结果如图 4.5 所示。

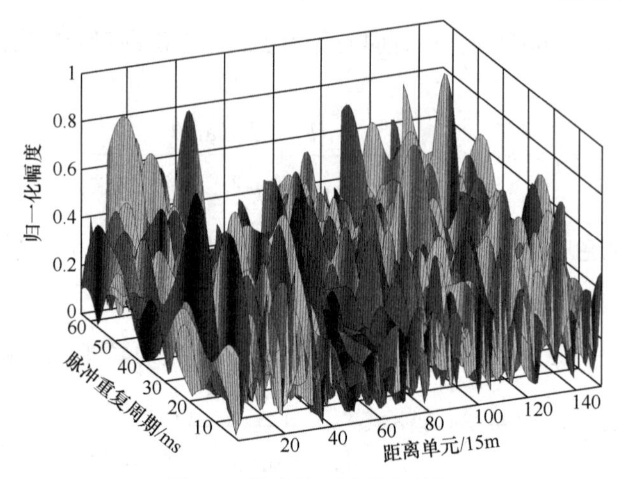

图 4.5　海杂波回波仿真结果

4.1.5　海杂波特性分析

本节通过 4.1.4 节海杂波仿真数据进行海杂波特性分析。海杂波有很多特性，这里只分析与工程相关的对频率捷变有很大影响的海杂波的时间相关性及与检测门限相关的海杂波的幅度统计分布。

1. 仿真海杂波的相关性分析

由于距离单元数目的限制，这里不进行空间相关性的分析，只进行同一个距离单元内时间相关性的分析。将一个距离单元的样本分为 M 组，每组 N 个样本，相关函数的计算公式如下：

$$\widehat{R}_z[m] = \frac{1}{MN}\sum_{k=1}^{M}\sum_{n=0}^{N-m-1} z_k[n]z_k^*[n+m] = 2\left(\widehat{R}_{z_I}[m] + \mathrm{j}\widehat{R}_{z_I z_Q}[m]\right) \tag{4-57}$$

即首先计算每组 N 个样本的相关函数，然后将 M 组相关函数取平均。

取雷达照射高度为 8km，入射余角为 60°，方位波束宽度为 2°，雷达发射信号波长为 3cm，脉冲重复频率为 1kHz，带宽为 10MHz，采用垂直极化方式，风速为 8m/s，对速度和加速度进行补偿后(不考虑补偿误差)5s 的仿真数据结果及 N=1000、M=5 时同一杂波单元的仿真数据和相关性如图 4.6 和图 4.7 所示。

雷达发射信号波长为 9mm，脉冲重复频率为 10kHz，其他参数与前面仿真相同，同时对速度和加速度进行补偿后 0.5s 的仿真数据结果及 N=1000、M=5 时同一杂波单元的仿真数据和相关性如图 4.8 和图 4.9 所示。

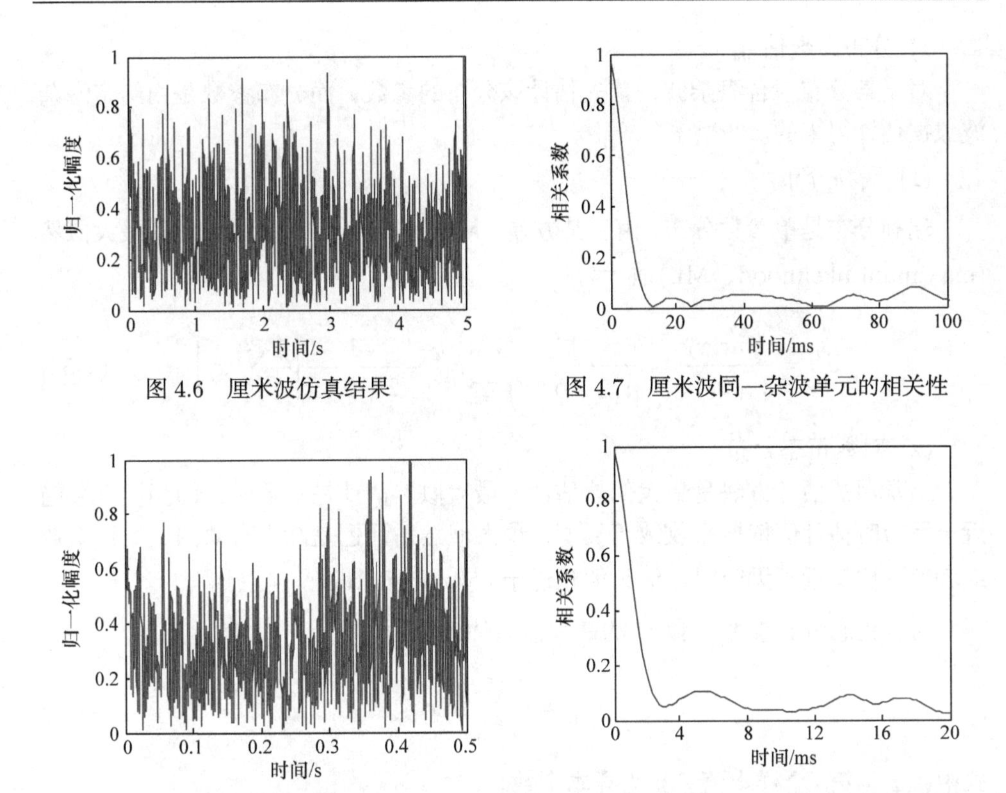

图 4.6　厘米波仿真结果

图 4.7　厘米波同一杂波单元的相关性

图 4.8　毫米波仿真结果

图 4.9　毫米波同一杂波单元的相关性

从图中可以看出，根据去相关时间的定义，当$\rho=1/e$时，3cm 波长雷达照射下海杂波的相关时间为 9ms，而 9mm 波长雷达照射下海杂波的相关时间为 1.6ms。4.1 节中提到的厘米波雷达海杂波典型相关值 10ms 及毫米波雷达海杂波在速度为 8m/s 时的典型相位值 1.766ms 与本仿真实验得到的相关时间基本一致，可以认为这里所采用的仿真方法在相关时间方面是有效的。同时可以看到，毫米波海杂波的相关时间也是远大于脉冲重复频率的，即在相邻的若干个回波中海杂波是相关的。

2. 仿真海杂波的分布特性

这里针对前面特定条件下产生的同一距离单元毫米波海杂波回波数据，来分析该海杂波的统计分布特性。通过该海杂波数据进行待拟合分布的参数估计，分别利用不同分布去拟合该海杂波，对拟合分布进行卡方检验，从而确定最优分布及最优分布参数估计方法。

1) 分布参数估计

对于某分布拟合海杂波，首先估计该分布的参数，而分布参数是由给定海杂波数据估计得来的。

(1) 瑞利分布。

瑞利分布是单参数分布，由于其方差 $\mathrm{Var}(x)=(2-0.5\pi)\sigma^2$，因此其最大似然(maximum likelihood，ML)估计为

$$\hat{\sigma}^2=\frac{\mathrm{Var}(x)}{2-0.5\pi}=\frac{1}{n(2-0.5\pi)}\sum_{i=1}^{n}x_i^{\,2}-\frac{1}{2-0.5\pi}\left(\frac{1}{n}\sum_{i=1}^{n}x_i\right)^2 \tag{4-58}$$

(2) 对数正态分布。

最常用的估计方法是最大似然估计。最大似然估计是一致的，即当样本数趋近于无穷时估计值依概率收敛于真值；最大似然估计也是渐进有效的，当样本数或者信噪比趋近于无穷时，估计值趋近于 Cramer-Rao 线。

对数正态分布参数 μ 和 σ^2 的最大似然估计值为

$$\hat{\mu}_{\mathrm{ML}}=\frac{1}{n}\sum_{i=1}^{n}\ln x_i \tag{4-59}$$

式中，x_i 为第 i 个样本值；n 为样本个数。

$$\hat{\sigma}_{\mathrm{ML}}^2=\frac{1}{n}\sum_{i=1}^{n}\left(\ln x_i-\hat{\mu}_{\mathrm{ML}}\right)^2 \tag{4-60}$$

式中，$\hat{\sigma}_{\mathrm{ML}}^2$ 是一致的，但是也是有偏的。σ^2 的一个无偏估计为

$$(\hat{\sigma}_{\mathrm{ML}}^2)_{\mathrm{unb}}=\frac{1}{n-1}\sum_{i=1}^{n}\left(\ln x_i-\hat{\mu}_{\mathrm{ML}}\right)^2 \tag{4-61}$$

(3) W 分布。

W 分布参数的最大似然估计不能显式表示，通过反复迭代运算也可以求出两个估计量，但计算量大。Menon 提出一种估计方法，两个参数的估计量分别为

$$\begin{aligned}\hat{\gamma}_{\mathrm{Men}}&=\left\{\frac{6}{\pi^2}\frac{n}{n-1}\left[\frac{1}{n}\sum_{i=1}^{n}\left(\ln x_i\right)^2-\left(\frac{1}{n}\sum_{i=1}^{n}\ln x_i\right)^2\right]\right\}^{-0.5}\\ \hat{\varpi}_{\mathrm{Men}}&=\exp\left[\frac{1}{n}\sum_{i=1}^{n}\ln x_i+0.5772\hat{\gamma}_{\mathrm{Men}}^{-1}\right]\end{aligned} \tag{4-62}$$

(4) K 分布。

K 分布的最大似然估计不能显式表达，也就是说最大似然估计必须通过运算才能获得。相比其他估计方法，其计算效率低，但是其他参数估计方法可能产生错误。因此，找到参数估计中计算效率和估计精度的折中方法是非常有意义的。下面介绍一些 K 分布参数估计方法，并比较它们的特性。最大似然估计效率很低，这里对该方法不做介绍。

利用高阶矩估计 K 分布形状和尺度参数的一个简单方法是利用 K 分布随机变量 x 的各阶矩：

$$E(x^r)=\frac{2^r\Gamma(0.5r+1)\Gamma(0.5r+\upsilon)}{c^r\Gamma(\upsilon)} \tag{4-63}$$

因此，任何两个数据样本矩都可以被用来估计这些参数，如

$$\alpha_k=\frac{E(x^{2k})}{E^2(x^k)},\quad k=1,2,\cdots \tag{4-64}$$

α_k 相对于尺度参数 c 是独立的，可以用来估计形状参数 υ 。由估计的形状参数 $\hat{\upsilon}$ 和任何一个样本矩均可估计尺度参数 c 。

假定存在 n 个独立的杂波样本，样本矩为

$$m_r=\frac{1}{n}\sum_{i=1}^{n}x_i^r \tag{4-65}$$

式中，m_r 为第 r 阶样本矩。

任何两个样本矩都可以估计 K 分布的形状参数和尺度参数，随之而来的问题是选择哪两个矩来估计参数。这种选择是由估计值的误差决定的，这个误差可以通过计算估计值的方差和标准差来确定。

① 二阶四阶矩方法。已知二阶四阶样本矩，可用如下表达式来计算 K 分布的形状参数和尺度参数的估计值：

$$\begin{cases}\upsilon=\left(\dfrac{m_4}{2m_2^2}-1\right)^{-1}\\ c=2\sqrt{\dfrac{\upsilon}{m_2}}\end{cases} \tag{4-66}$$

K 分布的这两个参数最接近 K 分布测试样本的分布。

在没有热噪声的情况下，当杂波样本数足够大时，利用式(4.66)估计的参数 c 、

υ 和观察到的 K 分布真实海杂波参数是一致的。但是，当测试样本中热噪声电平较高时，上述估计方法对 K 分布参数估计的精度就大大降低了。因此，如果存在较高的热噪声电平，就需要用修正的参数估计表达式。

② 修正的二阶四阶矩方法。在高噪声情况下，平均能量的增加修正了斑点分量，噪声和杂波的联合分布为

$$F_{K+N}\left(x_0\right)=\int_0^{\infty}\exp\left(-\frac{x_0}{2\sigma^2+4y^2/\pi}\right)\frac{2d^{2\upsilon}y^{2\upsilon-1}}{\Gamma(\upsilon)}\exp\left(-d^2y^2\right)\mathrm{d}y \tag{4-67}$$

式中，$2\sigma^2$ 为噪声能量。

噪声杂波联合分布的 n 阶矩为

$$m_n=\int_0^{\infty}\left(2\sigma^2+\frac{4y^2}{\pi}\right)^{n/2}\Gamma\left(\frac{n+2}{2}\right)\frac{2d^{2\upsilon}y^{2\upsilon-1}}{\Gamma\left(\upsilon\right)}\exp\left(-d^2y^2\right)\mathrm{d}y \tag{4-68}$$

如果独立样本数足够大，那么可利用二阶矩、四阶矩、六阶矩来估计 K 分布的两个参数：

$$\begin{cases}\upsilon=\dfrac{c^2\sigma^2}{2}+\dfrac{18(m_4-2m_2^2)^3}{(12m_2^3-9m_2m_3+m_6)^2}\\ c=\sqrt{\dfrac{4\upsilon}{[\upsilon(m_4-2m_2^2)/2]^{1/2}}}\end{cases} \tag{4-69}$$

该方法降低了在低幅度值的拟合，但在加入噪声时可以提高尾区的拟合，正是尾区才对检测的虚警概率影响最大，因此该方法在存在热噪声的脉冲检测中可以提高检测性能。

③ 一二阶样本矩方法。估计 K 分布形状参数和尺度参数可以用一二阶样本矩，二阶样本矩与样本均值平方的比值为

$$\frac{m_2}{m_1^2}=\frac{4\upsilon[\Gamma(\upsilon)]^2}{\pi[\Gamma(\upsilon+0.5)]^2} \tag{4-70}$$

形状参数 υ 可以通过数学计算得到。尽管这种方法得不到闭环形式，但是低阶矩比高阶矩能得到更好的估计参数。尺度参数 c 可以用一阶矩来估计：

$$c=\frac{\Gamma(\upsilon+0.5)\sqrt{\pi}}{\Gamma(\upsilon)m_1} \tag{4-71}$$

选择 K 分布参数估计方法时，一个简单有效的操作是对实际海杂波数据计算统计模型的修正卡方检验指标 χ_m^2 值并进行对比，它们的参数是由各个估计方法

得到的。最低修正卡方指标 χ_m^2 值所对应的参数估计方法就是最好的估计方法。

(5) KK 分布。

由 KK 分布的概率密度函数可知，该分布未知参数为 υ 、c、k、ρ 。形状参数和尺度参数与 K 分布的形状参数和尺度参数相同，故估计方法也相同，可以利用 K 分布的参数估计方法来估计 KK 分布的形状参数和尺度参数。通常，经验值取 k=0.01，则只剩一个参数 ρ 需要估计求出。

对于 KK 分布，ρ 主要影响在尾区 KK 分布偏离 K 分布的偏离度，图 4.10 显示了在 10^{-4} 量级上的分离度。图 4.11 为不同 ρ 对应的在 10^{-3} 、10^{-4} 、10^{-5} 量级上的 K 分布与 KK 分布的偏离度。估计参数 ρ 时，首先求出 K 分布的形状参数和尺度参数，然后在 10^{-3} 、10^{-4} 、10^{-5} 量级计算 K 分布和数据分布的分离度。在图 4.11 中找到与该量级分离度对应的 ρ 值，采用不同量级上三个 ρ 的均值作为 KK 分布 ρ 的最终值。

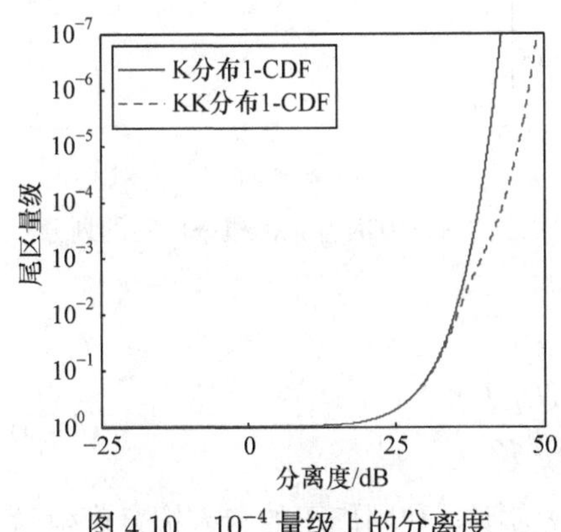

图 4.10　10^{-4} 量级上的分离度

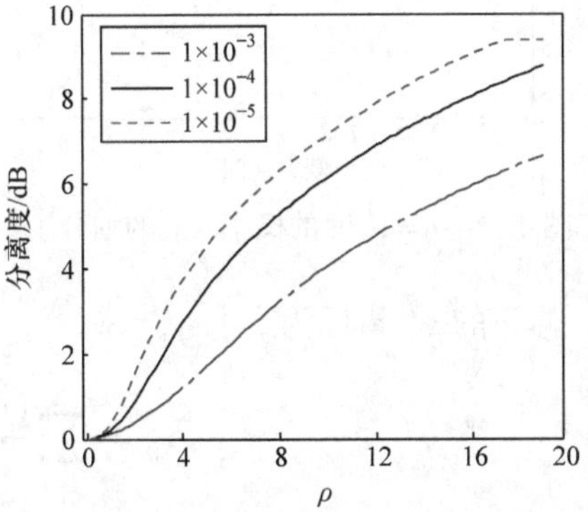

图 4.11　不同 ρ 对应的 K 分布、KK 分布的偏离度

2) 最优拟合分布

为了确定各种分布模型与海杂波数据的拟合程度，采用拟合检验的方法进行定量分析。

(1) 标准卡方拟合度检验。标准的卡方拟合度检验是将统计模型的概率密度分为 K 等份。参数 χ^2 定义为

$$\chi^2 = \sum_{i=1}^{K} \frac{(f_i - N/K)^2}{N/K} \tag{4-72}$$

式中，f_i 为杂波数据出现在第 i 个概率区间的频数；N 为杂波总数；N/K 为统计模型每个区间频数的期望。图 4.12 展示了 K=10 时的概率区间的划分。

计算各个分布模型拟合的 χ^2 值，χ^2 值越小表明数据拟合得越好。

(2) 修正卡方拟合度检验。从雷达的角度来说，对于海杂波数据，标准卡方拟合度检验的使用受到了很大限制，这是因为标准卡方拟合度检验在所有概率区间上设置了同样重要的权重，而在雷达应用中，杂波拟合度最重要的位置应该是低虚警概率区。

因此，对标准卡方拟合度检验进行修正，将各个分布模型划分区间的分界线设为虚警概率为 0.1，即将虚警概率小于 0.1 的区域等概率地划分为 K 个区域，则每个区域的概率为 $0.1K$ 。图 4.13 展示了 K=10 时修正的概率区间的划分。

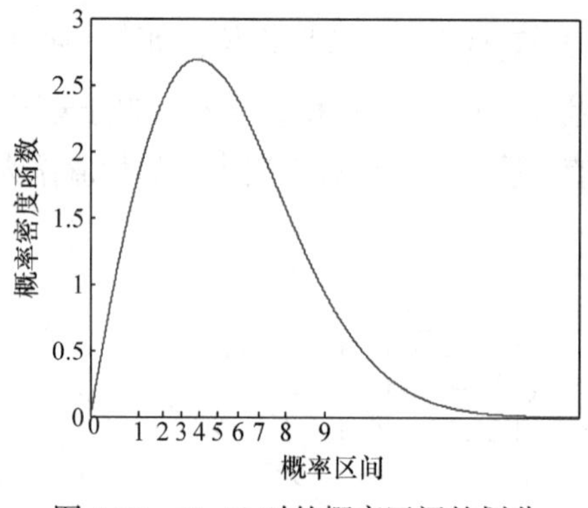

图 4.12　K=10 时的概率区间的划分

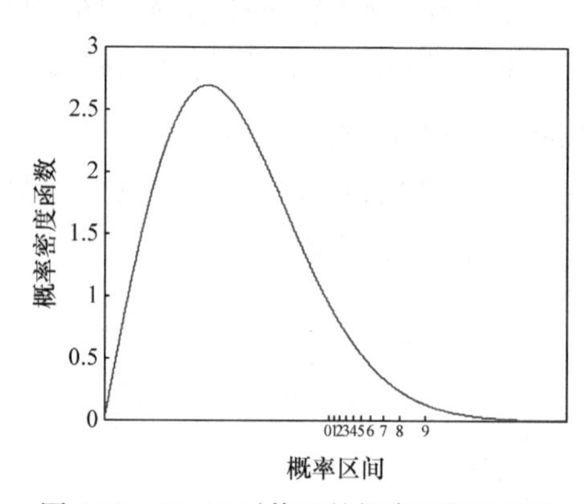

图 4.13　K=10 时修正的概率区间的划分

修正的 χ_m^2 指标为

$$\chi_m^2 = \sum_{i=1}^{K} \frac{(f_i - 0.1N / K)^2}{0.1N / K} \tag{4-73}$$

这相当于将虚警概率大于 0.1 时的权值设为零。利用修正的卡方拟合度检验即可简单对比各种分布模型的拟合性能。

(3) 检验各分布拟合。运用上述修正的卡方检验方法对瑞利分布、对数正态分布、W 分布、KK 分布、K 分布及 K 分布不同参数估计方法对数据的拟合度进行检验，检验结果如表 4.2 所示。

表 4.2　修正的卡方检验

分布模型	参数估计方法	修正卡方检验值
瑞利分布	最大似然估计	45.9018
对数正态分布	最大似然估计	420.6534
W 分布	Menon 估计方法	65.8312

续表

分布模型	参数估计方法	修正卡方检验值
KK 分布	一二阶样本矩方法	26.4994
K 分布	一二阶样本矩方法	9.0181
	二阶四阶矩方法	9.6512
	修正的二阶四阶矩方法	138.77

由表 4.2 可以看出，拟合度检验值最小的为采用一二阶样本矩方法估计的 K 分布，检验值越小说明拟合得越好。结果表明，在该特定海况下幅度分布是服从 K 分布的，且在该条件下采用一二阶样本矩方法估计 K 分布参数效果最好。

4.2 频率捷变抑制海杂波技术

4.2.1 海杂波的抑制

1. 不同入射角下的信杂比

依据任务要求和研究重点，把问题方向定义在实际面临的 10°～60°的平坦区中等入射角的范围内，特别是近距离 45°～60°的相关入射角范围内。海杂波估计的出发点是恒定 γ 模型，反射率 $\sigma^0=\gamma\sin\psi$，ψ 是相对于海面的入射角。γ 是描述面散射特性的一个参数，它与海况或蒲福风级 K_B 及雷达波长的关系为

$$10\lg\gamma=6K_B-10\lg\lambda-64 \tag{4-74}$$

对应不同蒲福风级 K_B，计算得 γ 的值如表 4.3 所示。

表 4.3 不同蒲福风级对应的 γ 值

海况数	蒲福风级 K_B	γ /dB
0	1	−37.345
1	2	−3.345
2	3	−23.345
3	4	−19.345
4	5	−14.345

续表

海况数	蒲福风级 K_B	γ /dB
5	6	−7.345
6	7	−1.345
7	8	5.655
8	9	10.655

海杂波的雷达截面积为

$$\sigma_c = A_c \sigma^0 = A_c \gamma \sin\psi = \frac{h_r \theta_a \tau_n c}{2L_p} \gamma \sec\psi \tag{4-75}$$

式中，h_r 为天线相对于表面的高度；θ_a 为雷达波束水平波瓣宽度；τ_n 为脉冲宽度；c 为真空中光速；L_p 为天线波形损失系数。

海杂波信杂比为

$$\frac{S}{C} = \frac{\sigma_t F_t^4}{\sigma_c F_c^4} \tag{4-76}$$

取 $\theta_a = 3° = 0.052\text{rad}$，$\tau_n = 0.1\mu\text{s}$，$L_p = 1.6\text{dB}$，$\sigma_t = 5600\text{m}^2$，计算任务中针对不同距离对应的工作模式，不同入射角和不同蒲福风级下海杂波的信杂比如表 4.4～表 4.6 所示。

表 4.4　不同入射角、不同蒲福风级下海杂波的信杂比(掠入射)

R/m	h_r /m	ψ /(°)	工作模式	不同蒲福风级下海杂波的信杂比								
				1	2	3	4	5	6	7	8	9
70000	450	0.3685	1	50.8511	45.8511	38.8511	32.8511	26.8511	20.8511	15.8511	8.8511	2.8511
50000	15	0.0172	1	63.6224	59.6224	54.6224	47.6224	4.6224	33.6224	29.6224	24.6224	17.6224
10000	300	1.7200	3	52.6102	46.6102	40.6102	35.6102	28.6102	22.6102	16.6102	10.6102	5.6102

从表 4.4 可以看出，在掠入射的情况下，海杂波对雷达回波信号的影响是比较小的。

表 4.5　不同入射角、不同蒲福风级下海杂波的信杂比(高入射角 45°)

R/m	h_r/m	ψ/(°)	工作模式	不同蒲福风级下海杂波的信杂比								
				1	2	3	4	5	6	7	8	9
70000	15000	12.3799	1	33.52	29.52	24.52	17.52	11.52	3.52	−0.48	−6.48	−12.48
50000	15000	17.4665	1	33.42	29.42	24.42	17.42	11.42	3.42	−0.58	−6.58	−12.58
30000	21204	45	3	32.62	26.62	20.62	15.62	8.62	2.62	−4.38	−9.38	−13.38
15000	10602	45	3	33.63	29.63	24.63	17.63	11.63	3.63	−0.37	−6.37	−12.37
5000	3534	45	4	40.40	35.40	28.40	22.40	16.40	10.40	5.40	−1.60	−7.60
1000	706	45	4	47.39	4.39	33.39	29.39	24.39	17.39	11.39	3.39	−0.61

表 4.6　不同入射角、不同蒲福风级下海杂波的信杂比(高入射角 60°)

R/m	h_r/m	ψ/(°)	工作模式	不同蒲福风级下海杂波的信杂比								
				1	2	3	4	5	6	7	8	9
70000	15000	12.3799	1	33.52	29.52	24.52	17.52	11.52	3.52	−0.48	−6.48	−12.48
50000	15000	17.4665	1	33.42	29.42	24.42	17.42	11.42	3.42	−0.58	−6.58	−12.58
30000	25972	60	3	30.23	25.23	18.23	12.23	6.23	0.23	−3.77	−11.77	−17.77
15000	12986	60	3	34.24	27.24	21.24	13.24	9.24	4.24	−2.76	−8.76	−15.76
5000	4328	60	4	38.01	32.01	26.01	20.01	15.01	8.01	2.01	−4.99	−9.99
1000	865	60	4	43.00	39.00	34.00	27.00	21.00	13.00	9.00	4.00	−4.00

上述计算中没有考虑风向的因素，是因为海杂波与风向的关系比较明确，逆风时最强，侧风时最弱，顺风时中等，总变化量为 5dB。从表中可以看出，在高入射角 45°和 60°照射下，海杂波对雷达回波信号的影响比掠入射情况下增大了很多，这时海杂波要作为一个重要的干扰源进行考虑。在最恶劣海况下，需要雷达对海杂波提供 20dB 左右的抑制能力。

2. 海杂波的去相关

利用不同的时间或不同的频率观察目标和杂波，进行目标杂波去相关，利用目标和杂波的不同去相关特性，实现杂波和目标的区分，以此来改善任务要求的毫米波雷达的检测性能。

1) 海杂波的时间频率去相关

去相关的关键是相关系数，去相关的对象包括海杂波和目标。对于时间去相关：海杂波相关时间随海况变化较大，不利于脉冲分组设计；海杂波谱展宽受弹体速度方位分量的影响较大,无法全程保持相同的去相关效果;目标的相关时间 t_c 取决于舰船目标的相对姿态。频率去相关则没有这些约束，即使舰船目标的相对姿态对相关频率的要求不同，相关频率还是在能够实现的范围内，因此在资源的分配上优先考虑的是频率资源的调用，使用频率去相关措施。

为实现去相关，使雷达工作于频率捷变状态，利用目标回波和海杂波在统计特性上的区别来实现海杂波干扰的抑制。利用频率捷变技术抑制海杂波是抵抗海杂波干扰的积极、有效措施。当海杂波相关时间内各个发射脉冲相互间的跳频间隔大于 $1/\tau_p$ 时，频率捷变使脉冲间的杂波实现去相关。

频率捷变雷达使目标特性和海杂波特性都发生了改变，但改变的方式和程度是不同的。目标特性的改变主要体现在回波幅度的变化上，幅度变化由慢起伏变为快起伏，幅度分布概率也随之变化，同时减小了大幅度和小幅度的概率。海杂波特性的改变体现在海杂波去相关方面。由于海杂波并非刚体，频率捷变对海杂波的去相关作用非常明显，从而达到了对海杂波的抑制。对于每个距离和时间的采样都是统计独立的一般噪声，经过 N 次积累后，所得方差为原来的 $1/N$ 。但对于相关海杂波，由于每次采样并不完全独立，因此经过 N 次积累后，其独立采样脉冲数并不等于 N ，而是小于 N。为此，可用一个等效独立采样脉冲数 N_e 来表示此时的独立采样脉冲数。假定所接收的信号为 x，平方律检波器的输出为 y，积累器的输出为 z，则 N_e 定义为

$$N_e = \frac{\sigma_y^2 / \overline{y}^2}{\sigma_z^2 / \overline{z}^2} = \frac{\sigma_y^2 \overline{z}^2}{\sigma_z^2 \overline{y}^2} \tag{4-77}$$

式中，σ_y 和 σ_z 为 y 和 z 的标准差。

当所有采样都独立时 $N_e = N$ ，当所有采样完全相关时 $N_e = 1$ ，这可以作为判断去相关能力的一种度量。

若已知海杂波的相关系数 $R_x(k)$ ，则可以通过式(4-78)求出其等效的独立采样数 N_e ，即

$$N_e = \frac{N}{1 + \dfrac{2}{N}\sum_{k=1}^{N}(N-k)R_x^2(k)} \tag{4-78}$$

而海杂波的频率自相关系数 $R_{xf}(k)$ 可表示为

$$R_{xf}(k)=\operatorname{sinc}[\tau_p(f_i-f_j)],\quad k=\left|i-j_T\right| \tag{4-79}$$

式中，τ_p 为脉冲宽度；f_i-f_j 为第 i 个脉冲与第 j_T 个脉冲之间的频率。

在频率捷变雷达实现频率去相关的同时，还可以实现时间去相关。当进行 N 次积累时，只要 N 个脉冲的积累时间等于或大于海杂波相关时间 τ_c，便可认为海杂波在时间上实现了去相关。假定海杂波在时间上去相关为高斯型，可用下式表示为

$$R_{xt}(k)=\exp\{-[(t_i-t_j)/\tau_c]^2\},\quad k=\left|i-j_T\right| \tag{4-80}$$

式中，τ_c 为海杂波的去相关时间，是高斯曲线的 $\sqrt{2}$ 倍标准差；t_i-t_j 为第 i 个脉冲与第 j_T 个脉冲之间的时间间隔。

海杂波总的去相关是频率去相关与时间去相关的乘积：

$$R_x(k)=\operatorname{sinc}[\tau_p(f_i-f_j)]\exp\left[-\left(\frac{t_i-t_j}{\tau_c}\right)^2\right],\quad k=\left|i-j_T\right| \tag{4-81}$$

因此，只要知道捷变规律、海杂波的相关时间、脉冲宽度和脉冲平复周期，就可由式(4-77)和式(4-78)求出等效独立采样脉冲数 N_e。等效独立采样脉冲数 N_e 的大小反映了积累器对海杂波的抑制效果。其中，可以独立依靠时间去相关或频率去相关的作用来影响等效独立采样脉冲数。

对于第 3 章中产生的特定条件下的海杂波，在没有频率捷变情况下利用式(4-46)求其等效独立脉冲数。对于 3cm 波长雷达，64 个重频周期相参积累，重频周期为 1ms，得其等效独立脉冲数为 5.4585；对于 9mm 波长雷达，64 个重频周期相参积累，重频周期为 400μs，得其等效独立脉冲数为 9.6480。可以看出，在没有频率捷变的情况下，等效独立脉冲数是非常低的，为了实现有效积累，必须进行频率捷变。

2) 去相关的意义

相关的概念是基于 Swerling 模型描述回波起伏的概念提出来的，巴顿定义的相关时间是回波信号两侧起伏谱的有效噪声带宽的倒数，它是目标横截面积变为新值所需的时间。例如，Swerling-1 类目标在任何一次扫描中，接收的目标回波幅度在脉冲间是恒定不变的，而且多次扫描之间是独立的。这个概念同样适用于海杂波。

对于通用目标模型，当信号在整个观察时间上积累时，输出的概率密度函数

取决于观察到的是一个样本，还是几个独立的样本；同样，当频率变化大于相关频率时，能够得到对回波的频率不相关。无论取时间的不相关性还是频率的不相关性，观察的效果都是等价的，得到的都是对起伏损耗的减少。独立采样数和相关系数是两个表示相关性的参数，它们从起伏损耗理论的角度完整地诠释了Swerling 模型的四种情况，证明了这些模型理论的正确性。频率捷变是最常用的以频率变化实现去相关特性的例子。频率捷变实现回波去相关后，可以加快回波起伏的速率，使相邻回波幅度不相关，同时还可以改变回波幅度的概率分布，使回波更趋近其平均值，从而可以降低检测门限，保持恒虚警概率而提高检测概率。

总之，虽然利用频率捷变去相关后海杂波的概率密度函数依然不能用简单或典型函数来描述，但是根据起伏损耗原理建立独立采样数模型，可以对信杂比的改善进行定量分析。

3. 目标的相关性

目标的起伏率是雷达散射截面主瓣通过雷达视线的速率。对于在垂直视线方向上一定尺度内的散射体均匀分布的目标，其接收信号的谱是矩形的，宽度为

$$f_{\max} = \frac{2\omega_a L_x}{\lambda} \tag{4-82}$$

式中，ω_a 为姿态角变化率；L_x 为垂直视线方向上的长度，即目标的横向尺寸，对于非均匀分布的散射源，L_x 表示一个等效定义值。

包络检波后信号的时间相关函数为

$$\rho(t) = \frac{\sin^2(\pi f_{\max} t)}{\left(\pi f_{\max} t\right)^2} \tag{4-83}$$

如果将 $\sin(x)/x$ 的第一个零点表征为相关时间，那么相关时间 t_c 可以表示为

$$t_c = \frac{\lambda}{2\omega_a L_x} \tag{4-84}$$

对于径向尺寸为 L_r 的目标，雷达沿视线方向延伸的距离为 L_r，其雷达散射截面随着雷达频率的变化而变化，脉冲响应是该距离段内的持续时间的矩形函数：

$$\tau_r = \frac{2L_r}{c} \tag{4-85}$$

相应的频率相关函数为

$$\rho(f) = \frac{\sin(\tau_r f)}{\tau_r f} = \frac{\sin(2L_r f / c)}{2L_r f / c} \tag{4-86}$$

如果以 $\sin(x)/x$ 的第一个零点表征相关频率，那么目标的相关频率为

$$f_c = \frac{c}{2L_r} \tag{4-87}$$

4. 起伏损耗和分集

实际中，Swerling-1 类目标模型单个脉冲给出的可检测因子 $D_1(1)$ 与稳定目标的单个脉冲可检测因子 $D_0(1)$ 的对比结果表明，起伏目标平均信号越大，获得的检测概率也越大。衡量这两种目标差异的量化因子称为起伏损耗。起伏损耗是指对于给定平均回波功率的目标，由目标起伏而产生的雷达可探测性或测量精度的视在损耗。它可度量为起伏目标要获得与具有恒定回波目标一样的测量精度而增加的平均回波功率，表示为

$$L_f(1) = \frac{D_1(1)}{D_0(1)} \tag{4-88}$$

起伏损耗曲线通常是检测概率 P_d 的函数，同时也受虚警概率 P_{fa} 和积累脉冲数 N 的影响。Swerling 模型解决了慢起伏和快起伏两种特殊情况的问题，但没有解决 N_e 个独立采样与 N 个噪声采样($1 \leqslant N_e \leqslant N$)同时积累的一般问题。

起伏损耗理论确定了目标的相关时间和相关频率是为了得到目标检测的分集增益。起伏损耗理论为确定目标检测分集增益提供了一种量化方法。对于在时间和频率上分开采样或采用正交极化采样的系统，起伏损耗的减小可视为分集增益，定义为

$$G_d(N, N_e)_{\text{dB}} = \left(1 - \frac{1}{N_e}\right) L_f(N)_{\text{dB}} = L_f(N)_{\text{dB}} - L_f(N, N_e)_{\text{dB}} \tag{4-89}$$

分集主要分为时间分集、频率分集和组合分集。

1) 时间分集

时间分集即在等于或大于目标相关时间间隔上接收独立采样，有效的时间分集要求积累间隔超过目标的相关时间 t_c。可得采样数为

$$N_e = 1 + \frac{t_0}{t_c} \leqslant N \tag{4-90}$$

2) 频率分集

频率分集是通过改变发射机频率快速而连续地获得独立采样。如果发射机的频率捷变带宽足够大，并且引入脉间频率捷变，那么调谐带宽 Δf 得到的独立采样数为

$$N_e = 1 + \frac{\Delta f}{f_c} \leqslant N \tag{4-91}$$

3) 组合分集

同时在时间上和频率上采样的组合分集给出的总采样数为

$$N_e = \left(1 + \frac{\Delta f}{f_c}\right)\left(1 + \frac{t_0}{t_c}\right) \leqslant N \tag{4-92}$$

对目标检测而言，起伏损耗的减小是经过脉间频率捷变改变目标的起伏类型来实现的。需要注意的是，只有系统在不分集的情况下有起伏损耗，分集才有增益。当检测概率较低时，分集并无益处。当要求高检测概率时，分集又是不可缺少的。

4.2.2　频率捷变方案设计

1. 方案设计的限制条件

1) 实时性的限制

脉冲间积累和脉组间积累是抵抗海杂波干扰的有效方法，其原理是利用目标回波和海杂波在时域统计特性上的区别来实现对目标和杂波的分辨。在去相关过程中，需要考虑实际运用平台高速运动带来的实时性问题。

在选择低重频雷达体制时，按照无模糊测距要求确定脉冲重复频率 f_r 。实际应用中，应根据实际的系统处理时间和实时性要求进行脉冲间和脉组间积累脉冲数目的设计，把去相关的时间设计控制在数据刷新率的节拍中并行工作，而不能为了去相关的需要无节制地扩大积累周期，忽略实时性的要求。

2) 频率捷变的兼容性

频率捷变体制最大的限制在于与脉冲多普勒处理体制不兼容。频率捷变过程产生了不同的载频，使得同一目标所对应的多普勒频率不唯一，相位的混叠使相参积累的效果等同于采用非相参积累形式，因此在频率去相关时不能采取全相参积累的方式，需要采用频分多通道并行的方式。

3) 去相关的极限值

去相关所能获得的最大的独立采样数 N_e 理论上存在一个极限值，即 $N_e \leqslant N$ 。也就是说，驻留时间内所能得到的积累脉冲数最终限制了去相关的效果。考虑到海杂波去相关的效果会受积累脉冲数的限制，因此要达到 20dB 的效果，总的脉冲数至少需要 128 个(约 21dB)。

积累脉冲数 $N = T_0 f_r$ ，T_0 为雷达水平波束宽度内的驻留时间，f_r 为雷达的脉冲重复周期。具体环境中，在 T_0 被驻留时间或数据率约束的条件下，提高雷达的脉冲重复周期 f_r 是增加积累脉冲数的唯一有效途径。

2. 方案设计的实现途径

实现时间去相关需要以积累的手段，充分利用驻留时间内可利用的脉冲数，从技术途径上可归纳为脉组内积累、脉组间积累、相参积累或非相参积累四种基本形式；频率去相关从技术途径上可归纳为脉组内频率捷变和脉组间频率捷变两种基本形式；或者以上述基本形式的相互组合形式完成。

因为不能无条件地实现所有形式，所以需要对上述内容进行综合和评估，选择合理可行的途径。

1) 相参积累和非相参积累

相参积累和非相参积累对信噪比的改善效果可以从损耗增益中充分得到体现，相参积累明显优于非相参积累，并且相参积累保留了目标的相位信息，能够反映目标的多普勒域特征。多普勒域信息的提取和处理能力是脉冲多普勒雷达体制的重要标志。相参积累和非相参积累在雷达信号处理中使用的优势是非常明显的，特别地，相参积累对海杂波还有去相关能力。

对于脉冲多普勒雷达，雷达的脉冲重复频率 f_r 远远小于噪声接收机带宽 B_n，可以认为噪声是白化的。雷达在驻留时间 t_0 内，包含目标信息和噪声的回波信号，经过射频混频、中频混频、匹配滤波等，最后呈现在 $0 \sim f_r$ 脉冲多普勒滤波器组中。每个滤波器的带宽 $B_r = f_r / N$，N 为驻留时间 t_0 所对应的脉冲数，目标信号相对于滤波器的带宽是一个窄带信号，必然会落入滤波器组中的某一个滤波器，但噪声带宽 $B_n \gg f_r$，经频谱折叠后均匀落入每个滤波器中。对于目标所在的滤波器，目标信号能量并没有减少，而噪声能量却只留下了原来的 $1/N$，因此信噪比能够提高 N 倍，这就是相参积累增益。

对于海杂波，虽然其频谱的分布是有色的，但相对于目标频谱来说其依然是宽带的，因此虽然相参积累增益会受有色谱的影响而有所降低，但效果依然会好于非相参积累。随着海况和速度姿态的剧烈变化，海杂波谱将进一步展宽，相参积累得到的增益也会进一步增加。

相对于相参积累，非相参积累的损失是不可避免的，在原理上本就不能克服。这是因为非相参积累器位于包络检波器后，非线性包络检波过程抑制了小信号的增加。

因此在允许的情况下，优先考虑相参积累形式。相参积累的最大优势是保留了频域信息，这在抗干扰中体现得更为明显，同时信噪比的提高也是显而易见的。

2) 脉冲间积累和捷变增益

脉冲间积累利用目标回波和海杂波在脉冲间统计特性上的区别来实现对目标的时域分辨，是抵抗海杂波干扰的有效措施之一。从第 3 章的理论和仿真实验中可知，毫米波雷达海杂波的相关性主要表现为 2ms 以内的快起伏引起强相关性和 1s 左右的慢起伏引起的弱相关性。影响海杂波强相关性的因素有很多，但海杂波长时间弱相关性主要是由尖头海浪引起的。由于海杂波的强相关时间小于波束驻留时间，因此经过频率捷变的去相关作用后，海杂波的短时间强相关在脉冲间就变得基本不相关了，通过脉冲间积累便可以得到相当的处理增益。

假设雷达的有关参数为：脉冲重复周期 $T_r = 400\mu s$、波束照射时间 $T_d = 23.6ms$、频率捷变随机跳频点数 $\gamma = 16$。由第 3 章的雷达回波仿真实验得出的杂波相关时间 $\tau_c = 1.6ms$。由此，波束内脉冲数 N 为

$$N = \frac{T_d}{T_r} = 64 \tag{4-93}$$

从而可以求出固定频率时等效的相互独立脉冲数 N_e 为

$$N_e = 1 + \frac{T_d}{\tau_c} = \frac{25.6}{1.6} = 16 \tag{4-94}$$

因此，固定频率时的视频积累增益 G_1 为

$$G_1 = 10\lg N_e - L(N_e) = 12.04 - 2.2 = 9.84(\mathrm{dB}) \tag{4-95}$$

式中，$L(\cdot)$ 为视频积累损失，其值通过查表可得。

当雷达工作于捷变频率时，等效的相互独立脉冲数 N_{e2} 为

$$N_{e2} = N_e \gamma \left[1 - \mathrm{e}^{-N/(N_e \gamma)}\right] = 16 \times 16 \times \left[1 - \mathrm{e}^{-64/(16 \times 16)}\right] = 56.63 \tag{4-96}$$

同理，可以求出频率捷变时的视频积累增益 G_2 为

$$G_2 = 10\lg N_{e2} - L(N_{e2}) = 17.53 - 3.7 = 13.83(\mathrm{dB}) \tag{4-97}$$

由此可以得出雷达在海杂波环境下的频率捷变增益 G_δ 为

$$G_\delta = G_2 - G_1 = 13.83 - 9.84 = 3.99(\mathrm{dB}) \tag{4-98}$$

由此可见，频率捷变能明显地提高在海杂波背景下雷达的视频积累增益，而且海杂波越强，频率捷变增益 G_δ 越明显。本例的增益可将雷达对小目标的检测距离提高至 2.5 倍。由上述公式还知，当雷达工作于捷变频率时，雷达脉冲重复周期 T_r 越小，相应的海杂波背景下的视频积累增益越大；当雷达工作于固定频率时，则没有这样的增益。同时，若增加波束驻留时间 T_d，则可以在一定程度上提高视

频积累增益，但没有减小雷达脉冲重复周期 T_r 的效果明显。因此，在强海杂波干扰背景下，采用频率捷变技术时，为了得到大的捷变增益，应适当减小雷达脉冲重复周期 T_r。

3) 方案的选择

通过上述原则的制定和优劣的比较，获得了独立采样的四种基本实现形式，如图 4.14 所示。驻留时间 $t_0 = mn / f_r = t_s n$，mn 为驻留时间内的脉冲总数，m、n 分别为脉组数和脉组内脉冲数，t_s 为脉组持续时间。方案 1 为驻留时间内分组，脉冲间均相参积累，频率不捷变；方案 2 驻留时间内不分组，进行长时间脉间频率捷变，非相参积累；方案 3 为驻留时间内分 n 组，脉组内 m 个脉冲相参积累(m 脉冲间频率不捷变)，n 脉组间进行频率捷变，非相参积累；方案 4 驻留时间内分为 n 组，发射 n 组、m 个脉间顺序捷变频率的脉冲，n 脉组间相同频率的脉冲进行相关积累，脉组内 m 个顺序频率捷变的脉冲进行非相参积累。

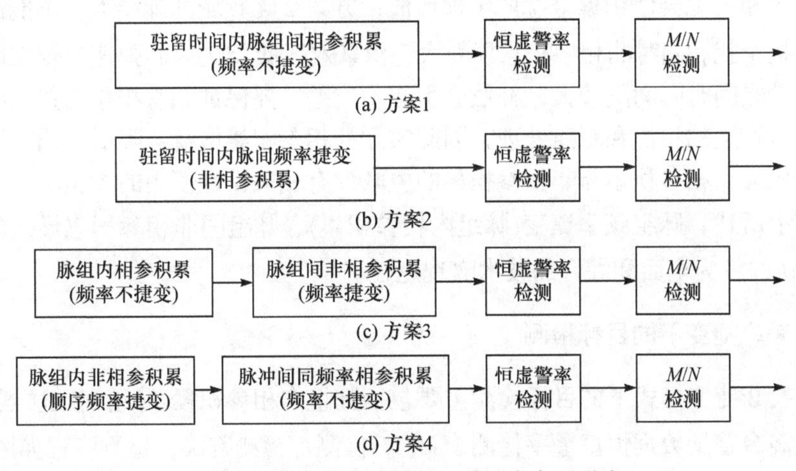

图 4.14　获得独立采样的四种基本实现形式

令 M=16, N=4, 海浪为3级, 积累脉冲数 $MN = 64$ 个脉冲, 发现概率 $P_d = 0.98$，虚警概率 $P_f = 10^{-9}$，脉冲重复周期 $f_r = 5\text{kHz}$，$t_0 = 64 / 5000 = 12.8\text{ms}$，每 16 个脉冲为一组，共 4 组。得到的独立采样数 $n_e = n_{et} n_{ef}$。在 $P_d = 0.98$、$P_f = 10^{-9}$ 的条件下，对于 Swerling-1 类目标，积累脉冲数为 64 时的起伏损耗为

$$L_f(64)_{\text{dB}} = L_f(1)_{\text{dB}}(1 + 0.035 \lg n) = 15.6(\text{dB}) \tag{4-99}$$

各个方案的实现效果如表 4.7 所示。

表 4.7　各个方案的实现效果　　(单位：dB)

方案	相参积累增益	分集增益	非相参损耗	时间相关损耗	总增益
1	18.0618	0	0	8.5194	9.5424
2	0	13.2	4	0	11.2
3	12.0412	11.4	1.3	9.6108	12.5304
4	12.0412	11.4	1.3	8.7042	14.4370

在噪声和杂波背景下，信噪比/信杂比的改善严格来说并不能等同，为简化分析，在表 4.7 中认为杂波完全去相关后信杂比改善等同于信噪比；同时表中结论没有考虑目标的时间去相关效果。

由表 4.7 可以看出，方案 1 虽然具有最大的频率分辨能力和相参积累增益，但是其没有利用频率捷变去相关的能力，且时间相关对起伏损耗的影响最大，同时目标去相关也会使积累增益低于预计值；方案 2 无频域处理能力，不能进行频域分辨抗干扰，同时非相参积累损耗大，积累效率低；方案 4 弹速补偿在脉间进行，脉冲之间时间间隔较大，补偿会引起相位差，要保证相参积累增益，必须按脉组进行特别的相位和距离处理，因此实际的相参积累增益会降低，同时工程实现难度较大，相参积累与非相参积累的关联没有相关设计使用的经验。

综上所述，脉组频率捷变(脉组内相参积累)、脉组间非相参积累形式的方案 3 为确认的较为全面和综合的技术实现途径。

4.2.3　频率捷变下的目标检测

方案 3 捷变模式下的目标检测主要包括脉组内相参积累、脉组间乘法器积累、每组距离多普勒数据恒虚警率检测、M/N 检测、检测判决，检测流程如图 4.15 所示。

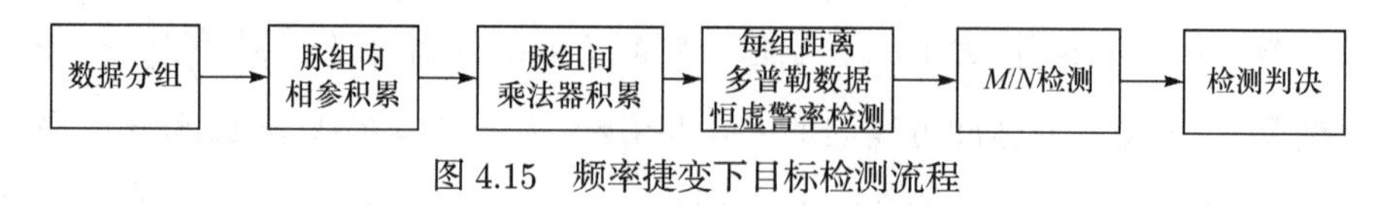

图 4.15　频率捷变下目标检测流程

1. 脉组间乘法器积累

频率捷变雷达可以同时发射频率为 $f_1, f_2, \cdots, f_n$ 的脉冲，所得到的回波信号经过滤波器滤波后，由各个频率的接收机接收，所得到的不同发射频率信号之间已丧失了相参性，可以将其加到一个乘法器，以乘法器代替传统的加法器实现非相参积累。

这样的信号处理采用乘法器代替加法器实现非相参积累的方式，是因为乘法处理可以更好地改善回波信号的信杂比和信噪比。为了分析方便，假定目标的回波强度和频率无关，而海杂波随着频率而变化，且雷达只发射两个频率 f_1、f_2，这两个频率的目标回波相对幅度为 1。为了便于分析，可将信噪比忽略。当两个频率的杂波峰值相对幅度分别为 1 和 0.1 时，采用加法器实现非相参积累可得信杂比为 1∶0.55，采用乘法器实现非相参积累可得信杂比为 1∶0.1，这就大大改善了信杂比。

对于方案 3 的频率捷变模式，同样可以采用乘法器非相参积累模式，下面对其积累性能进行分析。

对于每帧 64 个脉冲的仿真回波，将其分为四组，每组 16 个脉冲。对于脉压后的信杂比，图 4.16(a)给出了第一组 16 个脉冲的叠加回波，从图中可以看出信杂比为 5dB；分别对四个脉冲组进行相参积累，相参积累后的数据如图 4.16(b)所示，可以看出此时信杂比提高到了 9dB；对四组相参积累后的数据进行非相参积累，非相参积累可以用加法和乘法，作为对比，将采用加法非相参积累的结果示于图 4.16(c)中，将采用乘法非相参积累的结果示于图 4.16(d)中，计算可得加法非相参积累后信杂比为 12dB，而乘法非相参积累后的信杂比为 42dB。

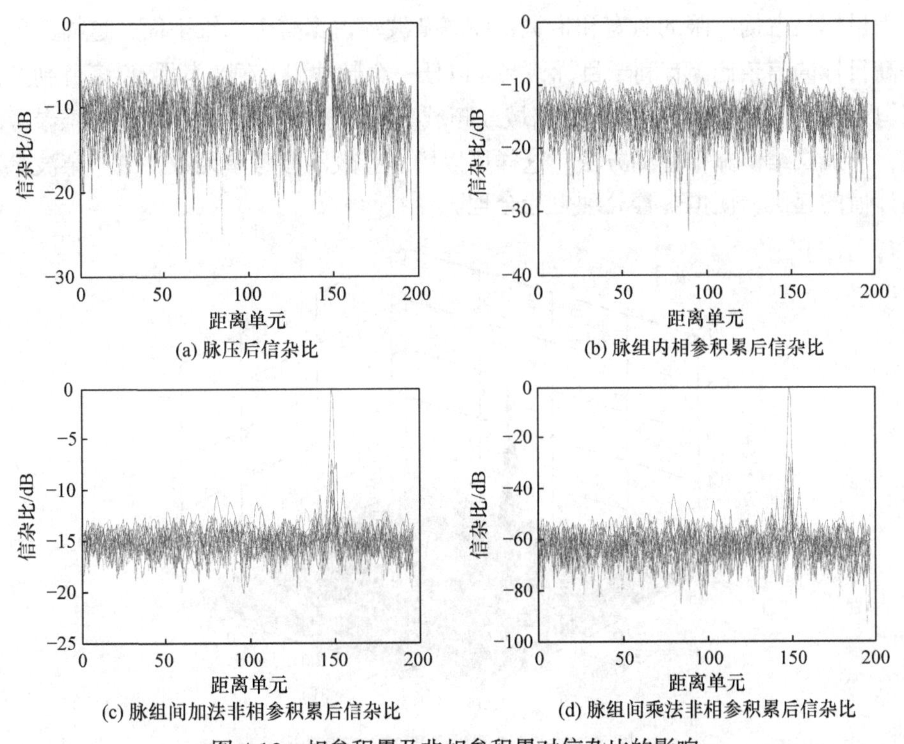

(a) 脉压后信杂比　(b) 脉组内相参积累后信杂比

(c) 脉组间加法非相参积累后信杂比　(d) 脉组间乘法非相参积累后信杂比

图 4.16　相参积累及非相参积累对信杂比的影响

乘法器非相参积累的性能优势是不言而喻的，虽然其会增加一定的运算量，但是可以接受。

2. 距离多普勒数据恒虚警率检测

恒虚警信号处理技术是减小海杂波影响的又一有效措施。在海杂波背景下，检测目标采用固定门限检测必然会导致虚警增多。在单元平均恒虚警率检测中，首先利用直接计算若干个参考单元平均幅度的方法来估计测试单元的干扰强度，然后利用杂波幅度的概率密度函数求出门限系数，实现对目标的浮动门限检测处理，能够大大降低虚警率。雷达相参信号经过处理后，目标在距离-多普勒二维空间上具有单尖峰特征，目标同时占据距离-多普勒二维的局部区域。利用目标的二维信息进行检测显然会比常规的一维检测识别得更准确。同时，为了提高恒虚警处理对付各种干扰的适应能力，可以采用单元平均恒虚警的改进方法，即单元平均选大或单元平均选小的恒虚警处理。

雷达实际接收到的原始数据经过混频、滤波及脉冲压缩后排成 $M\times N$ 矩阵，其中 N 为积累脉冲数，M 为距离单元数，N 又分为四个不同频率的脉冲组，分别对四个脉冲组进行 FFT 处理，目标和杂波将分布在距离-多普勒二维平面，此时有用目标只占据有限的时宽和带宽，而海杂波却占据整个二维平面，这样就可以提高目标的信杂比，有利于目标检测。以任一个脉冲组为例，其距离-多普勒谱如图 4.17 所示。将传统的一维距离域或频域参考滑窗改为距离-多普勒二维参考滑窗，形成二维恒虚警检测方法，这样可以增加有效的参考单元数，减小杂波参数估计值的起伏，使恒虚警处理更趋合理。

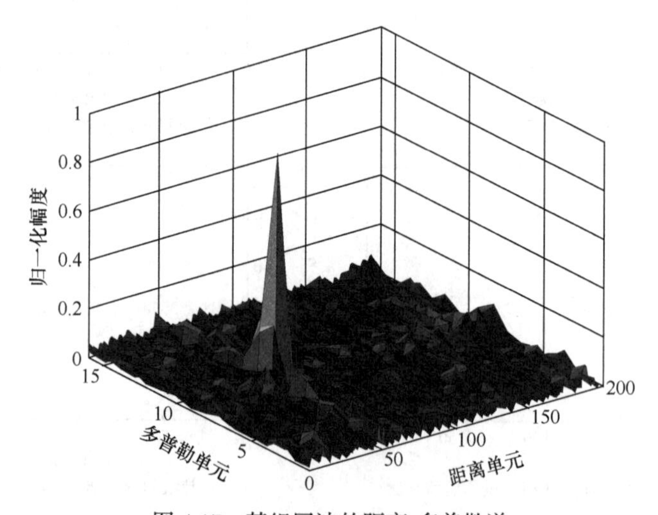

图 4.17　某组回波的距离-多普勒谱

进行二维恒虚警检测时比较常见的参考窗为矩形窗和十字窗。十字窗结构并不是在整个二维平面选取的，其只利用了和检测单元处于同一距离单元与处于同一多普勒单元的单元作为参考单元，如图 4.18 所示。图中，T 为检测单元，G 为保护单元，R 为参考单元。由于距离-多普勒谱的数据矩阵为 200×16，因此滑窗可以选用 17×7 大小，左右 2 个单元为检测单元，上下 1 个单元为保护单元，其他单元为参考单元。显然，对于这种参考窗，当干扰目标不在窗内时，检测性能损失很小。

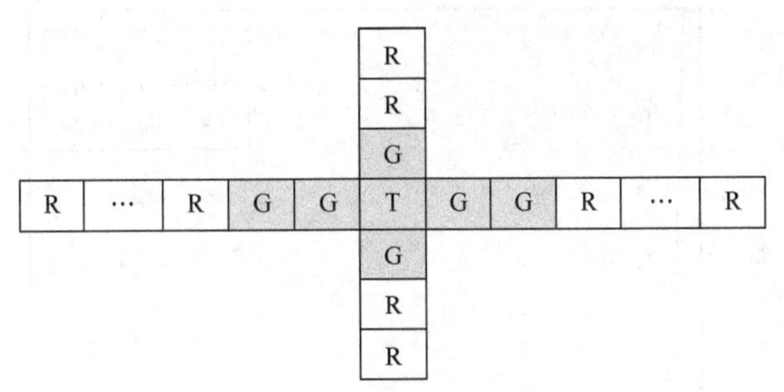

图 4.18　十字窗示意图

对于二维检测的检测门限系数 T，在给定虚警概率的情况下可以通过 K 分布的概率密度函数求得，有

$$
\begin{aligned}
P_{\mathrm{fa}} &= P\left(Y \geqslant Tz\right) = \int_0^{\infty}\int_{Tz}^{\infty} p_{\mathrm{K}}(y)\mathrm{d}y p_{\mathrm{K}}(z)\mathrm{d}z \\
&= \int_0^{\infty}\left(1 - F_{\mathrm{K}}\left(Tz\right)\right)p_{\mathrm{K}}(z)\mathrm{d}z
\end{aligned}
\tag{4-100}
$$

式中，$p_{\mathrm{K}}(x)$ 为 K 分布海杂波概率密度函数；$F_{\mathrm{K}}(x)$ 为 K 分布的线性域积累概率密度函数。分别将式(4-21)和式(4-22)代入式(4-100)可得

$$
P_{\mathrm{fa}} = \int_0^{\infty} \frac{4c}{\Gamma^2(v)}\left(\frac{c^2Tz^2}{4}\right)^{v} \mathrm{K}_{v}(cTz)\mathrm{K}_{v-1}(cz)\mathrm{d}z \tag{4-101}
$$

在推导虚警概率的过程中发现，P_{fa} 与 K 分布的尺度参数 c 无关，只与形状参数 v 及门限系数 T 有关。

在求解式(4-101)积分方程的过程中，对给定的形状参数 v，可以采用样条函数积分的方法，再用插值形成 v 与 T 的表格，在实际处理中，先估计 v，再由此选择相应的 T。虚警概率为 0.1、0.01 和 0.001 时 v 与 T 的对应曲线如图 4.19 所示。在实际处理时，可以建立形状参数-归一化门限值的数据表格，先估计出杂波的形状参数，再查找形状参数对应的归一化门限值，用于恒虚警检测。

3. M/N 检测

由于采用了脉组间的频率捷变，因此需要进行非相参积累检测器的设计。非相参积累检测器采用双门限的二进制积累检测器：第一门限为恒虚警门限，以初步滤除噪声和杂波，降低其量级；第二门限为 M/N 检测，综合达到控制虚警的目的，满足任务要求的虚警概率或时间，同时完成二进制积累形式的非相参积累，达到降低起伏损耗和抗大入射角海杂波背景中目标检测的目的。

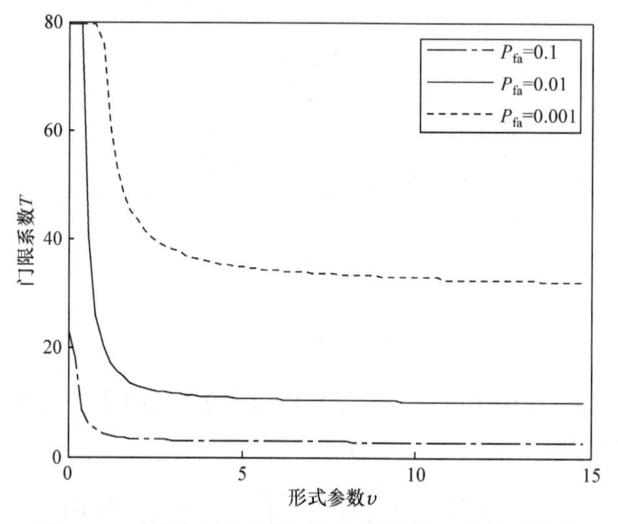

图 4.19　K 分布形状参数 υ 与门限系数 T 的关系曲线

视频积累器通常是将模数转换器置于包络检波器之后以数字形式来实现，当使用 1 位变换器并紧跟 1 个累加器时，可要求在 N 次决策中有 M 次检测到目标，才能确认目标存在，称此为 M/N 检测。二进制积累检测器的损耗相对于视频积累增加约为 1.6dB。

对于 N 个相同的脉冲，二进制积累器的性能在检测概率和虚警概率上是相同的，即

$$P(j)=\frac{N!}{j!(N-j)!}p^{j}(1-p)^{N-j} \tag{4-102}$$

对于 M 和 N 的选取，可以考察不同 M、N 的检测概率和虚警概率。假设第一门限的检测概率 $P_d=0.8$，虚警概率 $P_{\mathrm{fa}}=10^{-3}$。表 4.8 展示了 M/N 检测后不同 M、N 的虚警概率，表 4.9 展示了 M/N 检测后不同 M、N 的检测概率。

表 4.8　不同 M、N 的虚警概率

虚警概率 N		M							
		1	2	3	4	5	6	7	8
N	1	1×10^{-3}	0	0	0	0	0	0	0
	2	2×10^{-3}	1×10^{-6}	0	0	0	0	0	0
	3	4×10^{-3}	4×10^{-6}	1×10^{-9}	0	0	0	0	0
	4	5×10^{-3}	6×10^{-6}	5×10^{-9}	1×10^{-12}	0	0	0	0
	5	3×10^{-3}	1×10^{-5}	1×10^{-8}	3×10^{-12}	1×10^{-15}	0	0	0
	6	6×10^{-3}	1.5×10^{-5}	2×10^{-8}	1.5×10^{-11}	6×10^{-15}	1×10^{-18}	0	0
	7	7×10^{-3}	2.1×10^{-5}	4.5×10^{-8}	4.5×10^{-11}	2.1×10^{-14}	7×10^{-18}	1×10^{-21}	0
	8	8×10^{-3}	2.8×10^{-5}	3.6×10^{-8}	7×10^{-11}	3.6×10^{-14}	2.8×10^{-17}	8×10^{-21}	1×10^{-24}

表 4.9　不同 M、N 的检测概率

检测概率 N		M							
		1	2	3	4	5	6	7	8
N	1	0.8000	0	0	0	0	0	0	0
	2	0.9600	0.6400	0	0	0	0	0	0
	3	0.9920	0.8960	0.5120	0	0	0	0	0
	4	0.9984	0.9728	0.8192	0.4096	0	0	0	0
	5	0.9997	0.9933	0.9421	0.7373	0.3277	0	0	0
	6	0.9999	0.9984	0.9830	0.9011	0.6554	0.2621	0	0
	7	1.0000	0.9996	0.9953	0.9667	0.8520	0.5767	0.2097	0
	8	1.0000	0.9999	0.9988	0.9896	0.9437	0.7969	0.5033	0.1678

由表 4.8 和表 4.9 可以看出，N 值越大检测概率越大，同时虚警概率越大，但是实时性越差。为了兼顾检测性能和实时性，同时考虑到工程中的捷变频率分为四个脉冲组，取 N=4、M=2 为最佳。对于 2/4 准则，在 $P_{\mathrm{fa}} \ll 1$ 时，检测的虚警概率 P_{cfa} 简化为 $P_{\mathrm{cfa}} \approx 6P_{\mathrm{fa}}^2$，其中 P_{fa} 为单次检测的虚警概率。只要单次检测的 P_d 足够高，2/4 准则不仅能减小虚警概率，还能提高检测概率。

第 5 章　频率捷变雷达信号处理的抗干扰方法

随着现代雷达在战场中得到越来越广泛的应用，雷达对抗技术也取得飞速发展，每一种干扰措施的出现都具有不同的目的性和针对性，因此一种抗干扰措施根本不可能对抗各种电子干扰。总体来讲，对雷达的干扰主要分为有源干扰和无源干扰，有源干扰主要分为欺骗干扰和压制性干扰，无源干扰主要分为反射器干扰、假目标/诱饵干扰和箔条干扰。由于雷达无源干扰和有源干扰的产生条件不同，雷达相应的抗干扰措施也会不同。针对有源干扰，雷达采取的抗干扰措施主要分为两类：第一类是在回波信号进入雷达接收机前采用，通过频率选择、空间选择、波形设计和极化选择等方式，使得干扰信号难以进入雷达接收机；第二类主要用于对付进入雷达接收机内部的干扰信号，利用适当的信号处理技术使雷达接收机的输出信噪比尽可能达到最大值。

导弹对地面或海面攻击时，传统的脉冲多普勒雷达或步进频雷达对无源箔条干扰和多点源闪烁干扰已有相应的应对措施。例如，针对箔条云干扰，由于箔条云的速度与目标的速度存在显著差异，脉冲多普勒雷达很容易通过多普勒频移在目标与诱饵之间进行分辨，从而选择目标的谱线进行角跟踪，因此对于脉冲多普勒雷达，这种干扰形式基本失效。

在现代电子战中，TRAD 占据着非常重要的战略地位。对地攻击时，拖曳式干扰一般不常用；对海攻击时，大型舰艇常抛出诱饵以引诱导弹失去目标；对空攻击时，飞机经常抛出诱饵以摆脱雷达跟踪。拖曳式干扰与自卫式干扰有共同之处，即都采用距离拖引或速度拖引干扰方式。但是，自卫式干扰的干扰机装配在目标体上，而拖曳式干扰是通过拖曳线与目标配置在一起的。

由于拖曳线的长度比较短，在中远距离情况下，诱饵与载机可以同时处于雷达导引头的波束范围内。由于干扰装置在拖曳线的带动下随着载机目标的运动而运动，TRAD 可以逼真地模拟载机的航速、航向特征，使得一般的雷达跟踪系统无法通过运动特性来区分载机和诱饵，因此 TRAD 很容易捕获雷达系统的距离与速度跟踪波门。TRAD 在战术应用上还有一个非常重要的特征，即干扰信号捕获到跟踪波门后，目标朝垂直于雷达波束照射方向实施机动，逐步形成目标、对方导弹(雷达)、诱饵之间的三角态势，使得雷达波束指向随着诱饵方向的改变而改变，最终导致载机逐步逃离到雷达的照射波束以外(三角态势形成过程中，目标相对于雷达的角度与诱饵相对于雷达的角度之间的差值逐步增大，当差值大于雷达波束宽度的一半时，目标逃离到波束以外)。此时，弹载雷达告警接收机感受到雷达信号基本消失后，停止信号的转发，导致制导雷达丢失目标或命中无价值的诱饵。

在干扰效果方面与传统自卫式干扰不同的是：拖曳式干扰通过机动使得雷达波束偏离目标，雷达丢失目标后，需要通过波束扫描在一定的角度范围内重新搜索(不仅仅是距离与速度搜索)，此时，导弹已飞过目标区，一般难以再搜索到目标。

显然，TRAD 是自卫式干扰与载体外有源干扰的有机结合，兼有自卫式干扰的优点(逼真、难以分辨)及载体外有源干扰的优点(能够实施真正的角度欺骗)，按照干扰信号作用的原理，TRAD 属于欺骗式干扰，也可以划分到协同干扰一类中(载机与诱饵的协作)。

自卫式干扰的处理与拖曳式干扰类似且更简单，本章着重考虑对海攻击的场景下抵抗拖曳式干扰的问题，主要从三方面阐述高重频随机阶梯变频雷达抵抗拖曳式干扰的问题：①拖曳式干扰的原理；②拖曳式干扰对传统步进频雷达的干扰仿真；③高重频随机阶梯变频雷达抗干扰的优势。

5.1　高重频随机阶梯变频雷达抵抗拖曳式干扰

5.1.1　拖曳式干扰的基本原理

TRAD 的干扰方程是拖曳式干扰的基本理论依据。图 5.1 包括载体、诱饵及来袭导弹，诱饵通过拖曳线(光纤)与目标连接。根据图 5.1 所示关系，雷达信号经载体反射后，接收的回波信号功率为

$$P_s = \frac{P_t G_t^2 \lambda^2 \delta}{\left(4\pi\right)^3 R^4} \tag{5-1}$$

式中，P_t 为雷达的脉冲功率；G_t 为雷达发射/接收天线增益(这里假设发射和接收共用同一天线)；λ 为雷达工作波长；δ 为目标(载体)的雷达散射截面积；R 为雷达到载体的距离。

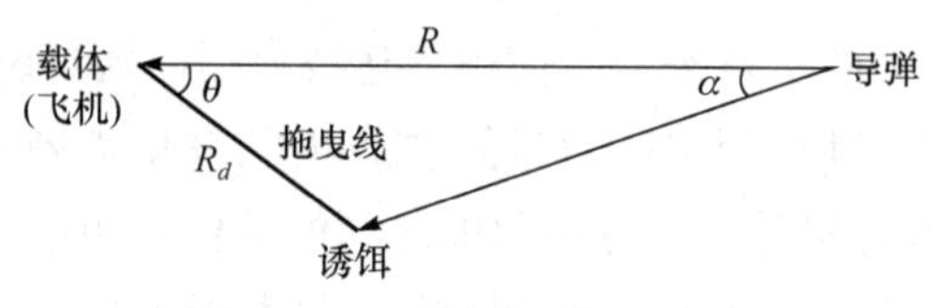

图 5.1　TRAD 的几何示意图

1. 转发式 TRAD 的等效干扰功率

转发式 TRAD 的等效干扰功率为

$$P_{\mathrm{rds}} = \frac{kP_tG_t\delta}{4\pi\cos^2\alpha}\left(\frac{1}{R}-\frac{R_d}{R^2}\cos\theta\right)^2 \tag{5-2}$$

式中，k 为雷达接收机的干扰压制系数(在欺骗干扰时，$k \geqslant 2$)；α 为雷达到载体的连线与雷达到诱饵的连线之间的夹角；θ 为雷达到载体的连线与载体到诱饵的连线之间的夹角；R_d 为载体到诱饵的距离(近似等于拖曳线长度)。

式(5-2)为转发式 TRAD 的干扰方程，这里 R_d 是一常量。显然，干扰功率随 R 的变化而变化。

2. 应答式 TRAD 的等效干扰功率

应答式 TRAD 的等效干扰功率为

$$P_{\mathrm{tds}} = \frac{kP_tG_t\delta}{64\pi R_d^2\cos^2\alpha\cos^2\theta} \tag{5-3}$$

对比式(5-3)与式(5-2)，在应答式工作方式下，干扰机的输出功率是一常数，不像式(5-2)那样随距离 R 变化。对于转发式干扰情况，最大干扰功率出现的条件为 $R = 2R_d\cos\theta$，将其代入式(5-2)就能导出式(5-3)。在雷达离载体较远的通常情况下，可近似认为 $\alpha = \theta = 0°$。此时，式(5-3)可以简化为

$$P_{\mathrm{tds}} = \frac{kP_tG_t\delta}{64\pi R_d^2} \tag{5-4}$$

式(5-2)～式(5-4)是计算 TRAD 干扰功率的公式，它们为技术设计和战术使用提供了理论依据。

5.1.2　TRAD 对角度跟踪系统和速度跟踪系统的干扰

1. TRAD 对角度跟踪系统的干扰

如果 TRAD 起作用，那雷达的角度跟踪系统响应会因有第二个反射源(诱饵)

的存在而发生变化。TRAD 的工作原理与两点源干扰单脉冲雷达的原理是相同的。空间两点源对角度跟踪系统产生的干扰有两种：非相干干扰和相干干扰。非相干干扰是指落入雷达主瓣的两点源在相位上是无关的。诱饵干扰产生的效果是使雷达跟踪在两点源的能量中心上，即跟踪点落在两点源的连线上(可能导致导弹从两者的中间穿过而不能命中任何一个目标)。相干干扰是指落入雷达主瓣的两点源在相位上有严格的比例关系。从原理上讲，相干干扰可使雷达跟踪在两干扰源的连线之外。

以单脉冲雷达为例对相干两点源干扰原理进行分析。假设空间中存在两点源 S_1 和 S_2，同处于单脉冲雷达的主瓣波束之内，如图 5.2 所示。

在一般情况下，设两相干干扰源在天线孔径处产生的电场相位差为 φ，根据单脉冲雷达对两点源的跟踪原理可得

$$\tan\theta = \frac{\Delta\theta}{2}\frac{1-\beta^2}{\beta^2+2\beta\cos\varphi+1} \tag{5-5}$$

式中，θ 为误差角(雷达波束中心的指向与测量到的角度方向的夹角)；β 为两个信号的振幅比；$\Delta\theta$ 为两个干扰源之间的角度差。

考虑到角度 θ 很小，$\tan\theta\approx\theta$，因此有

$$\theta \approx \frac{\Delta\theta}{2}\frac{1-\beta^2}{\beta^2+2\beta\cos\varphi+1} \tag{5-6}$$

两点源相干干扰取决于干扰源振幅比 β、相位差 φ 及两干扰源的角度差 $\Delta\theta$。由式(5-6)可知，当 $\beta\to 1$、$\varphi\to\pi$ 时，$\theta\to\infty$，意味将具有最大误差角，使天线跟踪轴远离干扰源。

2. TRAD 对速度跟踪系统的干扰

以具有速度分辨能力的脉冲多普勒雷达为例，首先分析两点源 S_1 和 S_2 的多普勒频移关系。一般运动目标的多普勒频移为

$$f_d = \frac{2v}{\lambda} \tag{5-7}$$

式中，v 为运动目标相对于测量平台(雷达)的径向速度。

由图 5.3 的速度矢量关系可得：在中远距离情况下，$R\gg L$，即当点源至雷达的距离 R 远远大于点源之间的距离 L 时，由于两点源相对于雷达的张角 $\Delta\theta$ 非常小，当两点源具有基本相同的运动速度，即 $v_1\approx v_2$ 时，两者的径向速度差非常小，小于脉冲多普勒雷达的速度分辨力，此时可以认为两者基本相等，即 $v_1'\approx v_2'$，将其代入式(2.7)得 $f_{d1}\approx f_{d2}$。f_{d1}、f_{d2} 为 S_1、S_2 对雷达的多普勒频移。

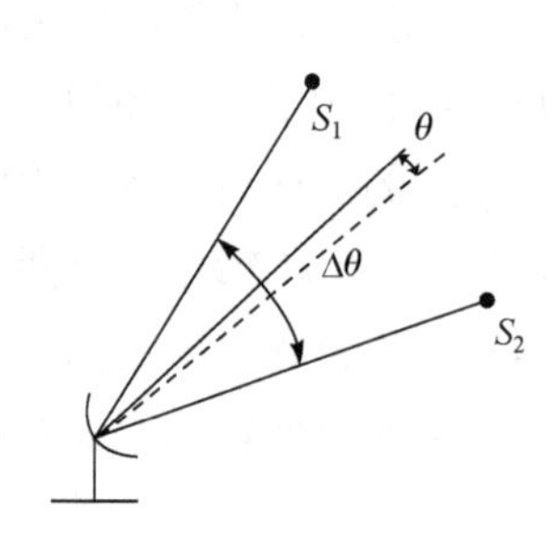

图 5.2　空间两点源与跟踪雷达的几何关系示意图

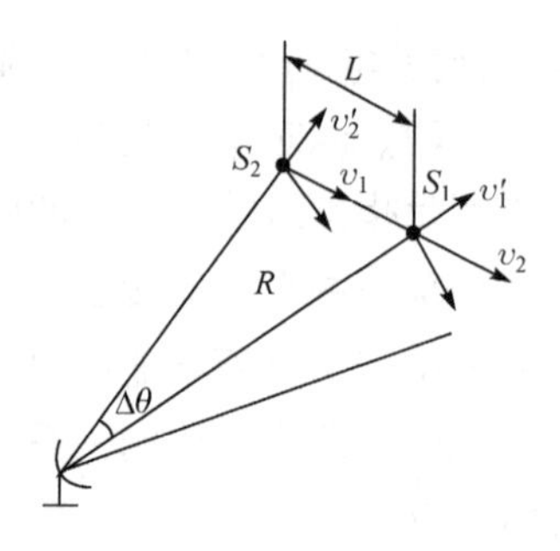

图 5.3　两点源速度矢量关系

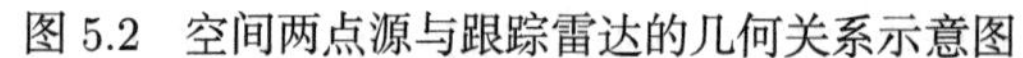

TRAD 实现速度欺骗的原理为：在中远距离情况下，$\Delta\theta$ 远小于雷达照射波束的宽度，诱饵干扰源 S_2 与载机 S_1 可以同时落入雷达主瓣波束之内，速度跟踪系统鉴频特性零点与信号的多普勒频率 f_{d1} 重合，同时也与干扰源的 f_{d2} 重合，即干扰信号很容易捕获速度跟踪波门；随着距离 R 的逐步减少，$\Delta\theta$ 逐步增大，径向速度 v_1 与 v_2 之间差异越来越大，当差异大于脉冲多普勒雷达的速度分辨率时，两者的多普勒谱线将逐步分离。由于干扰信号强度大于目标信号强度，速度波门将跟踪干扰源，当速度差异大于速度跟踪波门的宽度时，目标信号将逃离到雷达系统的速度跟踪波门以外(以上过程称为干扰信号对速度跟踪波门的欺骗)。

根据单脉冲脉冲多普勒雷达测角原理，角误差信息由和差通道速度波门内的信号通过比幅或比相后得到，因此速度波门被欺骗后，测量到的角度信息为干扰源的角度信息，即雷达跟踪系统将对干扰源进行角跟踪。当距离 R 进一步缩短时，$\Delta\theta$ 将大于雷达照射波束宽度的一半，载机将逃离至雷达的照射波束以外，此时，如果诱饵干扰关机，雷达系统将丢失所有信号，造成脱靶(诱饵本身的散射截面很小，在干扰机关机后，雷达可能探测不到诱饵这一物理装置，因此诱饵回收是有可能的)或只能命中诱饵。

5.1.3　拖曳式有源干扰的干扰样式分析

按照干扰信号作用的原理，TRAD 属于欺骗式干扰，同时具有载体外协同作战的优点。从目前国内外的拖曳式干扰情况来看，干扰样式主要有简单转发干扰、距离拖引干扰、速度拖引干扰和距离-速度组合拖引干扰，其中后三种属于应答式干扰。

1. 简单转发干扰

简单转发干扰是早期诱饵所采用的一种干扰样式，载机将截获的导弹制导雷达的发射信号放大后，通过光缆传送给诱饵，由诱饵将该信号向导弹来袭方向辐射出去。

直接转发的假目标干扰信号和真实目标回波在延迟和多普勒频移信息上基本相同，但两者在功率上有差异。诱饵的设计参数 P_t 和 G_t 保证 K 取 2～10，即干扰转发功率至少比回波功率强 1 倍以上，且需要随着弹目距离的减小而迅速增加。

2. 距离拖引干扰

距离拖引干扰从类型上可分为距离门前拖引(range gate pull in，RGPI)和距离门后拖引(range gate pull off，RGPO)两种，两种干扰的原理类似，这里讨论 RGPO 干扰的基本原理。

对导引头雷达实施 RGPO 的过程如下：

(1) 干扰脉冲捕获距离波门。载机收到雷达脉冲后，以最小的延迟通过诱饵转发一个干扰脉冲,干扰脉冲与目标回波脉冲几乎重合,但干扰脉冲信号幅度 J 大于目标回波脉冲信号幅度 S，雷达的自动增益控制电路将按干扰信号幅度调整电路的增益，保证雷达接收机的输出信号处在一定的动态范围以内。这样保持一段时间(此过程称为停拖)，其目的是使干扰信号与目标信号同时处在距离波门上，使得干扰信号能够截获雷达的距离波门。停拖时间要求大于雷达接收机自动增益控制电路的惯性时间。

(2) 距离波门拖引。当雷达距离波门可靠地跟踪到干扰脉冲后，诱饵干扰机在转发干扰脉冲时逐步增加转发脉冲相对于回波脉冲的时间延迟，使得距离波门随干扰脉冲移动时，目标回波脉冲逐步离开至波门以外，直到距离波门的中心位置偏离目标位置若干个波门的宽度。距离拖引时要求拖引速度(诱饵脉冲的距离变化率)小于雷达跟踪系统的最大速度指标。

(3) 干扰机关机。当距离波门被干扰脉冲从目标脉冲处拖开足够大的距离以后，干扰机关闭，即停止转发干扰脉冲。这时，制导雷达距离波门内既无目标回波也无干扰脉冲，称为目标丢失，此时雷达系统会让距离波门重新转入搜索状态。

若雷达重新搜索到目标，则干扰机重复上述过程，继续实施拖引干扰。对于导引头雷达，导弹与目标之间的交会时间很短；尤其是在近距离情况下，目标丢失后，来不及重新搜索和捕获目标，会导致导弹的脱靶。

对于 RGPO，其距离变化是由诱饵的转发延时实现的，延时变化规律 $\Delta\tau_J$ 为

$$\Delta\tau_J(t)=\frac{a}{c}t^2,\quad t\leqslant T_{\mathrm{ca}} \tag{5-8}$$

$$\Delta\tau_J(t)=\frac{a}{c}T_{\mathrm{ca}}^2+\frac{2v}{c}(t-T_{\mathrm{ca}}),\quad t\geqslant T_{\mathrm{ca}} \tag{5-9}$$

$$v = aT_{\mathrm{ca}} \tag{5-10}$$

式中，a 为拖引加速度，这种拖引规律的解释是刚开始诱饵和目标位于同一位置，然后诱饵假目标信号和目标回波迅速分开，在达到一定的分离距离后，假目标匀速运动。

3. 速度拖引干扰

速度拖引干扰主要用于对雷达的速度跟踪系统进行干扰。与距离拖引干扰类似，速度波门拖引分为速度前拖引(velocity gate pull in，VGPI)和速度后拖引(velocity gate pull off，VGPO)两种，其过程包括捕获速度波门、拖引、关机三个阶段。这里主要讨论 VGPO 干扰基本原理。

在速度波门捕获阶段，干扰机转发接收到的雷达照射信号，不附加任何频移；此时，干扰信号的多普勒频率与目标完全相同，这样保持一段时间，使速度波门跟踪上干扰信号；停拖或捕捉时间一般大于雷达跟踪系统的响应时间。在拖引阶段，通过附加频移的方法增加或降低转发信号的多普勒频率，使跟踪波门随着干扰信号的假多普勒频率移动而移动，但干扰信号的速度变化率必须小于雷达跟踪系统的最大加速度指标。干扰机产生的干扰信号(假目标)的多普勒频率与目标回波的多普勒频率的最大差值应大于速度波门带宽的 5～10 倍。干扰机关机后，波门内既无目标回波，也无干扰信号，速度波门转入搜索状态；由于重新搜索目标需要一定的时间，在近距离情况下是来不及的，因此对于导弹制导雷达，丢失目标则会导致其脱靶。

匀速拖引和加速拖引的多普勒频移 $\Delta f'_{\mathrm{dJ}}(t)$ 的调制函数为

$$\Delta f'_{\mathrm{dJ}}(t) = \begin{cases} 0, & 0 \leqslant t < t_1 (\text{停拖期}) \\ -2v / \lambda, & t_1 \leqslant t < t_2 (\text{拖引期}) \\ \text{干扰关闭}, & t_2 \leqslant t < T_j (\text{关闭期}) \end{cases} \tag{5-11}$$

$$\Delta f'_{\mathrm{dJ}}(t) = \begin{cases} 0, & 0 \leqslant t < t_1 (\text{停拖期}) \\ -2a(t - t_1) / \lambda, & t_1 \leqslant t < t_2 (\text{拖引期}) \\ \text{干扰关闭}, & t_2 \leqslant t < T_j (\text{关闭期}) \end{cases} \tag{5-12}$$

4. 距离-速度组合拖引干扰

距离拖引干扰和速度拖引干扰都是针对雷达实施的一种有源电子干扰，但大多数脉冲多普勒雷达都同时具有测距和测速的能力，因此仅仅对雷达进行距离或速度欺骗难以达到预期干扰目的。若距离信息受到干扰，则可由未受到干扰的速度信息获得真正的距离信息；反之，若速度信息受到干扰，则可由未受到干扰的距离信息获得速度信息。因此，对雷达进行欺骗性干扰，必须同时对雷达系统的距离和速度信息进行干扰，即距离-速度组合拖引干扰。

距离-速度组合拖引干扰同样也分为停拖、拖引、关机三个阶段。首先捕获雷达的距离-速度波门，并在距离和速度维上同时进行拖引，一段时间后停止干扰信号的转发，使雷达系统的距离、速度波门内没有信号，雷达丢失目标，重新进入搜索阶段。

距离-速度组合拖引干扰主要用于干扰具有距离-速度二维信息，可以同时干扰具有检测、跟踪能力的雷达(如脉冲多普勒雷达)，在进行距离波门拖引干扰的同时，进行速度波门欺骗干扰。

下面给出匀速拖距和加速拖距的距离延时 $\Delta\tau_J\left(t\right)$ 和多普勒频移 $\Delta f'_{\mathrm{dJ}}(t)$ 的调制函数：

$$\Delta\tau_J(t)=\begin{cases}0\\ v(t-t_1)\\ \text{干扰关闭}\end{cases},\quad \Delta f'_{\mathrm{dJ}}(t)=\begin{cases}0, & 0\leqslant t<t_1(\text{停拖期})\\ -2v/\lambda, & t_1\leqslant t<t_2(\text{拖引期})\\ \text{干扰关闭}, & t_2\leqslant t<T_j(\text{关闭期})\end{cases}\tag{5-13}$$

$$\Delta\tau_J(t)=\begin{cases}0\\ a(t-t_1)^2/2,\\ \text{干扰关闭}\end{cases}\quad \Delta f'_{\mathrm{dJ}}(t)=\begin{cases}0, & 0\leqslant t<t_1(\text{停拖期})\\ -2a(t-t_1)/\lambda, & t_1\leqslant t<t_2(\text{拖引期})\\ \text{干扰关闭}, & t_2\leqslant t<T_j(\text{关闭期})\end{cases}\tag{5-14}$$

5.1.4 对步进频雷达干扰的仿真结果及分析

本节对简单转发干扰、距离拖引干扰与速度拖引干扰、距离-速度组合拖引干扰样式，以及目标信号、内部噪声信号等进行仿真与分析。主要仿真参数为：JSR=6dB，SNR=20dB；导弹速度 V_d =520m/s，目标速度 V_m =20m/s；拖曳线长度 $R_d=120\mathrm{m}$，雷达工作频率 f_0=35GHz，带宽 $B=16\mathrm{MHz}$，脉冲宽度 $T=0.845\mu\mathrm{s}$，脉冲重复周期 $T_p=2.535\mu\mathrm{s}$，一个积累检测帧 $T_a=10.38336\mathrm{ms}$；制导雷达波束宽度 $\omega=5^\circ$。

仿真过程中选取前半球攻击、后半球攻击中三角态势形成的两个典型场景，每个场景按远距、中距、近距、波束逃离四种情况给出仿真结果。

1. 简单转发干扰仿真及分析判定

这里主要考虑前半球攻击场景下的简单转发干扰问题。

1) 远距

图 5.4 为简单转发干扰在远距情况下的三维、二维、一维仿真结果。目标距离为 25km，波束指向诱饵，弹速方向与波束指向的夹角 $\beta = 8°$，$\alpha_T = 175°$，$\alpha_J = 175.6°$，$\theta_L = 3°$。

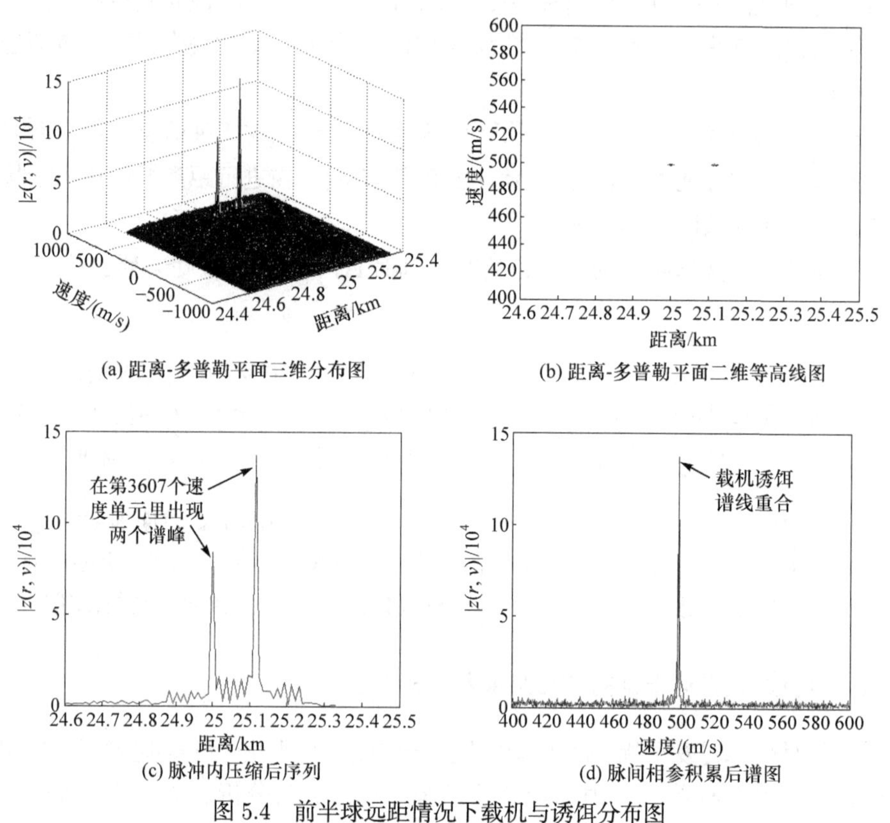

(a) 距离-多普勒平面三维分布图　(b) 距离-多普勒平面二维等高线图

(c) 脉冲内压缩后序列　(d) 脉间相参积累后谱图

图 5.4　前半球远距情况下载机与诱饵分布图

从图 5.4 的仿真结果可以看出：对于简单转发干扰，由于采用了脉冲压缩处理，因此提高了雷达距离分辨力，所以雷达能在远距离上从距离维判别出有两个目标存在(距离分辨力为 9.75m，由于拖曳线有一定的长度，诱饵干扰脉冲信号的延时大于目标回波的延时，且延时差对应的距离差远远大于雷达的距离分辨力)，在跟踪过程中可进一步区分出目标和诱饵。由于目标与诱饵的径向速度差异很小，因此不能在速度维上区分出载机和诱饵。

2) 中距

图 5.5 为简单转发干扰在中距情况下的三维、二维、一维仿真结果。目标距离为 12km，波束指向诱饵，弹速方向与波束指向的夹角 $\beta = 6°$，$\alpha_T = 167°$，

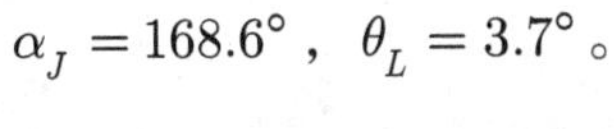

$\alpha_J = 168.6°$，$\theta_L = 3.7°$。

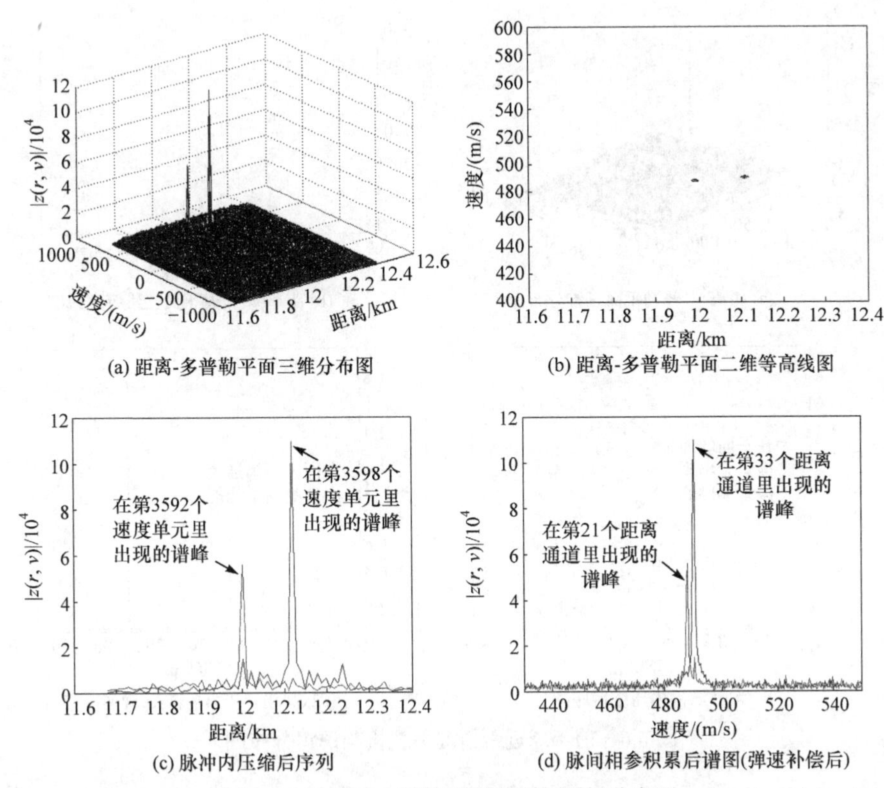

(a) 距离-多普勒平面三维分布图　(b) 距离-多普勒平面二维等高线图

(c) 脉冲内压缩后序列　(d) 脉间相参积累后谱图(弹速补偿后)

图 5.5　前半球中距情况下载机与诱饵分布图

从图 5.5 的仿真结果可以看出：随着目标与导弹的接近，载机与诱饵的径向速度差增大，超过了雷达的速度分辨单元宽度 Δv (在 35GHz 毫米波段，$T = 10.38336\text{ms}$ 的积累时间对应的速度分辨率 $\Delta v = 0.4127\text{m/s}$；在形成三角态势的过程中，导弹与目标连线及导弹与诱饵连线的夹角逐步增加，导致两者的径向速度差逐步增大)，在速度维上可以看出目标回波谱线与诱饵回波谱线已经分离。这时，能从距离与速度二维上判定出有两个目标存在，并判断哪个是目标、哪个是诱饵(经弹速补偿后，两者的速度都为正，诱饵的距离大于目标的距离)。

3) 近距

图 5.6 为简单转发干扰在近距情况下的三维、二维、一维仿真结果。目标距离为 5.09km，波束指向诱饵，弹速方向与波束指向的夹角 $\beta = 4.7°$，$\alpha_T = 120.1°$，$\alpha_J = 147.2°$，$\theta_L = 4.1°$。

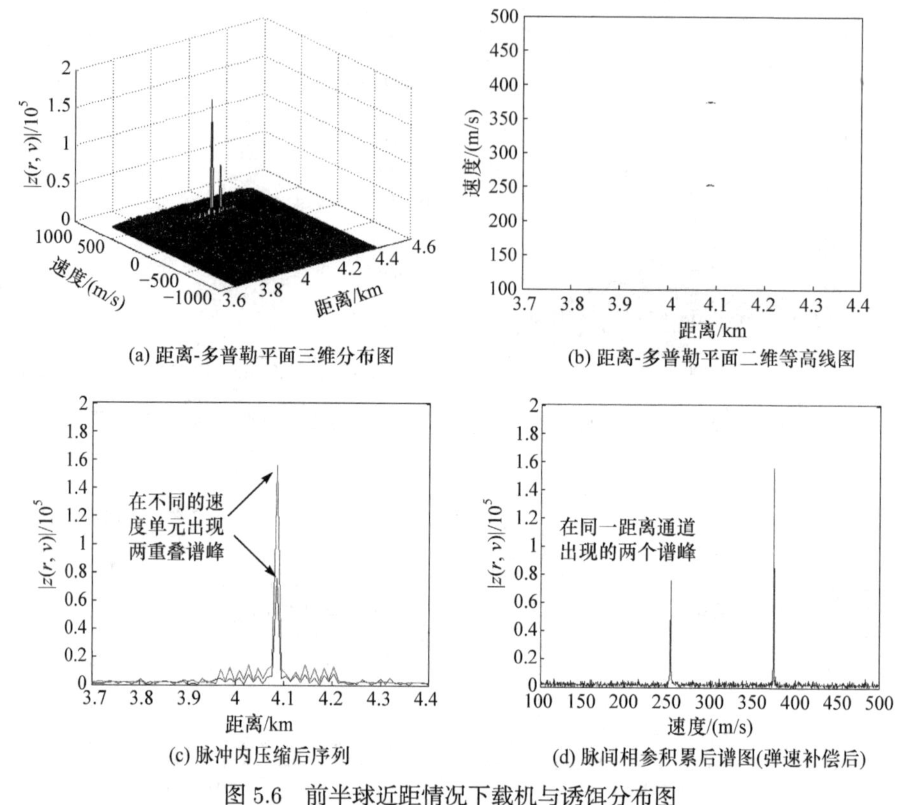

(a) 距离-多普勒平面三维分布图　(b) 距离-多普勒平面二维等高线图

(c) 脉冲内压缩后序列　(d) 脉间相参积累后谱图(弹速补偿后)

图 5.6　前半球近距情况下载机与诱饵分布图

从图 5.6 的仿真结果可以看出：随着导弹与目标的进一步接近，三角态势基本形成，载机与诱饵在距离上的差异逐步减少，甚至小于雷达的距离分辨单元宽度，雷达无法在距离上分辨出载机与诱饵。但是，载机与诱饵的径向速度差却超过雷达的若干速度分辨单元宽度，在速度维上雷达依然可以很容易地分辨出两个目标存在，并判断哪个是目标、哪个是干扰(在三角态势形成过程中，在速度维上刚开始出现谱线分离时，可以根据距离的匹配识别出诱饵谱线的速度位置及目标谱线的速度位置，通过距离-速度的联合跟踪，在两根谱线出现在相同的距离通道后依然可以根据速度信息区分和识别目标及诱饵)。

4) 波束逃离

图 5.7 为简单转发干扰波束逃离情况下的仿真结果，目标距离为 2.5km。当目标距离小于波束逃离距离时，由于采用传统的跟踪方法时波束指向诱饵，波束的宽度比较窄，当弹诱连线与弹轴方向的夹角及弹目连线与弹轴方向的夹角的差值大于波束宽度的一半时，载机将逃离到雷达的照射波束之外。从图 5.7 的仿真结果中可以看出只有一个目标存在。因此，雷达应该采取一定的制导策略，在

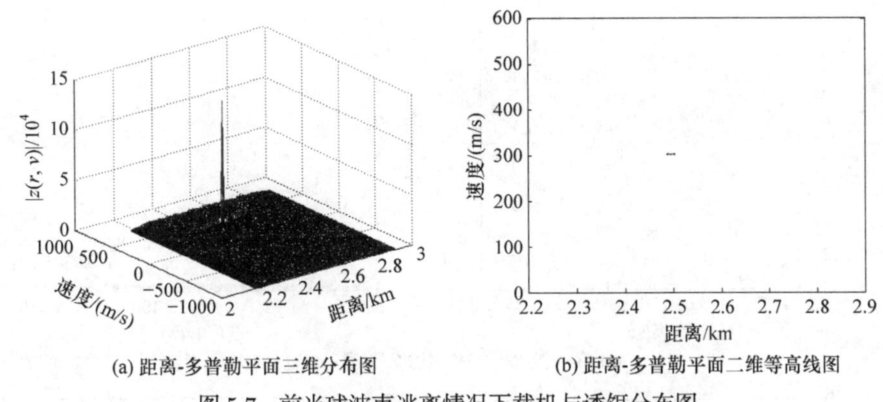

(a) 距离-多普勒平面三维分布图　　(b) 距离-多普勒平面二维等高线图

图 5.7　前半球波束逃离情况下载机与诱饵分布图

跟踪与识别目标的过程中，保证载机一直处于雷达的波束范围内，或者保证在载机逃离波束之间完成载机与诱饵的识别。

综上所述，对于简单转发干扰，可以得到以下结论：

(1) 步进频雷达因采用了脉冲压缩技术，提高了距离分辨能力，再加上雷达本身具有很强的速度分辨能力，不管是前半球攻击还是后半球攻击，针对拖曳式干扰的战术使用特点，制导雷达在跟踪过程中可以在距离-速度二维平面上分辨出两个目标，并能根据弹速补偿后速度的正负区分前半球攻击与后半球攻击这两种情况，根据距离及速度信息判定哪个是目标、哪个是诱饵。从近距情况下的仿真结果可以看出：前半球攻击时，载机与诱饵的速度都为正；后半球攻击时，经速度补偿，载机与诱饵的速度都为负。

(2) 判定简单转发干扰的一个前提条件是在三角态势形成过程中，必须要求在载机逃离波束之前，目标与诱饵的谱线能够在距离-速度二维平面实现分离，即要求谱线分离距离大于波束逃离距离，这一点是能够满足的。

(3) 从谱线分离到波束逃离有一定的距离间隔，制导雷达必须在此段距离的制导飞行时间内完成目标的跟踪和识别，即边跟踪边识别，待识别过程完成后再选择目标进行距离、速度、角度的跟踪。

2. 距离拖引干扰仿真及分析

这里主要对前半球攻击情况下的距离门后拖引干扰样式进行仿真与分析，对于后半球攻击情况及距离门前拖引情况，仿真结果与分析基本类似。按 0.2s 间隔进行仿真，连续在近距情况下仿真 1s，距离拖引加速度为 $10\mathrm{m/s^2}$，仿真结果如图 5.8 所示。

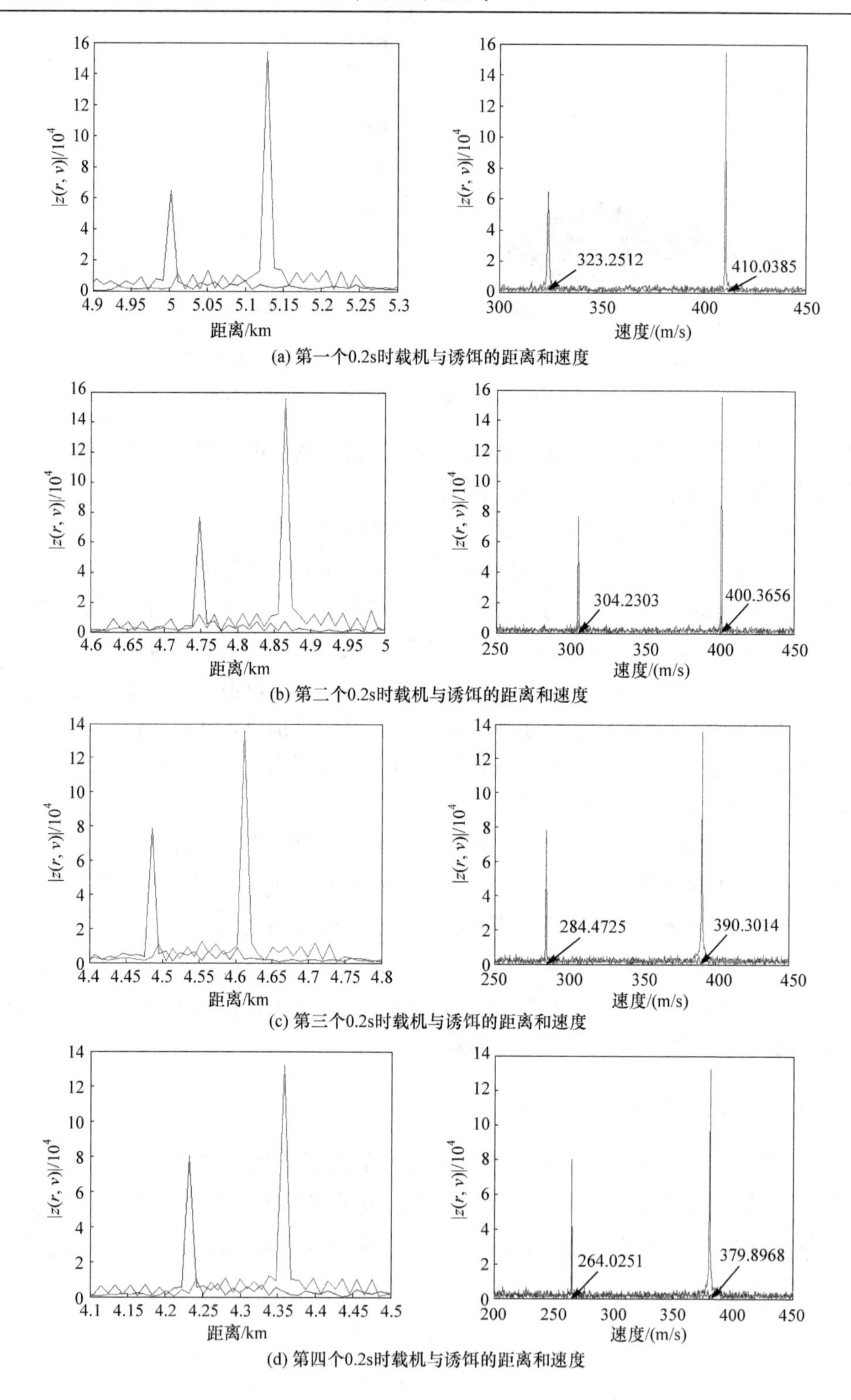

(a) 第一个0.2s时载机与诱饵的距离和速度

(b) 第二个0.2s时载机与诱饵的距离和速度

(c) 第三个0.2s时载机与诱饵的距离和速度

(d) 第四个0.2s时载机与诱饵的距离和速度

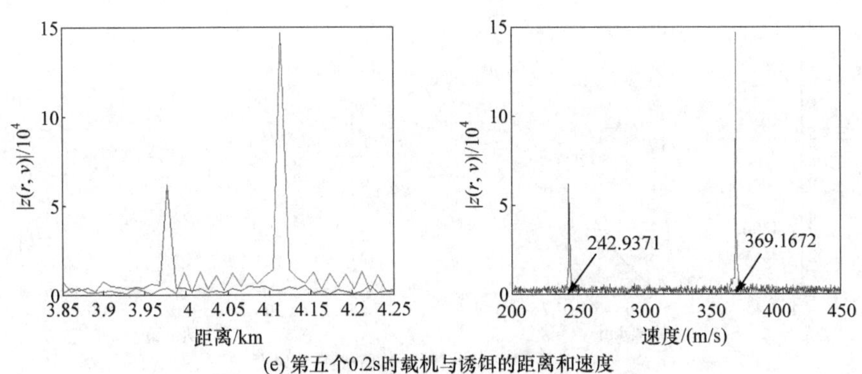

(e) 第五个0.2s时载机与诱饵的距离和速度

图 5.8　距离拖引干扰每隔 0.2s 的仿真结果

3. 速度拖引干扰仿真及分析

这里主要对前半球攻击情况下的速度后拖引干扰样式进行仿真与分析，对于后半球攻击情况及速度前拖引情况，仿真结果与分析基本类似。按 0.2s 间隔进行仿真，连续仿真 1s，速度拖引加速度为 $10\mathrm{m/s^2}$，仿真结果如图 5.9 所示。

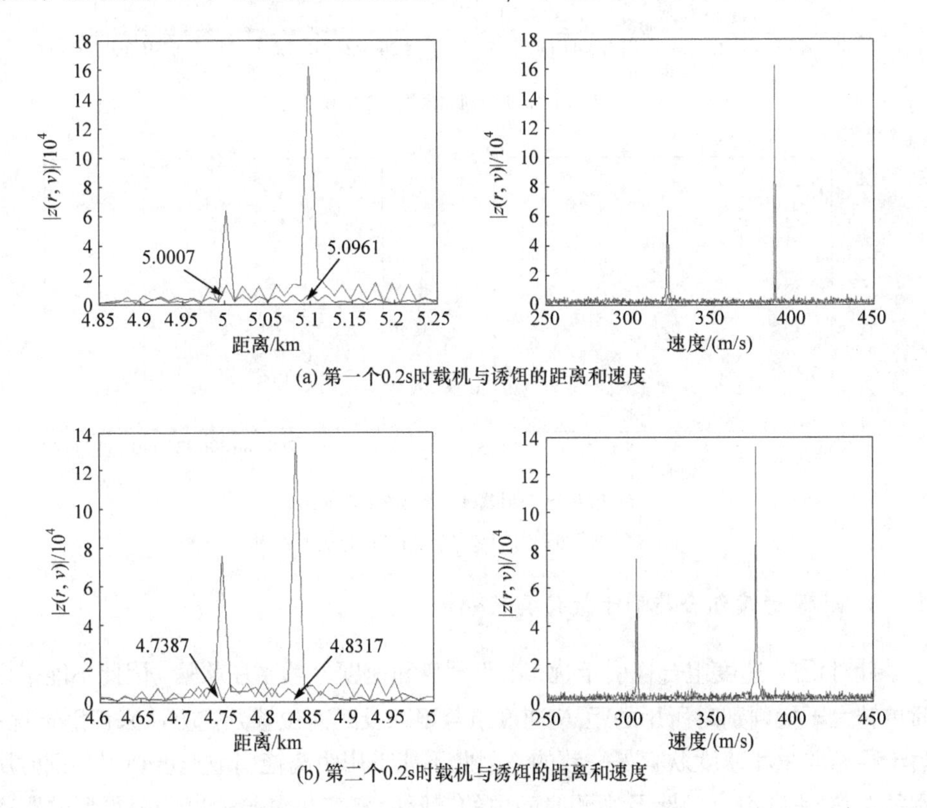

(a) 第一个0.2s时载机与诱饵的距离和速度

(b) 第二个0.2s时载机与诱饵的距离和速度

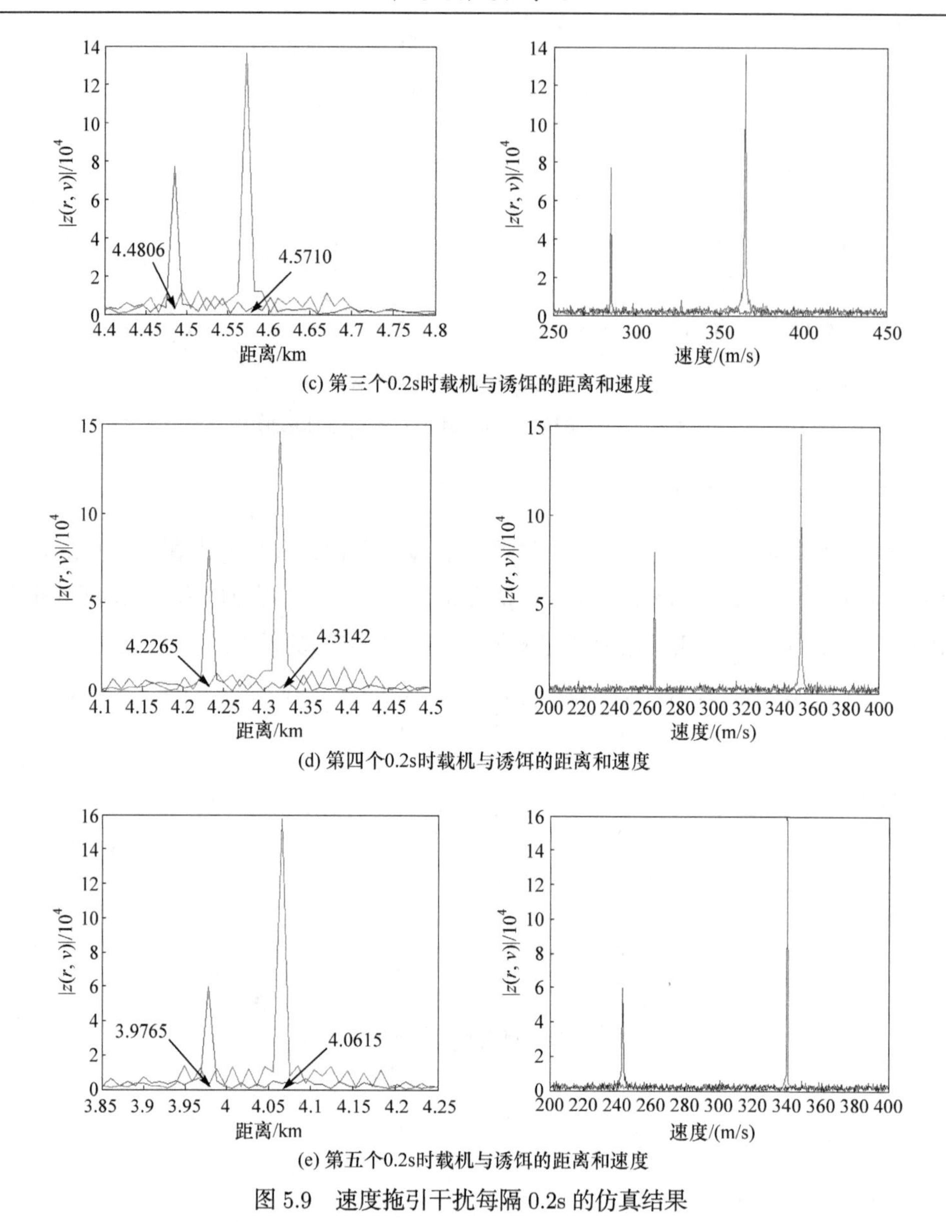

(c) 第三个0.2s时载机与诱饵的距离和速度

(d) 第四个0.2s时载机与诱饵的距离和速度

(e) 第五个0.2s时载机与诱饵的距离和速度

图 5.9　速度拖引干扰每隔 0.2s 的仿真结果

4. 距离-速度组合拖引干扰仿真及分析

针对距离-速度组合拖引干扰，由于距离和速度上都存在欺骗，因此不能采用简单转发干扰判别时所用的距离-速度组合跟踪及距离位置判定方法来识别干扰；由于距离欺骗和速度欺骗是一致的，因此不能采用距离拖引或速度拖引判别时所用的距离-速度组合跟踪及观测时间内的实际距离变化量与速度积分得到的距离变化量的比较方法来识别干扰。

距离-速度组合拖引干扰的鉴别必须利用角度信息。在距离-速度组合跟踪过程中，观察谱线的分离，分别利用两根谱线按照 2.5 节介绍的角度测量方法分别测量两个目标方位角度与俯仰角度，再根据波束中心方向相对于弹轴方向的方位角与俯仰角，将波束极直角坐标系中的测量结果转换为弹轴极直角坐标系(要求在边识别边跟踪过程中导弹运动方向不变，但波束指向可以变)中的测量结果。

在观测时间内，可以得到两个目标在方位角、俯仰角二维平面上的运动曲线，据此判断目标的运动方向，则根据拖曳式干扰始终拖在目标后面的特性，可以判别哪个是目标、哪个是干扰。

5. 拖曳式干扰的鉴别方法

拖曳式干扰的鉴别流程如下：

(1) 当诱饵谱线与目标谱线出现分离时，在观测时间内分别对两个目标进行距离-速度组合跟踪。

(2) 根据和差通道比幅测角方法，分别利用两个目标所在的、不同的距离-速度组合分辨单元的幅度信息测量得到两个目标的角度信息，分别得到两个目标在方位角、俯仰角平面上的运动曲线。

(3) 根据方位角、俯仰角平面上的运动曲线判断出诱饵与目标的运动方向，拖后者为诱饵。例如，若方位角是逐步增大的，则方位角小者为诱饵；若方位角是逐步减少的，则方位角大者为诱饵；若在观测时间内方位角基本不变，则利用俯仰角进行类似的判断。在三角态势形成过程中必有至少一个角度是变化的。

(4) 根据诱饵谱线在观测时间内的实际距离变化量与速度积分计算得到的距离变化量进行比较，若差异较大，则说明诱饵释放的干扰样式为距离拖引干扰或速度拖引干扰；若实际距离变化量与目标距离变化量的差异大于积分得到的距离变化量与目标距离变化量的差异，则可以判定为距离拖引干扰，反之判定为速度拖引干扰。

(5) 若诱饵谱线在观测时间内的实际距离变化量与速度积分计算得到的距离变化量进行比较时，差异较小，则干扰样式为简单转发干扰或距离-速度组合干扰。

5.1.5　高重频随机阶梯变频雷达抗干扰的优势

目前抗拖曳式干扰的方法主要从分析诱饵距离像和多普勒像的特征入手，通过速度变化量与距离变化量的比较来分离目标与诱饵。如果能找到一种方法使得诱饵不能直接成像，那么抗干扰性能自然会大大提高。高重频随机阶梯变频雷达天生具备这种抗干扰能力。由于采用随机阶梯变频技术，因此回波只有在特定的脉冲重复周期内才能正确混频。目标截获雷达发射信号后，通过拖曳线将信号传到干扰装置。如果是直接转发干扰，拖曳线的延时十分微小，那么干扰信号几乎与目标回波同时，即都能正确混频。此时，高重频随机阶梯变频雷达的抗干扰性能等价于传统步进频雷达。

当拖曳式干扰是应答式干扰时，如距离拖引干扰、速度拖引干扰和距离-速度组合拖引干扰等，结果就完全不同了。应答式干扰信号实际是在距离或者多普勒频率上进行调制。不论是怎样的调制，都会表现在时间上有延迟，而这个时间上的延迟即表现目标回波的双程距离差发生了变化。

重写目标回波公式(3.4)为

$$r(t_{mn}) = \mathrm{Re}\left\{A\sum_{n=0}^{N-1}\mathrm{rect}\left(\frac{t_{mn}-nT_r-2R(t_{mn})/c}{T}\right)\right.$$
$$\left.\cdot\exp[\mathrm{j}2\pi(f_o+f_n)(t_{mn}-2R(t_{mn})/c)]+\mathrm{j}\varphi_{mn}\right\} \tag{5-15}$$

则对应诱饵释放的干扰信号公式为

$$r(t_{mn}) = \mathrm{Re}\left\{A\sum_{n=0}^{N-1}\mathrm{rect}\left(\frac{t_{mn}-t'_J-nT_r-2R(t_{mn})/c}{T}\right)\exp[\mathrm{j}2\pi(f_o+f_n)\right.$$
$$\left.\cdot\left(t_{mn}-t'_J-2v'_Jt_{mn}-\frac{2R'(t_{mn})}{c}\right)\right]+\mathrm{j}\varphi_{mn}\right\} \tag{5-16}$$

式中，t'_J 为人为延迟；v'_J 为人为构造的径向速度增量；$R'(t_{mn})$ 为诱饵所在位置与雷达的双程距离差。显然 t'_J 将造成距离拖引干扰，而 $-2v'_Jt_{mn}$ 是径向速度增量(造成速度拖引干扰)。$R'(t_{mn})$ 也与目标真实位置有区别，这不仅进一步增强了距离拖引和速度拖引，还能造成角度干扰。

若采用常规的步进频雷达或脉冲多普勒雷达，则诱饵转发的干扰信号都能被正确混频而成为良好的距离-多普勒谱像。但是，若采用高重频-随机步进频雷达则不一定能正确混频。这是因为干扰信号的时间延迟会导致干扰信号和目标信号不会出现在同一个脉冲重复周期。不同脉冲重复周期的跳频点频率是随机的，这导致干扰信号不能正确混频，而且成像时需要按频点大小进行重排，也造成干扰信号重排错误。重排错误干扰信号显然不会有良好的脉压效果，只会在距离向呈现类似噪声的序列。

如果采用传统步进频雷达或脉冲多普勒雷达，那么诱饵的干扰回波能成为 5.1.4 节所示的距离-多普勒谱像，只不过可以通过目标像与诱饵像的区别及距离速度增量的不一致加以分辨。高重频-随机步进频雷达则不同，对诱饵的干扰回波成像只能得到散乱的噪声序列，距离-多普勒谱像中只有目标能得到良好聚焦。

下面通过仿真实验进行验证。主要仿真参数为：JSR=6dB，SNR=20dB；导弹速度 V_d=800m/s，目标速度 V_m=20m/s；拖曳线长度 $R_d = 120\text{m}$，雷达工作频率 f_0=35GHz，带宽 $B = 30\text{MHz}$，脉冲宽度 $T = 0.5\mu\text{s}$，脉冲重复周期 $T_p = 2\mu\text{s}$，一个积累检测帧 $T_a = 32.8\text{ms}$；制导雷达波束宽度 $\omega = 3°$。采用距离拖引干扰，拖引距离约为 120m，仿真结果如图 5.10 和图 5.11 所示。

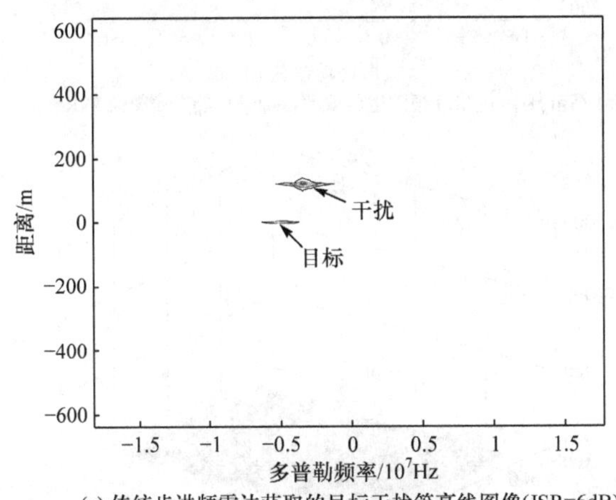

(a) 传统步进频雷达获取的目标干扰等高线图像(JSR=6dB)

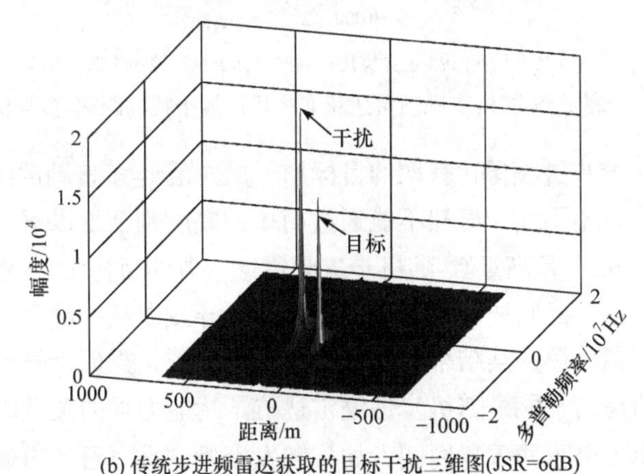

(b) 传统步进频雷达获取的目标干扰三维图(JSR=6dB)

图 5.10 传统步进频雷达获取的目标加干扰的距离-多普勒谱图

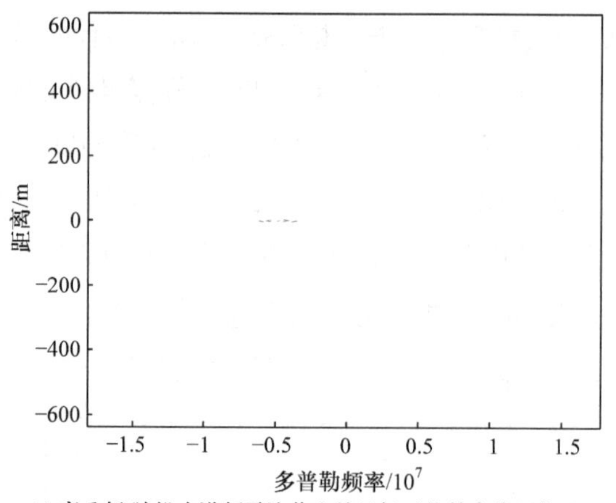

(a) 高重频-随机步进频雷达获取的目标干扰等高线图像(JSR=6dB)

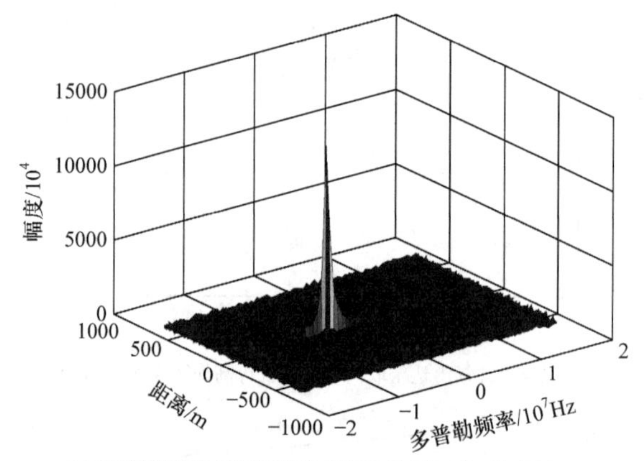

(b) 高重频-随机步进频雷达获取的目标干扰三维图(JSR=6dB)

图 5.11　高重频-随机步进频雷达获取的目标加干扰的距离-多普勒谱图

图 5.10 是传统步进频雷达获取的目标加干扰的距离-多普勒谱图。由图 5.10(b)可知，干扰比目标还要强，显然不能通过简单的幅度判断加以解决，只能采用其他判定方法。图 5.11 是高重频-随机步进频雷达获取的目标加干扰的距离-多普勒谱图。干扰信号较目标回波信号延迟一个周期，导致混频错乱和频率重排错误，使得干扰信号不能成像，其结果散布在整个谱图区域，类似于噪声。

必须指出的是，高重频-随机步进频雷达抗干扰能力强的关键因素是转发干扰信号会延迟至少 1 个脉冲重复周期。如果转发干扰信号与目标出现在同一脉冲重复周期内(即直接转发干扰情形)，此时干扰信号的频率与目标相同，那么也能正确混频和重排，高重频-随机步进频雷达对此无能为力。

5.2 随机跳频信号的距离旁瓣抑制

高距离旁瓣不但使雷达回波图像中出现虚假目标，而且大尺寸目标很容易淹没小尺寸目标，造成目标丢失，并且有可能使大尺寸目标碎裂成为多个小尺寸目标，在雷达图像上显示为众多的小斑点，严重影响了雷达的性能。为了提高雷达的距离分辨力，旁瓣的抑制变得尤为重要。

另外，随机跳频信号受速度的影响，容易出现成像抖动和测距距离误差大的现象，而频点的跳变又引起了随机性强、幅度大的距离旁瓣，使得随机跳频信号的处理变得更加困难。

针对以上问题，本章采用失配处理方法：首先对回波信号速度相位项进行补偿，使其在同一个速度门上，然后对对齐后的信号进行积分旁瓣最小化处理，但此时得到的距离模糊函数图形具有很大的旁瓣,必须对距离维信号进行失配处理，以达到降低距离旁瓣的目的，本节通过改进的自适应迭代最小二乘算法来设计相应的滤波器，以此来实现对旁瓣的抑制。在传统的最小二乘算法迭代过程中，门限值为一固定参数，不能根据上一时刻结果进行自适应调整，本节根据输出结果动态调整算法门限，以加速算法的收敛速度。此方案不仅能较好地抑制随机跳频信号模糊函数的距离旁瓣，而且具有易实现、易处理的特点，在一定程度上提高了宽带雷达对目标的检测能力。

5.2.1 随机跳频信号的预处理

随机跳频信号在目标运动的情况下，受速度的影响，容易出现成像抖动和测距距离误差大的现象。因此，本章采用二维信号处理方法：首先在速度维进行速度门对齐处理，然后经过相位补偿消除距离速度耦合的影响，最后在同一个速度单元上进行距离维处理。以此来实现目标的二维分辨，有效扩大信号的动态范围。

固定载频 f_c 对回波信号解调后，滤波器的输出变为基带信号，对此基带信号进行采样，结果如图 5.12 所示。

为分析方便，假设信号回波幅度为 1，在 M 个积累周期下，随机跳频信号的回波信号可表示为

$$s(t)=\sum_{m=0}^{M-1}\sum_{n=0}^{N-1}\operatorname{rect}\left(\frac{t-\tau-\dfrac{T}{2}-nT_r-mT_{wp}}{T}\right)\mathrm{e}^{\mathrm{j}[2\pi f_c(t-\tau)+2\pi f_n(t-\tau)+\varphi_0]} \tag{5-17}$$

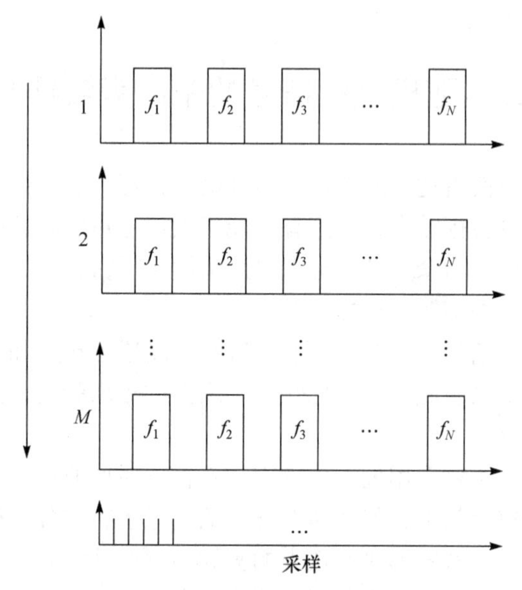

图 5.12　M个积累周期的采样示意图

式中，$\tau = 2(R - \upsilon t) / c$ 为目标延时；T 为脉冲宽度；T_r 为脉冲重复周期；T_{wp} 为积累周期。另定义 R 为目标初始距离，υ 为目标径向速度，c 为真空中光速。解调后，在 $t = mT_{wp} + nT_r + T / 2$ 时刻的回波相位为

$$
\begin{aligned}
\varphi_{m,n}(t) &= -\frac{2\pi}{c} f_n (2R - 2\upsilon nT_r - 2\upsilon mT_{wp} - \upsilon T) \\
&= \frac{2\pi f_n \upsilon T}{c} + \frac{4\pi f_n \upsilon mT_{wp}}{c} - \frac{4\pi f_n R}{c} + \frac{4\pi f_n \upsilon nT_r}{c} \\
&= \psi_0 + \psi_\upsilon + \psi_R + \psi_{R,\upsilon}
\end{aligned}
\tag{5-18}
$$

式中的常数项为

$$\psi_0 = \frac{2\pi f_n \upsilon T}{c}$$

速度项为

$$\psi_\upsilon = \frac{4\pi f_n \upsilon mT_{wp}}{c}$$

距离项为

$$\psi_R = -\frac{4\pi f_n R}{c}$$

交叉项为

$$\psi_{R,v}=\frac{4\pi f_n vnT_r}{c}$$

在同一帧数据处理过程中，窄带信号不同脉冲间因 ψ_0 产生的相位差远小于 1，可以忽略不计。为实现回波信号的相参积累，只需要对 ψ_R 和 ψ_v 进行相位补偿。

由速度相位项可以看出，通过处理相同载频的 M 个采样信号就可以实现速度信息的提取。将载频为 f_n 的采样数据按照时间顺序排列成列向量：

$$s_v = \mathrm{e}^{\mathrm{j}(\psi_0+\psi_R+\psi_{R,v})}[\mathrm{e}^{\mathrm{j}\frac{4\pi}{c}T_r 1 v f_n} \quad \mathrm{e}^{\mathrm{j}\frac{4\pi}{c}T_r 2 v f_n} \quad \cdots \quad \mathrm{e}^{\mathrm{j}\frac{4\pi}{c}T_r M v f_n}]^{\mathrm{T}} \tag{5-19}$$

以此得到 N 个列向量，组成矩阵阵列：

$$\begin{aligned} S_v &= \left[s_{v0}^{\mathrm{T}} \quad s_{v1}^{\mathrm{T}} \quad \cdots \quad s_{v(M-1)}^{\mathrm{T}}\right]^{\mathrm{T}} \\ &= \mathrm{e}^{\mathrm{j}(\psi_0+\psi_R+\psi_{R,v})}\begin{bmatrix} \mathrm{e}^{\mathrm{j}\frac{4\pi}{c}T_r v f_1} & \mathrm{e}^{\mathrm{j}\frac{4\pi}{c}T_r v f_2} & \cdots & \mathrm{e}^{\mathrm{j}\frac{4\pi}{c}T_r v f_N} \\ \mathrm{e}^{\mathrm{j}\frac{4\pi}{c}T_r 2v f_1} & \mathrm{e}^{\mathrm{j}\frac{4\pi}{c}T_r 2v f_2} & \cdots & \mathrm{e}^{\mathrm{j}\frac{4\pi}{c}T_r 2v f_N} \\ \vdots & \vdots & & \vdots \\ \mathrm{e}^{\mathrm{j}\frac{4\pi}{c}T_r Mv f_1} & \mathrm{e}^{\mathrm{j}\frac{4\pi}{c}T_r Mv f_2} & \cdots & \mathrm{e}^{\mathrm{j}\frac{4\pi}{c}T_r Mv f_N} \end{bmatrix}_{M\times N} \end{aligned} \tag{5-20}$$

可以看出，当频率为 f_n 时，速度谱可由 s_v 的傅里叶变换得到；每一个频点对应一条速度谱线，因此速度谱矩阵为

$$Y_v(n,k)=\sum_{m=0}^{M-1} s_{vn}(m)\mathrm{e}^{-\mathrm{j}2\pi\frac{km}{M}}, \quad k=0,1,\cdots,M-1 \tag{5-21}$$

式中，$Y_v(n,k)$ 表示载频为 f_n 时回波信号经速度处理后的速度谱线。对整个 s_v 进行速度处理即得到速度谱图。

已知速度不同引起的多普勒频率也不同，Y_v 矩阵中列向量的速度序号虽然是相同的，但是对应的目标速度却不同。因此，在进行距离维处理之前，必须做速度维的校正，否则会影响距离维的处理精度。

当 $0 \leqslant k \leqslant M/2-1$ 时，目标靠近雷达，速度为正；当 $M/2 \leqslant k \leqslant M-1$ 时，目标远离雷达，速度为负，雷达测速范围为 $-M\Delta v/2 \leqslant v \leqslant M\Delta v/2$ 。假设目标速度为 v ，那么载频为 f_n 时对应的多普勒频率 $f_{d_n}=2v/cf_n$ ，对载频 f_n 归一化处理得 $f_{d_n}=(2v/c)(f_n/f_0)f_0$ ，在此定义 $\lambda=f_n/f_0$ 为频率偏移因子。多普勒分辨单

元 $\Delta f_{d_n} = 1/(NT_r)$，速度分辨单元 $\Delta v_n = (\Delta f_{d_n} / f_n)(c/2)$。

此时，归一化后速度谱矩阵可变换为

$$Y_v(n,k) = \begin{cases} \sum_{m=0}^{M-1} s_{vn}(m) \mathrm{e}^{-\mathrm{j}2\pi \frac{km}{M}\lambda_n}, & k = 0,1,\cdots,M/2-1 \\ \sum_{m=0}^{M-1} s_{vn}(m) \mathrm{e}^{-\mathrm{j}2\pi \frac{k-(k-M/2)\lambda_n m}{M}}, & k = M/2,\cdots,M-1 \end{cases} \tag{5-22}$$

经过上述处理后，不同载频所对应的多普勒频移都处在同一个速度门上，不同的频率被折算到一个频率上，因此可以从速度频谱中提取速度信息。

最后进行常数项和交叉项的相位补偿，则速度谱矩阵为

$$\hat{Y}_v(n,k) = Y_v(n,k) \mathrm{e}^{-\mathrm{j}\frac{4\pi}{c} v f_n T_r} \mathrm{e}^{-\mathrm{j}\frac{2\pi}{c} v f_n T_{wp}} \tag{5-23}$$

经过速度项、交叉项、常数项补偿后，矩阵 $\hat{Y}_v(n,k)$ 的每一列就只包含目标距离信息，在同一个速度门上进行距离维处理和静态目标的处理方式相同。

5.2.2　距离模糊函数的旁瓣抑制

由于载频的随机跳变，主瓣周围随机分布着幅度很大的旁瓣，因此采用传统的处理方式得不到理想的窄脉冲。在多目标环境下，随机高幅度旁瓣会淹没小目标回波的主瓣，导致雷达系统目标检测动态范围降低，从而降低整个雷达系统的性能。

为了降低距离维的旁瓣电平，旁瓣抑制通常采用两种方式：一种是直接用失配滤波器代替匹配滤波，另一种是在匹配滤波器之后级联一个失配旁瓣抑制滤波器。其实这两者方式的本质是相同的，后一种匹配滤波器级联一个失配滤波器的本质也就是失配滤波器。本节采取失配方法对信号进行距离处理，而失配处理的关键在于求解用于抑制旁瓣的加权滤波器系数，这里通过改进最小二乘法实现滤波器系数的计算。

1. 最小二乘法简介

最小二乘法是数据处理和误差估计中有力的数学工具，应用最小二乘法来解决实际问题是目前广泛使用的重要手段。假设输入信号为 x，将其加到一个滤波器 h 的输入端，则其输出 $y = x \otimes h$，若滤波器的期望输出为 d，则误差分量为

$$e = d - x \otimes h \tag{5-24}$$

误差测量函数为

$$\varepsilon(h)=\sum_{n=-\infty}^{+\infty}|e(n)|^2 \tag{5-25}$$

要用最小二乘准则来设计滤波器，也就是说要设计一个滤波器 h 使得误差测量函数 $\varepsilon(h)$ 值最小。

确定性最小二乘滤波器的正则方程为

$$R\cdot h=q \tag{5-26}$$

式中，R 为输入自相关矩阵，其所有对角线上的元素都是相同的，也称为 Toeplitz 矩阵；向量 q 为输入 x 和滤波器 h 的确定性互相关矢量。满足式(5-26)的滤波器可使误差最小。

2. 改进的自适应迭代最小二乘算法

算法的实现主要就是旁瓣抑制滤波器的设计，而滤波器的性能与所采用的准则密切相关。现有的旁瓣抑制准则主要有两种：一种是以均方误差最小为准则的积分旁瓣最低，另一种是以 Minimax 为准则的峰值旁瓣最低。前者主要用于杂波服从均匀分布的情况，如迭代加权最小平方(iterative reweighted least squares, IRLS)算法；后者多用于杂波非均匀分布的情况。本章基于以上两个准则提出了改进的旁瓣抑制算法。

1) 积分旁瓣最小处理

按照波形参数，将一个原始距离单元分成 M 个基本距离单元，对每个基本距离单元设计独立的相应滤波器，对于来自某一基本距离单元范围内的回波，对应的滤波器响应最大，期望值为 1；对于来自其他距离单元的回波，该滤波器的响应最小，期望值为 0。

第 m 个基本距离单元的回波信号为

$$s_{rm}=(\mathrm{e}^{-\mathrm{j}4\pi f_0 Tm/M},\mathrm{e}^{-\mathrm{j}4\pi f_1 Tm/M},\cdots,\mathrm{e}^{-\mathrm{j}4\pi f_{N-1} Tm/M}) \tag{5-27}$$

那么 M 个基本距离单元上的回波信号矩阵为

$$\begin{aligned}S_r&=\begin{bmatrix}s_{r0}^{\mathrm{T}} & s_{r1}^{\mathrm{T}} & \cdots & s_{r(M-1)}^{\mathrm{T}}\end{bmatrix}^{\mathrm{T}}\\&=\begin{bmatrix}\mathrm{e}^{-\mathrm{j}4\pi f_0 T\cdot 0/M} & \mathrm{e}^{-\mathrm{j}4\pi f_1 T\cdot 0/M} & \cdots & \mathrm{e}^{-\mathrm{j}4\pi f_{N-1} T\cdot 0/M}\\ \mathrm{e}^{-\mathrm{j}4\pi f_0 T\cdot 1/M} & \mathrm{e}^{-\mathrm{j}4\pi f_1 T\cdot 1/M} & \cdots & \mathrm{e}^{-\mathrm{j}4\pi f_{N-1} T\cdot 1/M}\\ \vdots & \vdots & & \vdots\\ \mathrm{e}^{-\mathrm{j}4\pi f_0 T\cdot (M-1)/M} & \mathrm{e}^{-\mathrm{j}4\pi f_1 T\cdot (M-1)/M} & \cdots & \mathrm{e}^{-\mathrm{j}4\pi f_{N-1} T\cdot (M-1)/M}\end{bmatrix}_{M\times N}\end{aligned} \tag{5-28}$$

记第 m 个基本距离单元对应的滤波器为 f_m，M 个滤波器可以写成以下滤波器集：

$$F_{N\times M}=(f_0,f_1,\cdots,f_{M-1}) \tag{5-29}$$

每个滤波器的输出为M维行向量，期望输出矩阵为$D\in \mathbf{C}^{M\times M}$。根据积分旁瓣最小准则要求，即旁瓣积分求和最小、主瓣峰值最大，期望值为 1，上述问题可转化为寻求最优滤波器集F使得实际输出$S_r\times F$最接近期望输出D。这里需要在一定条件下约束求解，那么第m个基本距离单元对应的滤波器可以描述为：

(1) 旁瓣积分最小，即$\min \sum_{i=0,i\neq m}^{M-1}|s_{ri}f_m|=f_m^{\mathrm{H}}(S')^{\mathrm{H}}S'f_m$。

(2) 峰值最大，即$s_{rm}f_m=1$。

其中，S'为除去第m行的S_r。可以求解得出最优滤波器为

$$f_m=[(S')^{\mathrm{H}}S']^{-1}s_{rm}^{\mathrm{H}}\{s_{rm}[(S')^{\mathrm{H}}S']^{-1}s_{rm}^{\mathrm{H}}\}^{-1},\quad m=0,1,\cdots,M-1 \tag{5-30}$$

以此可以求解出滤波器集F。

2) 最大峰值处理

随机跳频信号引起的距离旁瓣的分布是很不均匀的，峰值旁瓣也是随机出现的，不一定在主瓣附近，因此经过积分旁瓣最小化处理后，峰值旁瓣往往还是很高，不能满足目标检测的要求。峰值旁瓣一般是通过迭代处理进行抑制的，其大致原理是通过对目标函数的迭代加权，有选择性地对旁瓣进行抑制。迭代过程中，在积分旁瓣和峰值旁瓣中折中选择，最后达到峰值旁瓣最小。

在传统的加权迭代最小二乘算法迭代过程中，其门限值为一固定参数，本章通过总结分析传统加权迭代最小二乘算法的优劣，将其固定的门限值改为与算法上一时刻输出的峰值旁瓣相关联的变量。此改进加权迭代最小二乘算法不但提升了算法的收敛速度，而且根据输出的峰值旁瓣与设定旁瓣值的差值自动调整加权因子，更加有效地实现了对峰值旁瓣的抑制。具体实现方法如下。

(1) 初始化。

初始化加权因子$w^0=[1\quad 1\quad \cdots\quad 1]^{\mathrm{T}}$，初始化门限$d=0.5$，数据矩阵$S'^0=S'$。

(2) 当前时刻参数计算。

k时刻旁瓣：$\mathrm{sl}=S'f_m$。

k时刻对应的滤波器：$f_m=[(S'^k)^{\mathrm{H}}S'^k]^{-1}s_{rm}^{\mathrm{H}}\{s_{rm}[(S'^k)^{\mathrm{H}}S'^k]^{-1}s_{rm}^{\mathrm{H}}\}^{-1}$。

(3) 下一时刻数据更新。

$k+1$时刻的门限$d^{k+1}=\lambda\max|\mathrm{sl}|$，其中$\lambda$为收敛因子。

$k+1$时刻数据矩阵$S'^{k+1}(i,j)=S'^k(i,j)w^k(i)$，其中$i=0,1,\cdots,M-1, j=0,$

$1,\cdots,N-1$。

$k+1$时刻加权因子计算：若旁瓣值大于此刻门限，则令加权因子 $w^{k+1}(i)=w^{k}(i)+\eta \mathrm{sl}^{k}(i)$；否则加权因子保持不变。其中，$\eta$ 为修改步进因子。

(4) 算法终止条件。

若 $d^k>\varepsilon$，则跳转至(2)，否则退出。其中，ε 为期望最大旁瓣水平。

5.2.3　仿真结果及分析

为了有效比较算法优化前后的优劣，将积分旁瓣处理的结果和积分旁瓣处理后再采用改进的最小二乘算法处理的结果进行对比。

1. 单目标仿真结果及分析

选取波形与信号处理参数如下：载频 f_c=35GHz，脉冲宽度 $\tau=1\mu s$，脉冲重复周期 T=100μs，一个积累过程中脉冲个数 N=32，跳频总带宽 B=100MHz，脉间无频谱混叠，基本距离单元数 M=300。

在静止单目标状态下，假定目标位置在基本距离单元 58 处进行了算法的仿真，其结果如下。图 5.13 为积分旁瓣最小(minimal integral sidelobe，MISL)算法处理后的输出结果，图 5.14 为在积分旁瓣最小的基础上改进的自适应迭代最小二乘的最大旁瓣抑制(maximum sidelobe suppression，MSLS)算法处理后的结果。从图中可以看出，MISL 算法处理的结果中，旁瓣幅度比较高，最大旁瓣出现在基本距离单元 87 处，其幅度为−8.346dB，且参差不齐；经过 MSLS 算法处理后，可以看到旁瓣幅度有了明显下降，最大旁瓣出现在基本距离单元 119 处，其幅度为−14.94dB，并且旁瓣幅度比较平整。结果表明，MSLS 算法有效地抑制了最大旁瓣，降低了峰值旁瓣的幅度，相对于 MISL 算法有了 7dB 左右的改善。

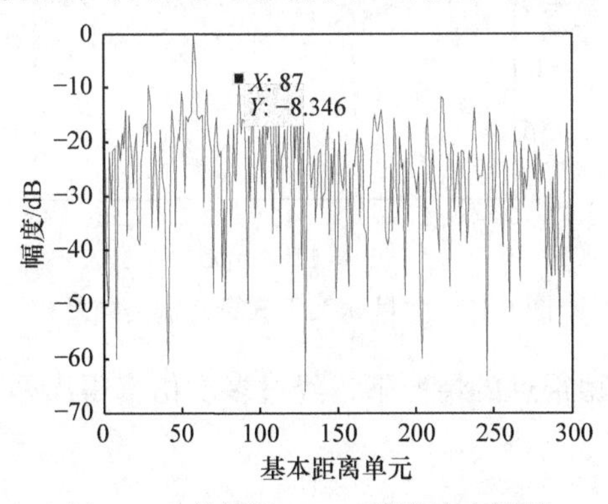

图 5.13　单目标 MISL 算法输出结果

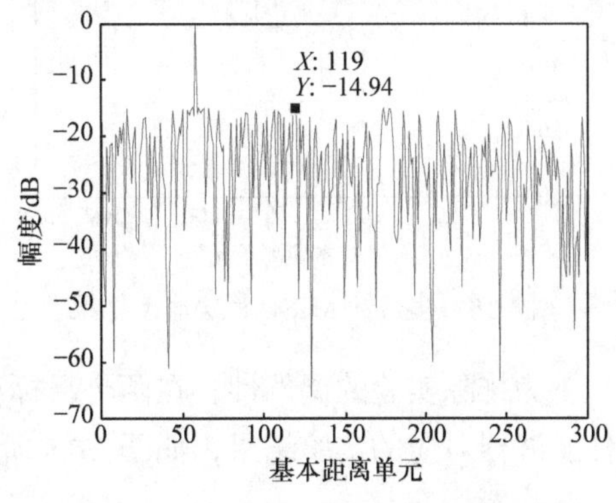

图 5.14　单目标 MSLS 算法输出结果

由图 5.15 可以看到，经过多次(仿真中为 32 次)计算，MSLS 算法大大降低了回波的峰值旁瓣，在归一化的幅度下峰值旁瓣均值由 MISL 算法的 0.4258 降低至 MSLS 算法的 0.1794，进一步验证了算法的有效性。

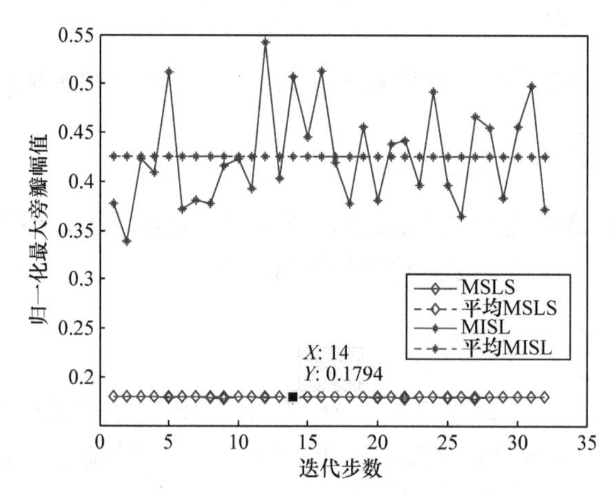

图 5.15 单目标下两种滤波器的旁瓣幅值曲线

2. 多目标仿真结果及分析

当两个目标距离较远时，两种算法表现出的差异和前面基本一致，MSLS 算法相对 MISL 算法的处理结果中，峰值旁瓣水平从 MISL 算法的−5.583dB 降低至 MSIS 算法的−14.9dB，并且整体旁瓣幅度比较平整，如图 5.16 和图 5.17 所示。

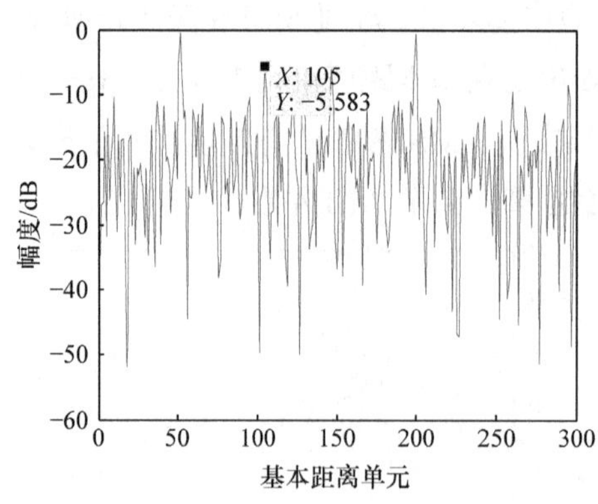

图 5.16 多目标 MISL 算法输出结果

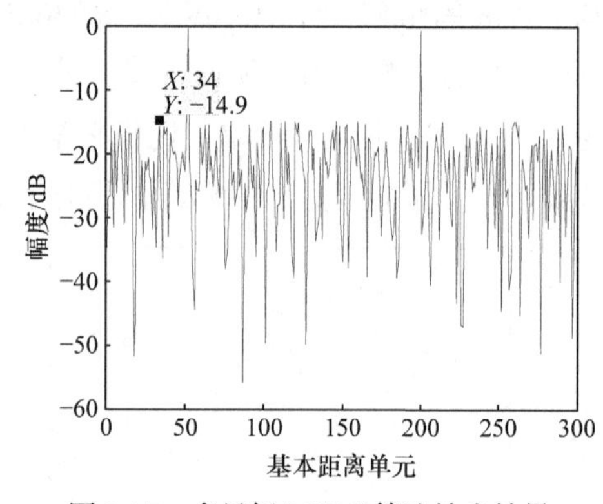

图 5.17 多目标 MSLS 算法输出结果

为排除实验的偶然性，在两个目标相距很远的情况下，经过多次仿真得出两种滤波器对应的实验结果，如图 5.18 所示。

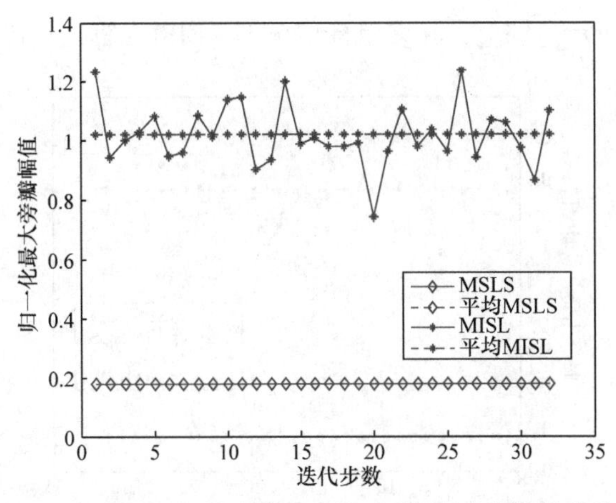

图 5.18　两目标相距较远时两种滤波器的旁瓣幅值曲线

当两个目标距离很近时，在分辨力不高的情况下，目标回波会发生混叠，强目标回波的旁瓣会淹没弱目标回波，此时如果不加以处理将造成弱目标丢失。如图 5.19 所示，当一强一弱两目标分别处在 150、152 基本距离单元时，MISL 算法处理后的输出结果表明两个目标的主瓣已经混叠在一起，无法区分识别，只能将两个目标当成一个目标处理，并且旁瓣幅度也较大。然而，从图 5.20 中可以看出，经过改进的 MSLS 算法基本已将两个目标的主瓣分离开，且旁瓣水平有了明显降低，旁瓣整体幅度也比较平整。

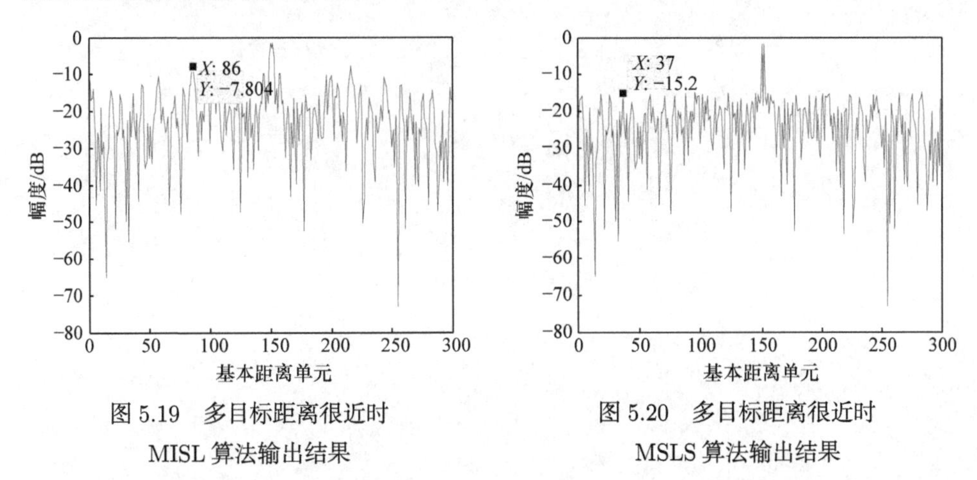

图 5.19　多目标距离很近时 MISL 算法输出结果

图 5.20　多目标距离很近时 MSLS 算法输出结果

为了排除仿真中的偶然性，同样做了多次(仿真中为 32 次)计算，对比 MISL 算法和 MSLS 算法的实验结果得出，MSLS 算法更大程度地降低了回波的峰值旁瓣，在归一化的幅度下峰值旁瓣均值由 MISL 算法的 0.77 降低至 MSLS 算法的

0.19，如图 5.21 所示。综上，在多目标情况下，MSLS 算法仍优于 MISL 算法。

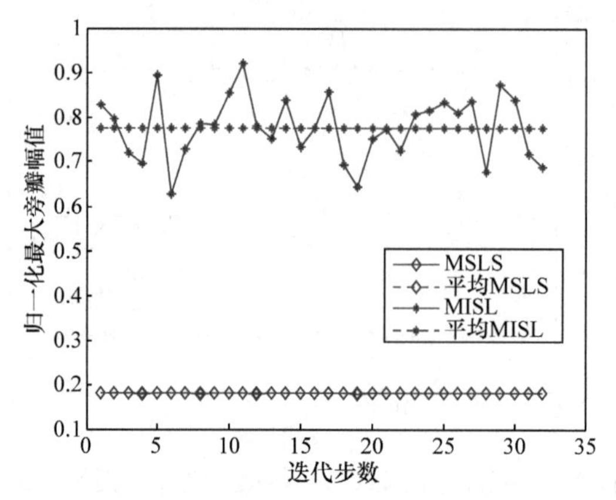

图 5.21　多目标相距较近时两种滤波器旁瓣幅值曲线

参 考 文 献

[1] Peebles P Z. Radar Principles[M]. New York: John Wiley & Sons, 1998.

[2] Barton D K. Modern Radar System Analysis[M]. London: Artech House, 1988.

[3] Klauder J R, Pric A C. The theory and design of chirp radars[J]. Bell System Technical Journal, 1960, 39(4): 743-808.

[4] 保铮, 邢孟道, 王彤. 雷达成像技术[M]. 北京: 电子工业出版社, 2005.

[5] 龙腾, 毛二可, 何佩琨. 调频步进雷达信号分析与处理[J]. 电子学报, 1998, 26(12): 85-88.

[6] 王磊, 彭稳高, 陈图强. 调频步进信号处理方法探讨[J]. 现代雷达, 2002, 24(2): 60-62.

[7] Schimpf H, Wahlen A, Essen H. High range resolution by means of synthetic bandwidth generated by frequency-stepped chirps[J]. IEE Electronics Letters Online, 2003, 39(18): 1-2.

[8] 陈行勇, 魏玺章, 黎湘, 等. 调频步进雷达扩展目标高分辨距离像分析[J]. 电子学报, 2005, 33(9): 1599-1602.

[9] Wilkinson A J, Lord R T, Inggs M R. Stepped-frequency processing by reconstruction of target reflectivity spectrum[C]//Proceeding of the IEEE South African Symposium on Communications and Signal Processing, 1998: 101-104.

[10] 赵宏钟, 朱永锋, 付强. 地物背景下的运动目标频域带宽合成方法[J]. 系统工程与电子技术, 2011, 33(3): 528-533.

[11] 丁海林, 李亚超, 高昭昭, 等. 线性调频步进信号的三种合成方法的对比与分析[J]. 火控雷达技术, 2007, 36(4): 10-16, 30.

[12] 张军, 占荣辉, 欧建平, 等. 现代制导雷达离散时间信号处理[M]. 长沙: 国防科学技术出版社, 2010.

[13] 龙腾. 频率步进雷达信号的多普勒性能分析[J]. 现代雷达, 1996, 4(12): 3-37.

[14] 欧建平, 胡延平, 李广柱, 等. 一种调频步进雷达信号运动补偿新算法[J]. 现代雷达, 2012, 34(3): 38-41.

[15] 李广柱, 陈付斌, 欧建平, 等. 调频步进雷达信号运动补偿的速度估计误差容限研究[J]. 中国雷达, 2011, 2: 29-32.

[16] 茅于海. 频率捷变雷达[M]. 北京: 国防工业出版社, 1981.